Jörg Dickert

Synthese von Zeitreihen elektrischer Lasten basierend auf technischen und sozialen Kennzahlen

Grundlage für Planung, Betrieb und Simulation von aktiven Verteilungsnetzen

TUD*press*
2016

Die vorliegende Arbeit wurde am 12. Oktober 2015 an der Fakultät Elektrotechnik und Informationstechnik der Technischen Universität Dresden als Dissertation eingereicht und am 20. November 2015 verteidigt.

Vorsitzender:
Prof. Dr.-Ing. habil. Prof. Dr.-Ing. Wilfried Hofmann

Gutachter:
Prof. Dr.-Ing. Peter Schegner
Prof. Dr.-Ing. habil. Zbigniew A. Styczynski

Bibliografische Information der Deutschen Nationalbibliothek
Die Deutsche Nationalbibliothek verzeichnet diese Publikation in der Deutschen Nationalbibliografie; detaillierte bibliografische Daten sind im Internet über http://dnb.d-nb.de abrufbar.

Bibliographic information published by the Deutsche Nationalbibliothek
The Deutsche Nationalbibliothek lists this publication in the Deutsche Nationalbibliografie; detailed bibliographic data are available in the Internet at http://dnb.d-nb.de.

ISBN 978-3-95908-043-9

Eckhard Richter & Co. OHG
Bergstr. 70 | D-01069 Dresden
Tel.: 0351/47 96 97 20 | Fax: 0351/47 96 08 19
http://www.tudpress.de

TUDpress ist ein Imprint von w. e. b.

Gesetzt vom Autor.
Printed in Germany.

Jörg Dickert

Synthese von Zeitreihen elektrischer Lasten basierend auf technischen und sozialen Kennzahlen

Grundlage für Planung, Betrieb und Simulation von aktiven Verteilungsnetzen

TUD_press_

Technische Universität Dresden

Synthese von Zeitreihen elektrischer Lasten basierend auf technischen und sozialen Kennzahlen

Grundlage für Planung, Betrieb und Simulation von aktiven Verteilungsnetzen

Jörg Dickert

der Fakultät Elektrotechnik und Informationstechnik der Technischen Universität Dresden

zur Erlangung des akademischen Grades

Doktoringenieur

(Dr.-Ing.)

genehmigte Dissertation

Vorsitzender: Prof. Dr.-Ing. habil. Prof. Dr.-Ing. Wilfried Hofmann
Gutachter: Prof. Dr.-Ing. Peter Schegner
Prof. Dr.-Ing. habil. Zbigniew A. Styczynski

Tag der Einreichung: 12.10.2015
Tag der Verteidigung: 20.11.2015

„Die Zukunft ist ein verfluchtes Ärgernis nach dem anderen.“

WINSTON CHURCHILL

„Es ist nicht unsere Aufgabe, die Zukunft vorauszusagen,
sondern auf sie gut vorbereitet zu sein.“

PERIKLES

Vorwort

Viele Menschen haben mich bei der Entstehung dieser Arbeit unterstützt. Ihnen allen möchte ich meinen Dank aussprechen. Eine Dissertation schreibt man selbst, aber nie allein. Mein Doktorvater Prof. Dr. Peter Schegner hat mir bei der Themenwahl große Freiheiten eingeräumt und mein Vorhaben immer unterstützt. Seine wegweisenden sowie scharfsinnigen Kommentare und Hinweise waren mir ein wichtiger Kompass bei der Erstellung der Arbeit. Ein besonderer Dank gebührt ebenfalls Prof. Dr. habil. Zbigniew A. Styczynski für das Interesse an der Thematik sowie die freundliche Übernahme des Koreferats.

Ziel der Arbeit ist es, den „Ärger mit der Zukunft" für Verteilungsnetze abzumildern. Die Verknüpfung von technischen und sozialen Aspekten zur Erstellung von Lastgängen war dafür eine unumgängliche, aber im Nachhinein auch eine abenteuerliche Herausforderung. Ingenieure sind technikverliebt und versuchen alles mit Modellen oder Ersatzschaltungen zu berechnen. Leider stellen Soziologen die für die Modelle erforderlichen Eingangsparameter nicht unmittelbar zur Verfügung. Diese mussten sowohl aus den theoretischen und empirischen Forschungsergebnissen als auch aus Statistiken abgeleitet werden.

Ich hoffe, dass es mir gelungen ist, technische Details für Nichttechniker lesbar zu halten und soziologische Fragestellungen für Ingenieure sachgerecht aufzubereiten, sodass beiden Seiten bei der Lektüre nicht langweilig wird. Es ist mir weiterhin ein Anliegen, dass die Arbeit dazu beitragen kann, die Verteilungsnetze mit einem erweiterten Blickwinkel auf die zukünftigen Aufgaben adäquat vorzubereiten.

Die obligatorischen Danksagungen an dieser Stelle sind mir weit mehr als lediglich eine lästige Pflicht. Für die gute Arbeitsatmosphäre und tiefgreifenden Diskussionen und Erkenntnisse, die weit über das allgemeine Wikipedia-Wissen hinausgehen, danke ich allen Kollegen und Ehemaligen des Lehrstuhls für Elektroenergieversorgung der TU Dresden. Auch möchte ich allen Studenten danken, mit denen ich im Zuge der Betreuung ihrer Arbeiten Ideen austauschen durfte. Darüber hinaus gilt mein Dank den Mitgliedern des Arbeitskreises Verteilungsnetze vom VDE-Dresden für den Austausch über viele praxisbezogene Thematiken.

Ein besonderer Dank gilt Prof. Dr. Dagmar Niebur und dem Center for Electric Power Engineering an der Drexel University in Philadelphia, an der ich ein Jahr meines Studiums verbringen durfte.

Nicht zuletzt gebührt Dank meiner Frau und den Kindern, deren Leben und insbesondere deren Stromverbrauch in umfangreichen Statistiken festgehalten und analysiert werden.

Inhaltsverzeichnis

Anhang

Verzeichnis der Abkürzungen und Formelzeichen

Abkürzungen

ALZ	Außenleiterzuordnung	
AzM	Anzahl der Maßgedecke	
BDEW	Bundesverband der Energie- und Wasserwirtschaft e.V.	
BHKW	Blockheizkraftwerk	
BMWA	Bundesministerium für Wirtschaft und Arbeit	(bis 11.2005, dann geteilt)
BMWi	Bundesministerium für Wirtschaft und Energie	(seit 12.2013)
	Bundesministerium für Wirtschaft und Technologie	(von 11.2005 bis 12.2013)
CD	Compact Disc	
CIRED	Congrès International des Réseaux Electriques de Distribution (engl. International Conference on Electricity Distribution)	
DEA	dezentrale Erzeugungsanlage	
DelVO	Delegierte Verordnung	
DESTATIS	Statistisches Bundesamt	
DL	Durchlauferhitzer	
DSM	Demand Side Management (engl. für Verbrauchsmanagement)	
DR	Demand Response (engl. für Lastmanagement)	
EE	Erneuerbare Energien (z.B. EE-Anlagen)	
EEK	Energieeffizienz-Klasse	
el.	elektrisch	
engl.	englisch	
EnWG	Energiewirtschaftsgesetz	
EPRI	Electric Power Research Institute	
EVU	Energieversorgungsunternehmen	
GHD	Gewerbe, Handel und Dienstleistungen	
HA	Haushaltsabnehmer	
HDTV	High Definition Television (engl. für hochauflösendes Fernsehen)	
HH	Haushalt	
HS	Hochspannung	
IEV	International Electrotechnical Vocabulary	
IKT	Informations- und Kommunikationstechnik	
IPS	In-Plane Switching (engl. für in der Ebene schaltend)	
KNOSPE	kurzzeitige niederohmige Sternpunkterdung	
konst.	konstant	
LCD	Liquid-Crystal Display (engl. für Flüssigkristallanzeige)	
LED	Light-Emitting Diode (engl. für Leuchtdiode)	
LN	Logarithmische Normalverteilung, auch Log-Normalverteilung	
max	maximal (Höchstwert)	
MEZ	mitteleuropäische Zeit	
MoFr	Arbeitstage (Montag bis Freitag)	
MS	Mittelspannung	
NAV	Niederspannungsanschlussverordnung	
NOA	Need, Opportunity, Ability (engl. für Bedürfnis, Chance, Möglichkeit)	
NOSPE	niederohmige Sternpunkterdung	
NS	Niederspannung	
NV	Normalverteilung	
OLED	Organic Light-Emitting Diode (engl. für organische Leuchtdiode)	
ONS	Ortsnetzstation	
ONT	Ortsnetztransformator	

Pers.	Person(en)
PFC	Power Factor Correction
PVC	Polyvinylchlorid
RESPE	Resonanz-Sternpunkterdung
rONT	regelbarer Ortsnetztransformator
SaSo	Wochenenden (Samstag und Sonntag)
SMPS	Switched-Mode Power Supply (engl. für Schaltnetzteil)
SNT	Schaltnetzteil
SPE	Sternpunkterdung
SS	Sammelschiene
TAB	Technische Anschlussbedingungen
Tkm	tausend Kilometer
TV	Fernsehgerät (engl. Television)
UW	Umspannwerk
VDE	Verband der Elektrotechnik Elektronik Informationstechnik e.V.
VDEW	Vereinigung Deutscher Elektrizitätswerke e.V.
VO	Verordnung
VPE	Vernetztes Polyethylen (heute auch mit XLPE abgekürzt, engl. Cross-Linked Polyethylene)
WW	Warmwasserspeicher
ZIP	Polynomfunktion, auch ZIP-Funktion

Formelzeichen

$\underline{a}$	Einheitszeiger $\underline{a} = e^{j\,2\pi/3}$
a_B	Ausstattungsbestand
a_G	Ausstattungsgrad
a_P	Bedarfsfaktor
AIC	Akaikes Informationskriterium (engl. Akaike information criterion)
BIC	Bayessches Informationskriterium (engl. Bayesian information criterion)
C	Kapazität
C_1	Mitsystemkapazität
$\cos\varphi$	Wirkfaktor
E	Energie
ep, $ep_{1...3}$	Exponent zur Spannungsabhängigkeit der Wirkleistung
eq, $eq_{1...3}$	Exponent zur Spannungsabhängigkeit der Blindleistung
f	Frequenz
f_n	Netzfrequenz
G	Konduktanz
g	Gleichzeitigkeitsfaktor
g_∞	Grenzwert des Gleichzeitigkeitsfaktors für $n \to \infty$
I	Strom
I_B	Blindstrom
I_W	Wirkstrom
I_b	Strombelastbarkeit
I_z	tatsächliche Strombelastbarkeit
L	Induktivität
k_1, k_2	Koeffizienten für VELANDERS Gleichung
k_{I0}	Nullsystem-Stromunsymmetrie
m	Belastungsgrad

n	Anzahl (z.B. Anzahl von Haushaltsabnehmern)
n_B	Benutzungshäufigkeit
$n_B^{\%}$	Jahreszeit-Variation der Benutzungshäufigkeit
P	Wirkleistung
P_{an}	Anschlussleistung
$P_{HA\,max}$	Höchstlast eines Haushaltsabnehmers
$P^*_{HA\,max}$	Höchstlastanteil eines Haushaltsabnehmers an Gesamthöchstlast
P_i	installierte Leistung
P_k	Kurzschlussverluste
P_{max}	Gesamthöchstlast
P_n	Nennwirkleistung
P_{sum}	Summenwirkleistung
P_0	Leerlaufverluste
P_2	Wirkleistung Prozessschritt 2
$p^{\%}$	Jahreszeit-Variation der Leistung
p_1, p_2	Faktoren zur Spannungsabhängigkeit der Wirkleistung
Q	Blindleistung
Q_n	Nennblindleistung
Q_{sum}	Summenblindleistung
q_1, q_2	Faktoren zur Spannungsabhängigkeit der Blindleistung
R	Resistanz
$R_{W\vartheta}$	Wechselstromresistanz (temperaturabhängig)
R_{20}	Gleichstromresistanz bei $\vartheta = 20°C$
R_{W70}	Wechselstromresistanz bei $\vartheta = 70°C$
R_a	Farbwiedergabeindex
R_ϑ	Resistanz (temperaturabhängig)
S	Scheinleistung
S''_k	Kurzschlussleistung
S_r	Bemessungsscheinleistung
T	Periodendauer
$T^{\%}$	Jahreszeit-Variation der Periodendauer
t	Zeit
t_B	Betriebsdauer
t_{B2}	Betriebsdauer Prozessschritt 2
$t_B^{\%}$	Jahreszeit-Variation der Betriebsdauer
$t_{B2}^{\%}$	Jahreszeit-Variation der Betriebsdauer Prozessschritt 2
t_{aus}	Ausschaltzeit
t_{ein}	Einschaltzeit
t_0	Verschiebung Jahreszeit-Variation
$t_{Offset\,A}$	Verschiebung der Einschaltung der Beleuchtung am Abend
$t_{Offset\,M}$	Verschiebung der Ausschaltung der Beleuchtung am Morgen
Δt	Zeitauflösung
U	Spannung
U_c	Versorgungsspannung
U_n	Nennspannung
U_v	Verbraucherspannung
u_k	Kurzschlussspannung
W	Energieverbrauch
W_a	Jahresenergieverbrauch an Elektrizität
W_s	Energieverbrauch pro Standardnutzung
X	Reaktanz

y_p	Faktor zur Berücksichtigung der Resistanzerhöhung durch Proximity-Effekt
y_s	Faktor zur Berücksichtigung der Resistanzerhöhung durch Skin-Effekt
Z	Impedanz
Ø 10 ± 5	Mittelwert 10 mit einer Standardabweichung von 5
α_{20}	Temperaturkoeffizient
ϑ	Temperatur
ϑ_{Erde}	Umgebungstemperatur Erdboden
$\tilde{\vartheta}_{Erde}$	Jahreszeit-Variation der Erdbodentemperatur
ϑ_{Luft}	Umgebungstemperatur Luft
λ	Leistungsfaktor
λ_1, λ_2	Verlustfaktoren
μ	Mittelwert, Erwartungswert
μ_{LN}	μ-Parameter Log-Normalverteilung
η	Wirkungsgrad
η	Lichtausbeute
τ_a	Anlaufzeit
σ	Standardabweichung
σ_{LN}	σ-Parameter Log-Normalverteilung

Besondere Kennzeichnungen

′	längenbezogene Größe
⊕	Kennzeichnung von Geräten, welche in Gerätegruppen zusammengefasst werden
$^+$	Kennzeichnung für Gerätegruppe (z. B. Toaster$^+$)
*	Kennzeichnung für unberücksichtigte Geräte
~	Jahreszeit-Variation

Ausgewählte Nebenzeichen

a	bezogen auf ein Jahr
B	Betrieb
k	Kurzschluss
L1, L2, L3	Bezeichnung der Außenleiter
LN	Log-Normalverteilung
n	Nennwert (engl.: nominal)
r	Bemessungswert (engl.: rated value)
sum	Summe
T	Transformator
v	Verluste
0	Leerlauf
1, 2, 0	Symmetrische Komponenten

1 Einleitung

1.1 Synthese von Zeitreihen elektrischer Lasten

Die Synthese von Zeitreihen elektrischer Lasten ist eine Methodik zur Erstellung von künstlichen und zusammengesetzten *Lastgängen*, welche in dieser Arbeit anhand von *Haushaltsabnehmern* vorgestellt wird. Es wird für jedes Gerät basierend auf technischen und sozialen Kennzahlen ein individueller *Lastverlauf* für ein Jahr erzeugt, welche dann zu Lastgängen zusammengesetzt werden.

Ausgangspunkt ist die Erfahrung, dass über das individuelle Lastverhalten der *Endabnehmer* in Elektrizitätsversorgungssystemen sehr wenig bekannt ist. Mit elektronischen Haushaltszählern [1], welche das sogenannte *Smart Metering* ermöglichen, könnten umfangreiche Daten zur Verfügung gestellt werden. Da die Lastgänge jedoch personenbezogene Daten sind, dürfen sie oftmals nicht verwendet werden. Viele aktuell erforderliche Untersuchungen zur Entwicklung von klassischen Versorgungsnetzen hin zu aktiven Verteilungsnetzen benötigen jedoch die Lastgänge der Endabnehmer.

1.2 Versorgungsnetze im Wandel der Zeit hin zu aktiven Verteilungsnetzen

Verteilungsnetze fungierten als Verbindung zwischen den Übertragungsnetzen mit den einspeisenden zentralen Großkraftwerken und den Endabnehmern. Hierbei gab es einen unidirektionalen Lastfluss und dies ist auch der Grund für die Namensgebung Versorgungsnetze. Die wesentliche Struktur von Elektrizitätsversorgungssystemen ist in Bild 1-1 abstrahiert nach den Spannungsebenen Höchstspannung (HöS-Netze), Hochspannung (HS-Netze), Mittelspannung (MS-Netze) und Niederspannung (NS-Netze) mit den Nennspannungen U_n [2] dargestellt. Bild 1-1 beinhaltet die jeweiligen Stromkreislängen der öffentlichen Netze in Deutschland [3]. Es ist ersichtlich, dass die Verteilungsnetze und dabei vornehmlich die NS-Netze die deutlich größten Stromkreislängen haben.

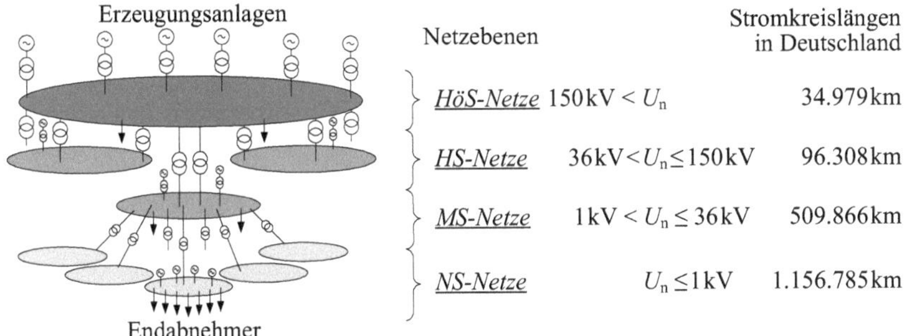

Bild 1-1: Aufbau des Elektrizitätsversorgungssystems mit Stromkreislängen in Deutschland [3]

Liberalisierung der Energiewirtschaft

Durch die Liberalisierung der Energiewirtschaft kam es zur Entflechtung des Energieversorgungssystems. Ziel war es, bei Beschaffung und Vertrieb einen Wettbewerb zu ermöglichen. Der Stromkostenanteil dafür liegt bei Elektrizität für Haushalte bei rund einem Viertel der Gesamtkosten nach Bild 1-2 a.

Für die Netze, welche ein natürliches Monopol darstellen, möchte die Politik die Kosten reduzieren und hat dafür die Anreizregulierung kreiert [1], [4]. Nach Bild 1-2 b haben NS-Netze den größten Anteil an den Gesamtkosten der Elektrizitätsversorgungsnetze, da die Stromkreislänge nach Bild 1-1 und die Anlagenzahl sehr groß sind. Daher sind Netzbetreiber angehalten, Verteilungsnetze zu optimieren.

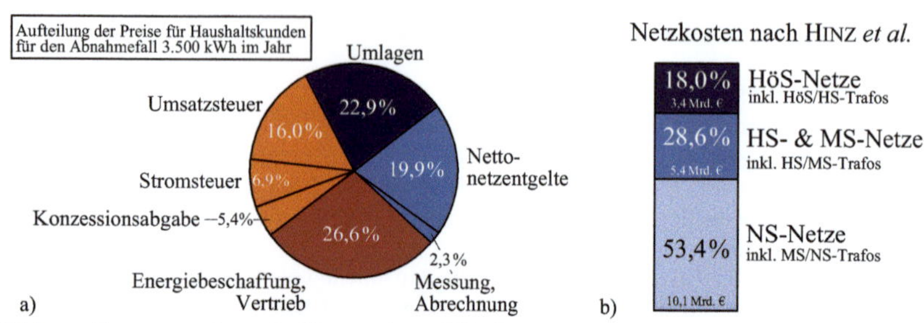

Bild 1-2: Zusammensetzung der Strompreise und Netzkosten
a) Strompreiszusammensetzung für einen Haushaltskunden (Daten für 2014 aus [3])
b) Netzkosten in Deutschland nach Spannungsebenen (Daten für 2013 aus [5])

Neuartige Erzeuger und Verbraucher

Durch den Anschluss von dezentralen Erzeugungsanlagen (DEA) an das Verteilungsnetz in Bild 1-1 wird der Trend hin zu einer *dezentralisierten Elektrizitätserzeugung* erkennbar. Die meisten DEA sind Erneuerbare-Energien-Anlagen (EE-Anlagen), deren Einspeisungen zeitweise und zunehmend zur Lastflussumkehr führen. Verteilungsnetze müssen dabei Energie in umgekehrter Richtung übertragen, wofür sie nicht ausgelegt wurden. Gewiss sind die DEA näher als klassische Erzeuger an die *Lasten* angeschlossen, jedoch ist meist eine Balance zwischen der fluktuierenden Erzeugung und dem Verbrauch nicht gegeben. Verschiedene Arbeiten befassen sich mit dem Thema der Integrierbarkeit von EE-Anlagen in bestehende Netze und bidirektionalen Lastflüssen [6], [7], [8], [9], sie zeigen jedoch auch die Notwendigkeit für Zeitreihen der Lasten. Weitere Herausforderungen für Verteilungsnetze sind neuartige, leistungsstarke Verbraucher. Dies sind zum einen Wärmepumpen [10] und zum anderen die Elektromobilität [11], welche in die heutigen Netze eingefügt werden.

Verbrauchs- und Lastmanagement

Um den Verbrauch an die fluktuierende Einspeisung der EE-Anlagen zu flexibilisieren, gibt es zunehmend die Forderung nach *Verbrauchsmanagement* (engl. Demand-Side-Management, DSM) oder das Netzzustände beachtende *Lastmanagement* (engl. Demand Response, DR). Oftmals wird in diesem Zusammenhang ausschließlich von der Entwicklung der Verteilungsnetze zu *Smart Grids* bzw. *intelligente Elektrizitätsversorgungssysteme* gesprochen [12]. Dies ist nicht sachgerecht, da der Term *Smart Grid* allgemein folgendermaßen beschrieben ist:

> *„Smart Grid ist ein Elektrizitätsversorgungssystem, das den Austausch von Informationen, Steuer- und Regelungstechnik, verteiltes Rechnen sowie zugehörige Sensoren und Stellglieder nutzt, um ...“ – ELECTROPEDIA [13], IEV: 617-04-13*

Smart Grid beschreibt demgemäß die Nutzung von Informations- und Kommunikationstechnik (IKT) für das Energieversorgungssystem. Die Bezeichnung bezieht sich auf Übertragungs- und Verteilungsnetze und enthält keine Aussagen zu DEA oder Speichern.

Für *aktive Verteilungsnetze* gibt es bisher nur Ideen für eine allgemeine Definition [14], [15], auf deren Grundlage folgende Beschreibung vorgeschlagen wird:

> *„Aktive Verteilungsnetze sind Mittel- und Niederspannungsnetze, in welchen eine flexible Betriebsführung von Verbrauchern, Erzeugern und Speichern unter Berücksichtigung der Betriebsmittelrestriktionen möglich ist.“*

Die Beschreibung für aktive Verteilungsnetze stellt mit Verbraucher, Erzeuger, Speicher und Betriebsmittel die Primärtechnik in den Mittelpunkt. Im Unterschied dazu liegt bei Smart Grids der Fokus auf der Sekundärtechnik. Aktive Verteilungsnetze können Smart-Grid-Technologien nutzen, es ist aber auch denkbar, dass sie durch aktive Betriebsmittel [16] keine umfassende IKT benötigen.

1.3 Einsatzbereiche von Lastgängen für aktive Verteilungsnetze

Mit synthetischen Zeitreihen von elektrischen Lasten sind umfangreiche und umfassende Untersuchungen in Verteilungsnetzen durchführbar. Die Zeitreihen können als Summenlastgang, aber auch als Lastgang je *Außenleiter* erstellt werden. Daher sind Untersuchungen auch für *unsymmetrische Zustände* im Netz möglich. Der wesentliche Unterschied besteht darin, dass die Berechnungen nicht mehr auf diskreten Extremwerten beruhen, sondern dass stochastische Eigenschaften der Endabnehmer berücksichtig werden können.

Für die Planung kann mit den Zeitreihen die *Höchstlast* der Endabnehmer neu bewertet werden und sie ebnen den Weg hin zu probabilistischen Aussagen zur Einhaltung von Netzrestriktionen. Dies sind Wahrscheinlichkeitsaussagen, dass z.B. das Spannungsband mit einer bestimmen Wahrscheinlichkeit eingehalten wird. Mit den Zeitreihen können auch die Netzverluste berechnet oder die Wirksamkeit von neuartigen Betriebsmitteln quantifiziert werden. Darüber hinaus kann unter Berücksichtigung der Risiken durch die genannten neuartigen Verbraucher oder Veränderungen im Benutzerverhalten die Planung kostenoptimiert erfolgen.

Auch ist es möglich, den Einfluss von DEA auf die Netze zu bestimmen oder die Regelung der DEA an die Gegebenheiten zu verbessern. Nicht zuletzt ist es mit den Zeitreihen realisierbar, das Verbrauchs- und Lastmanagement in vielen Facetten für einen optimalen Betrieb zu analysieren. Speziell dafür können die Vorteile des gewählten Bottom-Up-Ansatzes genutzt werden. Da für alle Gerät die Lastverläufe erstellt werden, stehen diese für eine individuelle Anpassung zur Verfügung. Mit einer vorgeschlagenen Erhöhung des Detaillierungsgrads der Zeitreihen sind zusätzlich dynamische Simulationen von Inselnetzen und Microgrids durchführbar.

Abschließend lässt sich sagen, dass mithilfe der synthetischen Zeitreihen die Vielzahl der bekannten Methoden zur Optimierung von Verteilungsnetzen [17], [18], [19], [20] erweitert und weiterentwickelt werden können. Der Systembereich, für welchen die Zeitreihen entwickelt werden, skizziert Bild 1-3. Er reicht vom Endabnehmer über die NS-Leitungen und Ortsnetztransformatoren bis in das MS-Netz hinein.

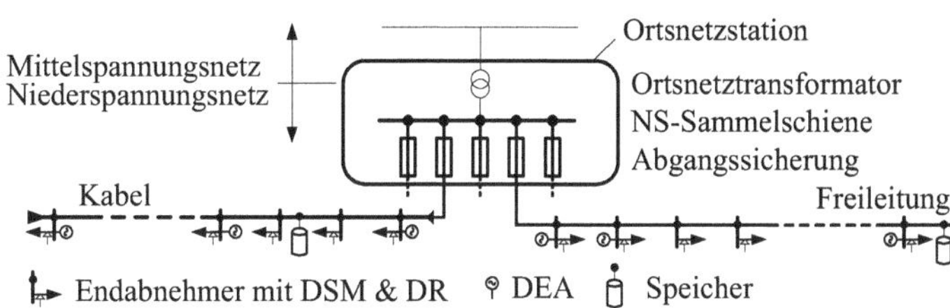

Bild 1-3: **Aktive Verteilungsnetze als Anwendungsfeld synthetischer Zeitreihen**

1.4 Ziel und Aufbau der Arbeit

Das Ziel der Arbeit ist die Implementierung einer Lastgangsynthese zur Erstellung von Zeitreihen elektrischer Lasten. Die Eingangsdaten berücksichtigen sowohl die technischen Aspekte der elektrischen Geräte als auch die sozialen Aspekte der „Alltäglichen Benutzung" der Geräte. Die Struktur des Vorgehens enthält Bild 1-4. Zuerst wird in Kapitel 2 die Berechnung von Verteilungsnetzen behandelt. Es werden auch neuartige Betriebsmittel und die Intensivierung des Netzbetriebs kurz beschrieben. Es zeigt sich, dass Daten für die Lasten und deren zeitliches Verhalten unzureichend vorhanden sind. Daher wird in Kapitel 3 vertiefend auf die Haushaltsabnehmer eingegangen und dabei exemplarisch Lastgänge besprochen und verschiedene Verfahren zur Höchstlastabschätzung vorgestellt. Abgeschlossen wird das Kapitel mit den Anforderungen an die Lastgangsynthese, welche mit dem Bottom-Up-Ansatz durchgeführt wird. In Kapitel 4 werden die Geräte in fünf Geräteklassen in Abhängigkeit der Ein- und Ausschaltungen bzw. Leistungsaufnahmen für die Synthese eingeteilt. Als wichtige Kenndaten werden zudem die Leistungen für die Geräte bestimmt. In Kapitel 5 erfolgt dann die Beschreibung der „Alltäglichen Benutzung" der Geräte mit der Quantifizierung der sozialen Kennzahlen zur Nutzung für Deutschland. Dafür werden sechs Haushaltstypen mit unterschiedlicher Haushaltsgröße und Haushaltsführung eingeführt. Damit stehen alle Eingangsdaten für die Lastgangsynthese zur Verfügung. Diese wird in Kapitel 6 umgesetzt, wobei für jede der fünf Geräteklassen eine angepasste Synthese implementiert wird. Es werden für alle Geräte Lastverläufe ermittelt, die dann zu Lastgängen je Außenleiter zusammengefasst werden. Der große Vorteil der Lastgangsynthese ist die Möglichkeit, zukünftige Entwicklungen in die Berechnung der aktiven Verteilungsnetze mit einzubeziehen, da neuartige Geräte hinzugefügt oder ebenso die Kennzahlen der Geräte oder Gerätenutzung angepasst werden können.

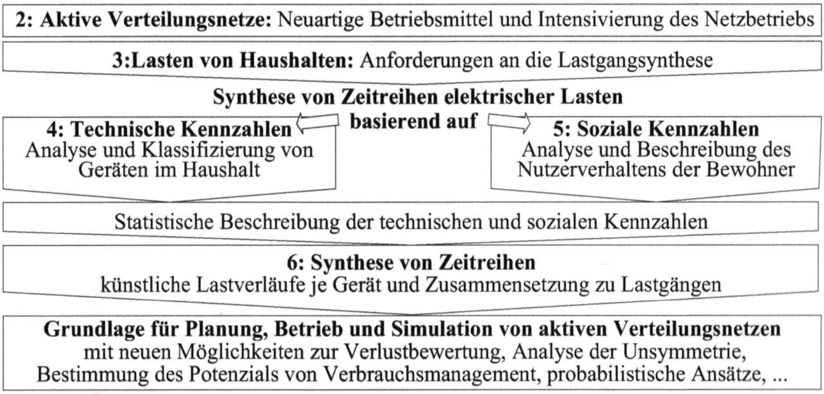

Bild 1-4: Überblick zum Aufbau der Arbeit

Es sei bereits an dieser Stelle darauf hingewiesen, dass Lastverläufe Zeitreihen der Leistung von einzelnen Geräten und Lastgänge aus diesen Lastverläufen zusammengesetzte Zeitreihen der Leistung je Außenleiter sind. Oftmals werden Lastgänge je Außenleiter zu Summenlastgängen zusammengefasst. Dies ist für die Berechnung von Netzen erst ab einer größeren Anzahl von Haushalten zulässig, wird in dieser Arbeit zur Veranschaulichung der Ergebnisse aber auch für einzelne Haushalte durchgeführt.

Zudem wird in dieser Arbeit im Sprachgebrauch zwischen „Benutzung" und „Nutzung" unterschieden. „Benutzung" wird in Zusammenhang mit gebrauchen, verwenden oder einsetzen und „Nutzung" mit Gewinn, Vorteil bringen verwendet. Ein Gerät wird in der „Alltäglichen Lebensführung" beispielsweise „benutzt" und kann daher dem „Benutzer", aber gleichfalls anderen Personen einen „Nutzen" bringen. Der Benutzer kann, muss aber nicht zwingend ein Nutzer der Vorteile durch das Anwenden eines Geräts sein.

1.5 Anmerkung zu Begriffsdefinitionen

Verschiedene Fachgebiete haben Berührungspunkte mit Verteilungsnetzen, sodass es politische, juristische, wirtschaftliche, wissenschaftliche, aber auch technische Sichtweisen auf verschiedene Begriffe gibt. Um den Umgang miteinander zu erleichtern, sind in Anhang 1 aus technischer Sicht Begriffe mit den jeweiligen Definitionen und Quellen in Deutsch und Englisch angegeben. Die meisten Definitionen sind der ELECTROPEDIA [13] (IEV: International Electrotechnical Vocabulary) entnommen. Diese Definitionen sind im Hauptteil der Arbeit nicht aufgeführt, sondern die Begriffe jeweils bei der ersten Verwendung in einem Kapitel *kursiv* gesetzt. So ist beispielsweise ersichtlich, dass der Anhang die Definition von *Lastgang* enthält. Bei eigenen Definitionen in dieser Arbeit wird auf die entsprechende Stelle im Hauptteil verwiesen.

2 Berechnung von Verteilungsnetzen und deren Auslegungskriterien

Bei Planung und Betrieb von Verteilungsnetzen müssen *Netzbetreiber* Forderungen aus Gesetzen, Verordnungen und Normen sowie Verträgen einhalten, um das Produkt Elektrizität [21] den *Endabnehmern* zur Verfügung zu stellen. Die Qualität des Produkts Elektrizität wird dabei mit der Spannung und der Verfügbarkeit festgelegt. Dies soll nach dem Energiewirtschaftsgesetz möglichst sicher, preisgünstig, verbraucherfreundlich, effizient und umweltverträglich erfolgen [1].

In diesem Kapitel werden die technischen Rahmenbedingungen, Belastungsannahmen, Planungsgrundsätze und Ersatzschaltungen mit den Kenndaten für Betriebsmittel und Lasten erläutert und beinhalten den heutigen „Stand der Technik". Abschließend wird auf die Zukunft der Verteilungsnetze eingegangen und neuartige Betriebsmittel und die Intensivierung des Netzbetriebs beschrieben.

2.1 Technische Rahmenbedingungen

2.1.1 Spannungsbandeinhaltung

Spannungen sind Betriebsgrößen, welche sich in Abhängigkeit von den Strömen sowie den Impedanzen in einem Netzgebiet einstellen. Die Spannungen an den Betriebsmitteln oder Übergabestellen variieren im Netz. Die Niederspannungsanschlussverordnung (NAV) [22] gibt zur Spannung folgende zwei Vorgaben an.

§ 7 Absatz 1 Satz 1 NAV: *Die Spannung beträgt am Ende des Netzanschlusses bei Drehstrom etwa 400 oder 230 Volt und bei Wechselstrom etwa 230 Volt.*

§16 Absatz 3 Satz 1 NAV: *Der Netzbetreiber hat Spannung und Frequenz möglichst gleichbleibend zu halten.*

Quantitative Angaben sind in verschiedenen Normen enthalten, die nun zusammengestellt werden.

Nennspannungen und ihre Spannungstoleranzen

Die bevorzugten *Nennspannungen* U_n für öffentliche Verteilungsnetze betragen in der Niederspannung 230/400 V und in der Mittelspannung 10 kV und 20 kV [23]. In den letzten Jahrzehnten hat eine Harmonisierung der internationalen Normspannungen stattgefunden. Im Jahr 1983 wurde diese mit der IEC 38 begonnen, welche das Ziel hatte, nach einer mit 20 Jahren veranschlagten Übergangszeit, welche dann nochmals um fünf Jahre verlängert wurde, die in den 50-Hz-Netzen üblichen Spannungen von 380, 415, 420 und 440 V durch die Normspannung 400 V abzulösen. Dabei wurden auch Spannungstoleranzen für die Übergangszeit vorgegeben.

Die DIN IEC 60038 „IEC-Normspannungen" [24] von 2002 enthält die Fußnote, dass am Ende der Übergangsperiode eine Verkleinerung des Spannungstoleranzbereichs in Erwägung gezogen wird. Es zeigt sich jedoch, dass dieser Vermerk in den „CENELEC-Normspannungen" [23] nicht mehr vorhanden ist.

Aus heutiger Sicht erscheint es nicht als zweckdienlich, die Spannungsbänder zu verkleinern. Vornehmlich Motoren sind anfällig für Spannungsschwankungen. Sie erreichen für einen kleinen Bereich von 95 % bis 105 % der Bemessungsspannung ihr Nenndrehmoment [25]. Bei einem Anschluss über Schaltnetzteile sind sie von der Netzspannung entkoppelt und moderate Spannungsschwankungen haben keinen Einfluss auf das Drehmoment.

Auch Hersteller haben ein Interesse daran, Geräte für große Spannungsbereiche zu produzieren. Weitbereichsschaltnetzteile haben einen Nenneingangsspannungsbereich von 100 bis 240 V und ermöglichen einen weltweiten Vertrieb. Der erlaubte Betriebsspannungsbereich beträgt 90 bis 264 V. Schaltnetzteile mit einem Nenneingangsspannungsbereich von 220 bis 240 V haben einen Betriebsspannungsbereich von 198 bis 264 V und ermöglichen einen Vertrieb in Europa,

Australien und vielen Ländern Asiens, Afrikas und Südamerikas. Die Netzteile sind meist für Netzfrequenzen von 50 und 60 Hz ausgelegt. Eine Übersicht der weltweit verwendeten Spannungen ist in [26] enthalten.

Anforderungen an langsame Spannungsänderungen

In Tabelle 2-1 sind die Spannungsbänder für langsame Spannungsänderungen für die *Versorgungsspannung* und *Verbraucherspannung* in Abhängigkeit der Nennspannung U_n aufgeführt. Laständerungen verursachen üblicherweise langsame Spannungsänderungen. Dabei sind die Versorgungsspannungen U_c die Spannungen an der *Übergabestelle* und die Verbraucherspannungen U_v die Spannungen an Steckdosen oder Anschlussklemmen [23]. Bild 2-1 zeigt, wo die Spannungen faktisch anstehen.

Die DIN EN 60038 [23] empfiehlt allgemeine Grenzen für die Spannungen, welche in Tabelle 2-1 aufgeführt sind. Diese decken sich mit den Grenzen für öffentliche MS- und NS- Netze nach DIN EN 61000-2-2 [27]. Die DIN EN 50160 [2] gestattet begrenzte Unterschreitungen der Versorgungsspannung bis $-15\,\%\,U_n$ für „besonders entlegene Kunden" für höchstens 5 % der 10-Minuten-Mittelwerte bei einer Beobachtungsperiode von einer Woche.

Die Verbraucherspannung spielt für das Verteilungsnetz keine Rolle. Trotzdem sollte bekannt sein, dass sie von der Versorgungsspannung abweicht. Für die Niederspannung darf der zu erwartende Spannungsfall in der Verbraucheranlage nach DIN EN 60038 4 % U_n betragen [23]. Der Spannungsfall hinter der Messeinrichtung bis zum Anschlusspunkt der Verbrauchsmittel, z. B. Steckdosen, ist in DIN 18015-1 mit maximal 3 % U_n angegeben [28]. Die DIN VDE 0100-520 Beiblatt 2 verwendet in gleicher Weise die beiden Werte [29].

Die Messung der Versorgungsspannung ist in DIN EN 61000-4-30 [30] beschrieben. Die Norm enthält dabei Vorgaben für Messzeitintervalle, Mindestbeobachtungsdauer sowie für die Beurteilungsverfahren.

Tabelle 2-1: Zulässige Spannungsbänder für langsame Spannungsänderungen

Norm	Versorgungsspannung U_c	Verbraucherspannung U_v
DIN EN 60038 [23]	$U_c = (90\%...110\%) \cdot U_n$	$U_v = (86\%...110\%) \cdot U_n$
DIN EN 50160 [2] (Niederspannung)	95%: $U_c = (90\%...110\%) \cdot U_n$ 100%: $U_c = (85\%...110\%) \cdot U_n$	$U_v = (86\%...110\%) \cdot U_n$ $U_v = (81\%...110\%) \cdot U_n$
DIN EN 50160 [2] (Mittelspannung)	99%: $U_c < 110\% \cdot U_n$ 99%: $U_c > 90\% \cdot U_n$ 100%: $U_c = (85\%...115\%) \cdot U_n$	

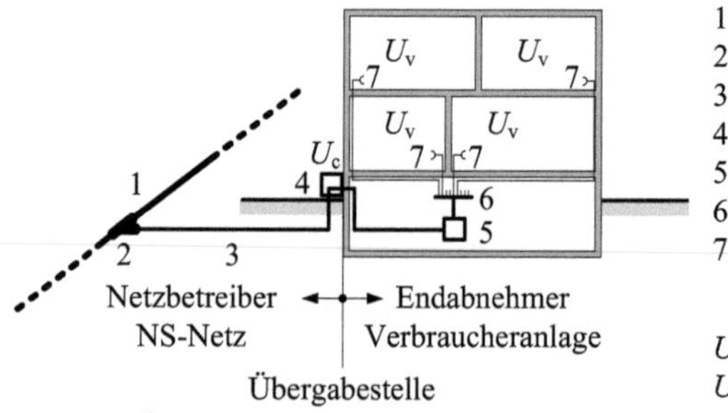

1 Kabel (NS-Netz)
2 Hausanschlussmuffe
3 Hausanschlussleitung
4 Hausanschlusskasten
5 Zählerplatz mit Elektrizitätszähler
6 Stromkreisverteiler
7 Anschlusspunkte Verbrauchsmittel (Steckdosen, Geräte, ...)

U_c … Versorgungsspannung
U_v … Verbraucherspannung

Bild 2-1: Überblick Hausanschluss: vom NS-Netz bis zum Anschlusspunkt

Vorgaben für die Spannungsanhebung durch Erzeugungsanlagen

Der vermehrte Zubau von DEA führt bei Lastflussumkehr zu Spannungsanhebungen im Netz. Für die Netzplanung gibt es für MS-Netze die technische Richtlinie des BDEW [31] und für NS-Netze die VDE-Anwendungsregel VDE-AR-N 4105 [32]. Dabei darf im ungestörten Betrieb des Netzes die von allen Erzeugungsanlagen mit Anschlusspunkt im jeweiligen Netz verursachten Spannungsänderungen an keinem *Verknüpfungspunkt* in diesem Netz einen Wert von

- 2% im MS-Netz [31]
- 3% im NS-Netz [32]

gegenüber den Spannungen ohne Erzeugungsanlagen überschreiten. Der Netzbetreiber kann im begründeten Einzelfall vom jeweiligen Wert abweichen.

Weitere Spannungsmerkmale

Weitere Spannungsmerkmale wie schnelle Spannungsänderungen, Oberschwingungen oder Unsymmetrien werden hier nicht weiter beschrieben. Für diese Merkmale gibt es gleichfalls umfangreiche Festlegungen für die Wertebereiche sowie Messverfahren und Auswertparameter der Kenngrößen [2], [33]. Es sollte jedoch Aufgabe der Gerätenormen und der Technischen Anschlussbedingungen (TAB) [34] sein, die Kriterien für die Geräte und deren Netzanschluss derart festzulegen, dass die Spannungsmerkmale anstandslos eingehalten werden.

2.1.2 *Strombelastbarkeit*

Transformatoren

In Verteilungsnetzen werden hauptsächlich Öltransformatoren eingesetzt. Diese sind im normalen Betrieb bis 130 % und im Störungsfall bis 175 % ihrer Bemessungsleistung kurzzeitig überlastbar [35]. Dies müssen die Planungsgrundsätze des jeweiligen Netzbetreibers zulassen [36]. Die Tolerierung einer überhöhten Beanspruchung ist nicht auf Gießharztransformatoren übertragbar.

Kabel und Freileitungen

Bei der Strombelastbarkeit sind die angegebenen Werte in den entsprechenden Normen einzuhalten [37]. Es ist zu beachten, dass die Strombelastbarkeiten von den Umgebungsbedingungen, wie z.B. Erdbodentemperaturen und spezifischen Erdbodenwärmewiderständen, aber auch vom *Belastungsgrad*, wie z.B. Dauerbetrieb oder zyklischer Betrieb, abhängig sind. Mithilfe von Umrechnungsfaktoren kann die Strombelastbarkeit entsprechend der Umgebungsbedingungen bestimmt werden.

Bei paralleler Verlegung von Kabeln, welche als Häufung bezeichnet wird, kommt es zu einer größeren Wärmebelastung. Daher ist bei gehäuft verlegten Kabeln nur eine geringere Belastung als bei einzeln verlegten Kabeln zulässig.

2.1.3 *Netzschutz und Kurzschlussfestigkeit*

Der Netzschutz muss Fehler im Netz in einer festgelegten Zeit abschalten. Der Kurzschlussstrom darf die Betriebsmittel dabei nicht beschädigen. Für die Anregung der Schutzgeräte muss der Kurzschlussstrom eine gewisse Schwelle überschreiten. Der Kurzschlussstrom darf indessen nicht zu groß sein, um die Kurzschlussbeanspruchung gering zu halten.

2.1.4 *Netzverluste*

Netzverluste spielen im Planungsprozess von Verteilungsnetzen kaum eine Rolle. Es gibt verschiedene Ansätze, die Verluste anhand von Belastungsgraden im Netz mit Schätzformeln zu bewerten [38], [39]. Die Genauigkeit ist speziell für NS-Netze mit den vielen einphasigen Lasten zu hinterfragen [40]. Die Schätzverfahren beruhen auf Auswertungen der *Lastdauerlinien*, die durch Sortierung der *Lastganglinien* ermittelt werden. Die Dauerlinien lassen sich als symbolische Jahresdauerlinien mathematisch beschreiben, womit eine Abschätzung der Verluste durch wenige Berechnungen möglich ist [38].

2.2 Belastungsannahmen

Nutzer von Verteilungsnetzen sind Haushaltsabnehmer, öffentliche Einrichtungen, Gewerbe oder kleine Industrieunternehmen als Verbraucher und EE-Anlagen sowie Blockheizkraftwerke (BHKW) als Erzeuger. Bisher gab es nur für die Planung von Verteilungsnetzen Belastungsannahmen, nicht aber für den Betrieb der Netze. Bei der Planung wird nur ein Lastzustand betrachtet [41], [42], [43]. Das bedeutet, dass für einen vorgegebenen Planungshorizont eine Last mit abgeschätzter Lastentwicklung angenommen wird, mit der die Platzierung und Dimensionierung der Betriebsmittel erfolgt. Die Planungsaufgabe wird mit diesem einen diskreten Wert für den Höchstlastfall durchgeführt. Neuerdings wird bei Vorhandensein von DEA auch der Schwachlastfall bei maximaler Einspeisung [44] untersucht.

Für die Berechnung aktiver Verteilungsnetze gibt es erst wenige Ansätze zur Beschreibung der Lasten. Oftmals werden Messungen [45] benutzt oder *Lastprofile* [46] in unzulässiger Weise verwendet.

Haushaltsabnehmer

Selbst bei der Definition von *Haushaltsabnehmern* gibt es Unterschiede. Streng genommen verwenden sie Elektrizität für den Eigenverbrauch im Haushalt. Für das Energiewirtschaftsgesetz zählen auch Nutzer mit einem Jahresenergieverbrauch von $W_a \leq 10.000\,\text{kWh}$ als *Haushaltskunden* [1]. Diese elektrische Energie kann der Nutzer auch für den Eigenverbrauch für berufliche, landwirtschaftliche oder gewerbliche Zwecke beziehen. In den TAB [34] sind elektrische maximale Leistungswerte für Geräte angegeben, die von Endabnehmern einzuhalten sind. Die NAV [22] enthält noch die Vorgabe:

§ 16 Absatz 2 Satz 2 NAV: *Die Anschlussnutzung hat zur Voraussetzung, dass der Gebrauch der Elektrizität mit einem Verschiebungsfaktor zwischen cos Phi = 0,9 kapazitiv und 0,9 induktiv erfolgt.*

Der angesprochene Leistungsfaktor wird bei Haushaltsabnehmern so gut wie nie gemessen.

2.2.1 Belastungsannahmen für Verbraucher

Abschätzung der Last mit Gleichzeitigkeitsfaktor

Für die Planung stehen Annahmen für den Höchstlastanteil von Haushalten (HH) zur Verfügung, mit welchen die Gesamthöchstlast von mehreren Haushalten bestimmt wird. Für die Ermittlung der Höchstlast wurden bisher zwei Vorgehensweisen verwendet. Zum einen wurden umfangreiche Messungen durchgeführt und daraus die Höchstlasten bestimmt [47], [48]. Zum anderen kann die Höchstlast durch eine Analyse der Geräte im Haushalt ermittelt werden [49], [50].

Das zweite Vorgehen wird in Tabelle 2-2 gezeigt und erklärt. In der letzten Spalte wird es durch ein Beispiel veranschaulicht. Bei der Analyse der Geräte werden die *Anschlussleistungen* P_{an} der vorhandenen Geräte nach Gl. (2.1) aufsummiert, womit sich die installierte Leistung P_i ergibt. Die installierte Leistung würde von einem Haushaltsabnehmer bezogen werden, wenn alle Geräte zur gleichen Zeit in Betrieb sind. Da dies nie der Fall ist, wurde der Bedarfsfaktor a_P eingeführt und BOCHANKY [49] und LEDER [50] verwenden 0,4 allgemein für Wohnungen und Häuser. Damit ergibt sich mit Gl. (2.2) die Höchstlast P_{HAmax} eines Haushaltsabnehmers. Mit dem Gleichzeitigkeitsfaktor g nach Gl. (2.3), dessen Herleitung Anhang 4.1 enthält, wird wiederum angenommen, dass nie alle Haushalte zur gleichen Zeit ihre Höchstlast beziehen und die Gesamthöchstlast P_{max} berechnet sich damit nach Gl. (2.4). Der Höchstlastanteil je Haushalt P^{*}_{HAmax} lässt sich einfach nach Gl. (2.5) bestimmen.

Für die Bestimmung der Gesamthöchstlast gibt es noch weitere Verfahren, welche in Abschnitt 3.2 erklärt und in Anhang 4 mit Zahlenwerten angegeben sind.

Tabelle 2-2: Bestimmung Gesamthöchstlast und Höchstlastanteil nach [35], [49], [51]

Abschätzung von	Gleichung		Beispiel bei $n=10$ und $n=100\,\text{HH}$
installierte Leistung	$P_\text{i} = \sum_k P_{\text{an}\,k}$	(2.1)	$P_\text{i}=19\,\text{kW}$
Bedarfsfaktor	(Annahme)		$a_\text{P}=0{,}4$
Höchstlast je HH	$P_{\text{HAmax}}=a_\text{P}\cdot P_\text{i}$	(2.2)	$P_{\text{HAmax}}=0{,}4\cdot 19\,\text{kW/HH}=7{,}6\,\text{kW/HH}$
Gleichzeitigkeitsfaktor	$g(n)=g_\infty+(1-g_\infty)\cdot n^{-1/2}$	(2.3)	$g(10)=0{,}1+(1-0{,}1)/10^{-1/2}=0{,}385$ $g(100)=0{,}1+(1-0{,}1)/100^{-1/2}=0{,}190$
Gesamthöchstlast	$P_{\max}(n)=g(n)\cdot n\cdot P_{\text{HAmax}}$	(2.4)	$P_{\max}(10)=0{,}385\cdot 10\,\text{HH}\cdot 7{,}6\,\text{kW/HH}=29{,}3\,\text{kW}$ $P_{\max}(100)=0{,}190\cdot 100\,\text{HH}\cdot 7{,}6\,\text{kW/HH}=144{,}4\,\text{kW}$
Höchstlastanteil	$P^*_{\text{HAmax}}(n)=P_{\max}(n)/n$	(2.5)	$P^*_{\text{HAmax}}(10)=29{,}3\,\text{kW}/10\,\text{HH}=2{,}93\,\text{kW/HH}$ $P^*_{\text{HAmax}}(100)=144{,}4\,\text{kW}/100\,\text{HH}=1{,}44\,\text{kW/HH}$

Es bleibt festzuhalten, dass dieses Vorgehen keine „Worst-Case"-Betrachtung ist, da bei der Bestimmung der Gesamthöchstlast nicht alle installierten Leistungen bzw. Höchstlasten aufsummiert werden, sondern berechtigterweise mit Bedarfsfaktor bzw. Gleichzeitigkeitsfaktor gerechnet wird. Eine Auslegung der Netze für die installierte Leistung erscheint aus heutiger Sicht widersinnig. Jedoch kann es durch das *Verbrauchsmanagement* zur Verringerung von Ausgleichseffekten kommen, worauf die Faktoren anzupassen sind.

Abschätzung der Last in Abhängigkeit der Flächennutzung

Wenn noch keine Bebauung vorliegt, werden bei der Auslegung der Netze Lastannahmen pauschal in Abhängigkeit der Flächennutzung vorgenommen [52], [53]. Es werden in Abhängigkeit der erwarteten Nutzungsarten die Referenzwerte aus Tabelle 2-3 verwendet. Wenn für Gewerbe die Verkaufsflächen bekannt sind, können diese auch als Bezugsgröße herangezogen werden [51].

Tabelle 2-3: Referenzwerte für Lastdichten in $\text{MVA}\cdot\text{km}^{-1}$ [52], [51]

Nutzungsart	bezogen auf Flächennutzung	bezogen auf Verkaufsfläche
offene Wohnbebauung	1	
geschlossene Wohnbebauung	3	
dichte Wohnbebauung	5	
Gemeinbedarf	2	
Gewerbe	5	
Supermärkte		30
Warenhäuser		20
Industrie	15	

Detailliertere Planungen sind mit Bebauungsplänen möglich. Sie geben Auskunft über die vorgesehene bauliche Nutzung. Eine wichtige Kenngröße ist dabei die Geschossflächenzahl, welche das Verhältnis von Geschossfläche zur Grundfläche angibt [52].

Für Industrieansiedlungen werden die erwarteten Leistungswerte angemeldet [33]. Der Baukostenzuschuss [22] sorgt dafür, dass die Leistungswerte sorgfältig bestimmt werden und somit die Planung deutlich erleichtern.

2.2.2 *Belastungsannahmen für Erzeuger*

Bei Daten zu EE-Anlagen ist der Gesetzgeber an einer möglichst großen Transparenz interessiert [54]. Daher stehen beispielsweise die EEG-Anlagenstammdaten nicht nur für die Netzbetreiber zur Verfügung, sondern sind für die Allgemeinheit unter [55] mit Informationen zum Standort, Einspeisespannungsebene, Energieträger für die EE-Anlage, installierte Leistung und Regelbarkeit abrufbar. Auch sind die Einspeisezeitreihen bekannt. Somit sind die meisten Informationen für die Berechnung verfügbar. Es gibt auch erste Untersuchungen zum Auftreten gleichzeitiger Leistungseinspeisungen von EE-Anlagen mit Wind und Photovoltaik [56].

2.3 Planungsgrundsätze

2.3.1 *Netzformen, Systemarten und Sternpunktbehandlungen*

Netzformen

Grundlage für die Wahl einer geeigneten Netzform sind nach [51]:

- Übersichtlichkeit im Aufbau und beim Betrieb
- Aufwand für Projektierung und Betriebsführung
- Versorgungszuverlässigkeit
- Investitionsaufwand
- Spannungshaltung
- Netzverluste
- Anpassung an Lastentwicklung

Die gewählte Netzform orientiert sich an der Versorgungsaufgabe, jedoch ist eine über Jahrzehnte gewachsene Netzstruktur nur langfristig abzulösen. Die Bücher [49], [52], [57], [58] fassen den „Stand der Technik" dazu umfassend zusammen. Grundsätzlich lässt sich sagen, dass sich für NS-Netze die Vorgaben bei der Planung auf die in Anhang 2.1 beschriebenen Strahlennetze einschränken und selten in städtischen Gebieten vermaschte Netze anzutreffen sind. Bei MS-Netzen finden die in Anhang 2.2 beschriebenen Ringnetze mit offener Trennstelle Anwendung.

Systemarten und Sternpunktbehandlungen

In NS- und MS-Netzen werden differenzierte Sternpunktbehandlungen angewendet. Bei NS-Netzen wird von Systemart (Anhang 2.3) gesprochen, welche von der Art der Sternpunkterdung des Transformators und der Verbindung der Körper der elektrischen Betriebsmittel abhängt. Bei MS-Netzen ist nur die Sternpunkterdung des Transformators von Bedeutung (Anhang 2.4).

2.3.2 *Spannungskoordinierung*

Die Spannungshaltung mit den zulässigen Spannungsbändern für die Netze ist eine umfangreiche Koordinierungsaufgabe für Netzbetreiber. Die Einhaltung der Bedingungen aus Abschnitt 2.1.1 ist erforderlich. Die Spannungskoordinierung ermöglicht allerdings die Aufteilung des Spannungsfalls bzw. der Spannungsanhebung auf das MS-Netz respektive NS-Netz. Dies ist in Bild 2-2 exemplarisch dargestellt.

Es wird die Spannung für die MS-Sammelschiene (MS-SS) geregelt. Die Stufenspannung des Laststufenschalters beträgt zwischen 0,8 % und 2,5 % der Bemessungsspannung des Transformators. Es sind bis zu 27 Stufen möglich [59]. Mit der Spannungskoordinierung muss sichergestellt werden, dass von der MS-SS des Umspannwerks aus alle Spannungen im gesamten unterlagerten Netz im Spannungsband liegen.

Die Spannung an der MS-SS wird üblicherweise im Bereich zwischen 102 % bis 106 % der Nennspannung U_n eingestellt. Diese Einstellung stammt aus Zeiten der Verbrauchernetze, als alleinig der Spannungsfall bewertet wurde. Die Einstellung auf maximal 106 % ist mit den Spannungstoleranzen aus Abschnitt 2.1.1 zu begründen.

Die einzige konventionelle Eingriffsmöglichkeit auf die Spannungshaltung im Verteilungsnetz ist durch die Anzapfungen der Ortsnetztransformatoren (ONT) gegeben. Ein lastlos verstellbarer Umsteller kann die Spannung am Einsatzort anpassen. Lastlos bedeutet, dass der Transformator für die Umstellung abgeschaltet sein muss.

2.3.3 Betriebsmittelwahl

Bei Neubau, Erweiterung und Instandhaltung von Netzen werden vorzugsweise Standard-Betriebsmittel verwendet. Dies reduziert beispielsweise die Lagerhaltung der jeweiligen Betriebsmittel [36]. Anhang 3 enthält bewährte Betriebsmittel für Transformatoren, Kabel und Freileitungen zusammen mit den Kenndaten.

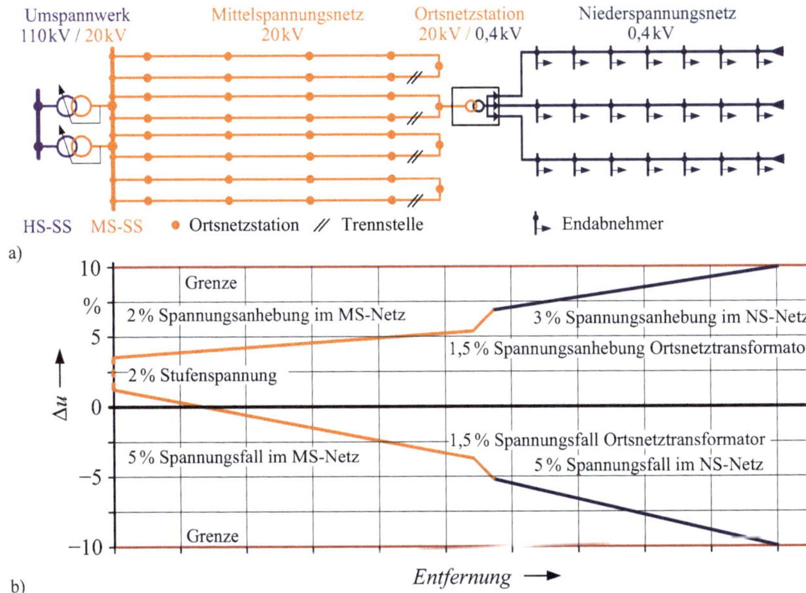

Bild 2-2: Verteilungsnetze mit einer exemplarischen Spannungskoordinierung
a) Verteilungsnetz vom Umspannwerk über MS-Netz, ONS, NS-Netz zum Endabnehmer
b) Spannungsbandaufteilung für das Verteilungsnetz

2.3.4 Annahmen für die Verteilungsnetzplanung

Ziel bei der Planung ist es, unter Berücksichtigung der Zuverlässigkeit und Einhaltung der technischen Rahmenbedingungen, die Investitions- und Betriebskosten zu minimieren. Dabei soll die Planung und Projektierung sowie die daraus resultierende Betriebsführung möglichst robust sein. Unter robust ist hier zu verstehen, dass die jeweiligen Prozesse der Planung, Projektierung und Betriebsführung einheitlich, schnell und einfach ausführbar sind.

Die Planung von Verteilungsnetzen erfordert immer die Abwägung, wie detailliert die Wirklichkeit, sprich die Beschreibung des realen Systems „Verteilungsnetz“ erfolgt, um aussagekräftige Ergebnisse zu erzielen. Für die Planung sind dann Lastfluss- sowie Kurzschlussberechnungen vorzunehmen. Lastflussberechnungen weisen nach, dass das Netz die Kriterien „zulässiges Spannungsband“ und „zulässige Strombelastbelastbarkeiten“ der Betriebsmittel im Normalbetrieb einhält. Die Kurzschlussberechnung dient zur Feststellung der zu erwartenden minimalen bzw. maximalen Kurzschlussströme. Dabei sind der minimale Kurzschlussstrom für die Auslegung des Schutzes und der maximale Kurzschlussstrom für die Kurzschlussfestigkeit der Betriebsmittel von Interesse. Die weitverbreiteten Annahmen für die Verteilungsnetzplanung sind in Tabelle 2-4 zusammengefasst.

Tabelle 2-4: Annahmen für die Verteilungsnetzberechnung

	Merkmal	Wirklichkeit: reales System	Planung: Annahmen für Berechnung
Lasten	Anschluss der Geräte	*einphasige Lasten* ⇒ *unsymmetrischer Zustand*	*dreiphasige Lasten* ⇒ *symmetrischer Zustand* (auch für NS-Netze)
	Scheinleistung	Wirk- und Blindleistung	Wirkleistung, $\cos\varphi$=konst. z.B. $\cos\varphi=0{,}95_{ind}$
	Spannungsabhängigkeit der Lasten	variiert mit Zusammensetzung der angeschlossenen Lasten	konst. Leistung, konst. Strom, konst. Impedanz oder Zusammensetzung
	Nutzung	Lastganglinie je Außenleiter	diskrete Werte für Gesamthöchstlast und Höchstlastanteil
vorgelagerte Netze	Spannung des vorgelagerten Netzes	variiert	konst. Vorgaben
	Kurzschlussleistung des vorgelagerten Netzes	variiert	diskrete konst. Extremwerte
Betriebsmittel	Betriebs-mittelaufbau	unsymmetrisch	symmetrisch
	Temperatur der Betriebsmittel	variiert	Annahme: ϑ=konst. z.B.: ϑ=20°C

Hintergrund der Annahmen

Netzplaner erarbeiteten diese Annahmen aus verschiedenen Gründen, die kaum umfassenden Gültigkeitsprüfungen unterzogen wurden. Dies bedeutet nicht, dass die Annahmen für Berechnungen falsch sind. Es war jedoch schwerlich möglich, umfangreiche Untersuchungen von Netzen durchzuführen, um die Zulässigkeit der Annahmen zu untermauern.

Die Lastflussberechnungsprogramme wurden beispielsweise zuerst für Höchst- und Hochspannungsnetze entwickelt. In diesen Netzen sind die Belastungen der drei Leiter annähernd gleich und die Berechnung erfolgt für den *symmetrischen Zustand* des Netzes. Diese Implementierung der Lastflussberechnung wurde dann für Verteilungsnetze übernommen.

Zudem gab es kaum Messungen der Lastflüsse im Verteilungsnetz. Messungen stehen hauptsächlich nur in den Abgängen der Umspannwerke zur Verfügung. Einzig Schleppzeiger sind als Überwachungseinrichtungen für Ortsnetztransformatoren flächendeckend installiert. Sie haben Bimetall-Messwerke und sind Maximum-Effektivwert-Stromschätzer, die nur den maximalen Strom anzeigen. Die Einstellzeit beträgt bis zu 15 Minuten. Daher eignen sich die Schleppzeiger nur für die thermische Überwachung von Transformatoren und Kabeln. Meistens erfolgt die Messung alleinig an einem *Außenleiter* – vorzugsweise L2.

Es bleibt festzuhalten, dass die Datenerhebung und Datenverfügbarkeit vom HöS-Netz über die Spannungsebenen bis hin zum NS-Netz stetig abnimmt. Es stellt sich jedoch auch die Frage, inwiefern Messungen im Verteilungsnetz durchzuführen sind, da die Anzahl der Betriebsmittel und die Netzlängen, wie Bild 1-1 zeigt, im Vergleich zu den HöS- und HS-Netzen enorm sind.

2.4 Ersatzschaltungen für Betriebsmittel und Lasten

Die Betriebsmittel und Lasten von elektrischen Netzen werden für Berechnungen durch Ersatzschaltungen dargestellt. Für passive Betriebsmittel, wie Leitungen und Transformatoren, werden π-Ersatzschaltungen (Admittanz-Ersatzschaltungen) oder T-Ersatzschaltungen (Impedanz-Ersatzschaltungen) und für aktive Betriebsmittel, wie Generatoren, Motoren und vorgelagerte Netze, Spannungsquellen- oder Stromquellen-Ersatzschaltungen verwendet [60], [61]. Die Güte der Nachbildungen beeinflusst dabei die Qualität der Ergebnisse [62]. Jedoch ist immer abzuwägen, welche Vereinfachungen für die Ersatzschaltungen, auch unter Berücksichtigung der in Tabelle 2-4 angegebenen Annahmen, vertretbar sind.

Die Abgrenzungen des Betrachtungssystems Verteilungsnetz sind zum einen die Transformatoren der Umspannwerke zum Übertragungsnetz hin und zum anderen die Übergabestelle zum Endabnehmer als Last.

2.4.1 Ersatzschaltungen für Betriebsmittel

Einen Überblick der Ersatzschaltungen mit zweckmäßigen Vereinfachungen für die Betriebsmittel sind in Tabelle 2-5 zusammengefasst. Es werden detaillierte, vereinfachte und stark vereinfachte Ersatzschaltungen für vorgelagerte Netze, Transformatoren sowie Kabel und Freileitungen gezeigt. Die Kenndaten dieser Betriebsmittel enthält Anhang 3.

2.4.2 Ersatzschaltungen für Lasten

Eine Übersicht der Ersatzschaltungen für Lasten ist in Tabelle 2-6 dargestellt. Die jeweiligen Lasten haben entweder eine konstante Impedanz $\underline{Z}$, beziehen einen konstanten Strom $\underline{I}$ oder eine konstante Leistung $\underline{S}$. In Summe sind schließlich Mischformen möglich. Für Erzeugungsanlagen wird meist eine konstante Leistungseinspeisung verwendet.

Die Berechnung von Netzen erfordert Angaben zur Wirkleistung P und Blindleistung Q für den jeweiligen Berechnungsfall. Es werden nur sinusförmige Ströme und Spannungen bei einer Netzfrequenz von 50 Hz betrachtet. Damit wird die Verzerrungsblindleistung vernachlässigt und *Wirkfaktor* $\cos\varphi$ sowie *Leistungsfaktor* λ sind gleich [63].

Tabelle 2-5: Ersatzschaltbilder der Betriebsmittel mit Vereinfachungen [60], [61], [62]

	detaillierte Ersatzschaltung	vereinfachte Ersatzschaltung	stark vereinfachte Ersatzschaltung
vorgelagertes Netz	R L C $\underline{U}$	R L $\underline{U}$	L $\underline{U}$
Transformator	R L L R G L	R L L R L	R L
Kabel und Freileitung	R L G C G C	R L C C	R L

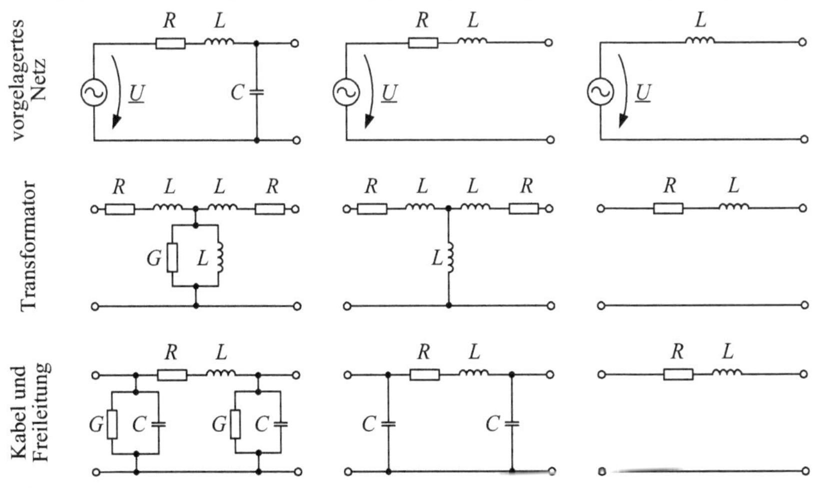

Tabelle 2-6: Ersatzschaltbilder der Lasten

konstante Impedanz $\underline{Z}$	konstanter Strom $\underline{I}$	konstante Leistung $\underline{S}$
R, jX } $\underline{Z}$	$\underline{I}$	P, Q } $\underline{S}$

2.4.3 *Abhängigkeiten der Lasten*

Im Allgemeinen sind die Leistungsaufnahmen der Lasten sowohl von der Spannung als auch von der Frequenz abhängig. Verschiedene Ansätze zur Beschreibung dieser Abhängigkeiten wurden hauptsächlich für statische und dynamische Stabilitätsanalysen erarbeitet [60], [61], [64], [65], [66]. Eine umfangreiche Zusammenfassung verschiedener Studien ist in [67] enthalten. Hier wird nur auf die statischen Gleichungen als Exponentialfunktion und Polynomfunktion eingegangen. Es gibt noch eine Vielzahl weiterer Ansätze, wie z.B. LOADSYN vom ELECTRIC POWER RESEARCH INSTITUTE (EPRI) [68], [69]. Im Normalbetrieb ist die Frequenz nahezu konstant und daher wird im Weiteren ihr Einfluss vernachlässigt.

Exponentialfunktion

In Gln. (2.6) und (2.7) sind die Abhängigkeiten für die Wirk- und Blindleistung von Betriebsspannung U und Betriebsfrequenz f dargestellt. Eingangsgrößen sind die Leistungen P_n und Q_n für die entsprechende Nennspannung U_n und Netzfrequenz f_n.

$$P = P_\mathrm{n}\left(\frac{U}{U_\mathrm{n}}\right)^{ep}\left(\frac{f}{f_\mathrm{n}}\right)^{efp} \overset{f=f_\mathrm{n}=\mathrm{konst.}}{=} P_\mathrm{n}\left(\frac{U}{U_\mathrm{n}}\right)^{ep} \tag{2.6}$$

$$Q = Q_\mathrm{n}\left(\frac{U}{U_\mathrm{n}}\right)^{eq}\left(\frac{f}{f_\mathrm{n}}\right)^{efq} \overset{f=f_\mathrm{n}=\mathrm{konst.}}{=} Q_\mathrm{n}\left(\frac{U}{U_\mathrm{n}}\right)^{eq} \tag{2.7}$$

Für die Exponenten ep und eq lassen sich folgenden Aussagen treffen [58]:

- $ep=0$; $eq=0$: konstanter Wirk- und Blindleistungsbezug der Last $\Rightarrow P, Q =$ konst.
- $ep=1$; $eq=1$: konstanter Wirk- und Blindstrombezug der Last $\Rightarrow I_\mathrm{W}, I_\mathrm{B} =$ konst.
- $ep=2$; $eq=2$: konstante ohmsch-reaktive Impedanz der Last $\Rightarrow R, X =$ konst.

In der Praxis lassen sich die Lasten wie folgt einteilen.

- Netzteile: $ep=0$, $eq=0$
- Motoren: $ep=0$, $eq=0$
- Widerstände: $ep=2$, eq nicht erforderlich, da keine Blindleistung bezogen wird

Die Geräte werden in Abschnitt 4.4 entsprechend eingeteilt.

Polynomfunktion (ZIP-Funktion)

Die Verwendung der Polynomfunktion ermöglicht eine umfangreichere Beschreibung von Mischformen der Lasten. Dafür muss aber die Zusammensetzung der Last bekannt sein. Die Polynomfunktion wird auch als ZIP-Funktion bezeichnet, wobei ZIP für die drei Terme in den Funktionen steht. In Gln. (2.8) und (2.9) sind zum einen die allgemeine als auch die vereinfachte Funktion mit Bezug zur Exponentialfunktion angegeben.

Die Exponenten ep_1, ep_2 und ep_3 sowie eq_1, eq_2 und eq_3 sind das Maß für die Spannungsabhängigkeiten der Wirk- und Blindleistung und haben das gleiche Verhalten wie die Exponenten ep und eq der Exponentialfunktion. Die Faktoren p_1 und p_2 sowie q_1 und q_2 sind die Maße für die Gewichtung der jeweiligen Anteile für die Spannungsabhängigkeiten.

$$
\begin{aligned}
P &= P_{\mathrm{n}}\left(p_1\left(\frac{U}{U_{\mathrm{n}}}\right)^{ep_1} + p_2\left(\frac{U}{U_{\mathrm{n}}}\right)^{ep_2} + \left(1-p_1-p_2\right)\left(\frac{U}{U_{\mathrm{n}}}\right)^{ep_3}\right) \\
&\overset{\substack{ep_1=0\\ ep_2=1\\ ep_3=2}}{=} P_{\mathrm{n}}\left(\underbrace{p_1}_{P\,=\,\text{konst.}} + \underbrace{p_2\left(\frac{U}{U_{\mathrm{n}}}\right)}_{I_{\mathrm{W}}\,=\,\text{konst.}} + \underbrace{\left(1-p_1-p_2\right)\left(\frac{U}{U_{\mathrm{n}}}\right)^2}_{R\,=\,\text{konst.}}\right)
\end{aligned}
\tag{2.8}
$$

$$
\begin{aligned}
Q &= Q_{\mathrm{n}}\left(q_1\left(\frac{U}{U_{\mathrm{n}}}\right)^{eq_1} + q_2\left(\frac{U}{U_{\mathrm{n}}}\right)^{eq_2} + \left(1-q_1-q_2\right)\left(\frac{U}{U_{\mathrm{n}}}\right)^{eq_3}\right) \\
&\overset{\substack{eq_1=0\\ eq_2=1\\ eq_3=2}}{=} Q_{\mathrm{n}}\left(\underbrace{q_1}_{Q\,=\,\text{konst.}} + \underbrace{q_2\left(\frac{U}{U_{\mathrm{n}}}\right)}_{I_{\mathrm{B}}\,=\,\text{konst.}} + \underbrace{\left(1-q_1-q_2\right)\left(\frac{U}{U_{\mathrm{n}}}\right)^2}_{X\,=\,\text{konst.}}\right)
\end{aligned}
\tag{2.9}
$$

In der Praxis beziehen Lasten keinen konstanten Strom. Jedoch ist es sinnvoll, bei einer Mischung von 50/50 zwischen Lasten mit konstantem Leistungsbezug und Lasten mit konstanter Impedanz in Summe den konstanten Strombezug zu wählen. Der Fehler liegt im Bereich zwischen 90% und 110% der Nennspannung bei weniger als 4% [70]. Die zugehörigen Parameter sind: $p_1=0{,}5$; $p_2=0$; $q_1=0{,}5$; $q_2=0$; $ep_1=eq_1=0$; $ep_3=eq_3=2$. Die Exponenten $ep_2=eq_2=1$ sind nicht erforderlich, da $p_2=q_2=0$ ist.

Es gibt jedoch ferner die Auffassung, dass für die Netzplanung mit einem konstanten Leistungsbezug gerechnet werden sollte [61], [66]. Damit wird der Selbstregeleffekt von Lasten vernachlässigt, der dazu führt, dass sich bei Spannungsabsenkungen auch die aufgenommenen Leistungen von Z-Lasten reduzieren [58].

2.5 Zukunft der Verteilungsnetze

Die erweiterten Aufgaben von Verteilungsnetzen setzen Anreize für neue Vorgehensweisen beim Netzausbau sowie beim Netzbetrieb. So gibt es neuartige Betriebsmittel, die die Spannung im Verteilungsnetz regeln, Ansätze zur Integration von Energiespeichern, aber auch Überlegungen zur Intensivierung der Last- und Erzeugungssteuerung. Viele der Konzepte sind bereits lange bekannt, jedoch bisher nicht im wirtschaftlichen Rahmen von Bedeutung.

Im Verteilungsnetz kommt es oft zu Spannungshaltungsproblemen, bevor die Betriebsmittel thermisch ausgelastet sind. Viele Konzepte beim Netzausbau fokussieren sich daher auf Betriebsmittel zur Verbesserung der Spannungshaltung. Im Prinzip wird versucht, die in Abschnitt 2.3.2 beschriebene Spannungskoordinierung zu „entkoppeln". In Bild 2-3 sind diese verschiedenen Möglichkeiten exemplarisch dargestellt.

Auch werden umfangreiche Untersuchungen für eine Intensivierung der Betriebsführung durchgeführt. Der Netzbetrieb im Verteilungsnetz kann maßgeblich nur mithilfe der Benutzer, also den Endabnehmern als Verbraucher und DEA als Erzeugern geschehen. Umschaltungen im Netz sind kaum möglich, da die Netze hauptsächlich als Strahlen- oder Ringnetze aufgebaut sind. Insbesondere unter Berücksichtigung neuartiger Lasten, wie Elektroautos oder Wärmepumpen, wird das *Verbrauchsmanagement* und *Lastmanagement* an Bedeutung gewinnen. Beide können ebenfalls unter der Einbeziehung von Speichern erfolgen.

2.5.1 Neuartige Betriebsmittel

Regelbare Ortsnetztransformatoren (rONT)

Regelbare Ortsnetztransformatoren entkoppeln die Spannungshaltung zwischen MS- und NS-Netzen durch das Anpassen des Übersetzungsverhältnisses während des Betriebs [71], [72]. Ein rONT ermöglicht bereits die Vergrößerung des nutzbaren Spannungsbands im unterlagerten NS-Netz. Die Vergrößerung des nutzbaren Spannungsbands im MS-Netze erfordert einen flächendeckenden Einsatz von rONTs im jeweiligen Ring.

Längsspannungsregler

Längsspannungsregler, auch Netzregler genannt, passen die Spannung längs einer Leitung an [73]. Meist werden dafür Spartransformatoren verwendet. Der Einsatz ist sowohl im MS- als auch im NS-Netz realisierbar.

Energiespeicher

Der Einsatz von Energiespeichern ist eine Möglichkeit, um überschüssige Erzeugung von DEA lokal zu speichern und später damit den Verbrauch zu decken. Unter Energiespeicher dürfen nicht nur stationäre Batteriespeicher gesehen werden, sondern auch Wärmespeicher für Heizen und Warmwasserbereitung oder Batterien von Elektroautos.

2.5.2 Intensivierung des Netzbetriebs

Verbrauchsmanagement und Lastmanagement

Verbrauchsmanagement soll die Last an die Erzeugung anpassen und Lastmanagement dabei die Ausnutzung der Netzkapazität verbessern [74]. Ein klassisches Beispiel für Verbrauchsmanagement sind Nachtspeicherheizungen. Das ursprüngliche Konzept bestand darin, dass Heizungen Elektrizität von Grundlastkraftwerken nutzten, die in der Nacht kostengünstig zur Verfügung standen. Zudem hatte das Netz in den Nachtstunden ausreichend Übertragungskapazität. Durch die Steuerung der Wärmespeicher mit den Ladecharakteristiken Vorwärts-, Spreiz- und Rückwärtssteuerung wurde sichergestellt, dass nicht alle Heizungen zur gleichen Zeit mit der Ladung beginnen [75]. Dieses Management berücksichtigt somit mit einer einfachen Steuerung die Netzkapazität sowie die Anpassung von Last an die Erzeugung.

Unter Einbeziehung von thermischen [76] und elektrischen Energiespeichern [77] kann sich das Lastverschiebungspotenzial im Haushaltsbereich deutlich erhöhen und folglich an die fluktuierende Erzeugung von DEA anpassen.

Blindleistungsregelung von dezentralen Erzeugungsanlagen

Die Blindleistungsregelung von DEA [78] verringert Spannungshaltungsprobleme im Verteilungsnetz. Aufgrund von fehlender IKT wird die Blindleistung der Anlagen in Abhängigkeit von Spannung $Q(U)$ (engl. Volt/Var control), Wirkleistung $Q(P)$ oder durch Vorgabe eines $\cos\varphi$ geregelt.

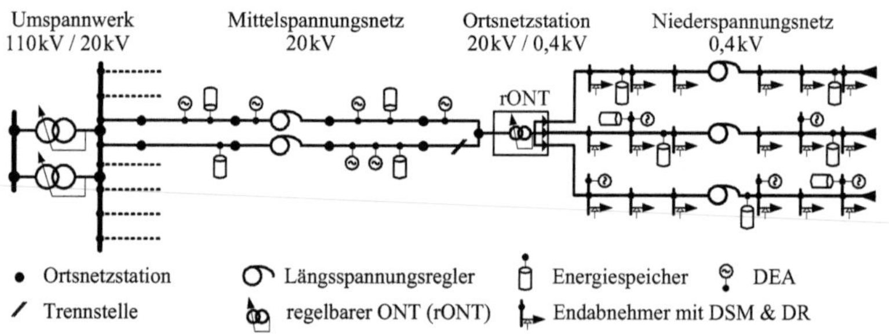

Bild 2-3: Aktive Verteilungsnetze mit neuartigen Betriebsmitteln

2.6 Fazit: Lastgangsynthese zur Berechnung aktiver Verteilungsnetze

Die Auslegungskriterien und das Vorgehen zur Verteilungsnetzplanung haben sich seit vielen Jahrzehnten etabliert. Die Grundannahme war dabei, dass das Verteilungsnetz ein passives Versorgungsnetz ist. Darauf waren die Planungsgrundsätze und der Planungsablauf abgestimmt. Mit dem Wandel hin zu vielen DEA hat sich bereits die Nutzung der Netze verändert.

Die Lastgangsynthese stellt Lastgänge bereit, mit welchen die bisherigen Annahmen zur Berechnung von Verteilungsnetzen aus Tabelle 2-4 verfeinert werden können. Untersuchungen mit den Schwerpunkten:

- Beurteilung der Last als einphasige und dreiphasige Last
- Bestimmung der Lastentwicklung
- Berechnung technischer Verluste

werden durch synthetische Lastgänge ermöglicht bzw. erleichtert.
Auch kann auf Fragestellungen wie z. B.

- Integration von DEA, z. B. EE-Anlagen, BHKWs
- Verbrauchsmanagement mit optimaler Regelung
- Bestimmung des Blindleistungsbedarfs

besser eingegangen werden.

3 Beschreibung der Lasten von Haushaltsabnehmern

Dieses Kapitel zeigt und charakterisiert gemessene Lastgänge von Haushaltskunden und gibt einen Überblick über verschiedene Methoden der Abschätzung der Höchstlast. Im Weiteren wird die Entwicklung des Elektrizitätsverbrauchs dargestellt. Abschließend werden bisherige Ansätze zur Lastgangerstellung aufgelistet und die Erfordernisse an die vorgestellte Lastgangsynthese erläutert.

3.1 Charakterisierung der Last von Haushaltsabnehmern

3.1.1 Lastgänge eines Haushaltsabnehmers

Haushaltsabnehmer sind über den *Hausanschluss* des Hauses an das öffentliche NS-Netz angeschlossen. Der Hausanschluss ist in Bild 2-1 schematisiert dargestellt. Der Stromkreisverteiler teilt die zugeführte Elektrizität auf mehrere Stromkreise auf. Die Geräte sind mittels Steckdosen gewöhnlich als *einphasige Lasten* an einen der *Außenleiter* L1, L2 oder L3 und den *Neutralleiter* angeschlossen. Die Wirk- und Blindleistungsaufnahme der Geräte unterliegt großen Schwankungen, die stark vom Verhalten der Benutzer abhängen.

Bild 3-1 enthält gemessene Lastgänge eines Haushalts. In Bild 3-1 a sind die Wirkleistung $P(t)$ und Blindleistung $Q(t)$ sowie der resultierende *Wirkfaktor* $\cos\varphi$ für die drei Außenleiter dargestellt. Es ist eine ständige Grundlast mit gelegentlichen Lastspitzen zu beobachten, wobei die Belastung der Außenleiter stark variiert. Die Lastspitzen treten am Morgen, Mittag, Nachmittag und Abend auf und es gibt große Leistungsgradienten $|\Delta P/\Delta t|$ mit maximal 5,2 kW/(1 min). Haushalte beziehen Blindleistung, womit davon auszugehen ist, dass einige Geräte ohmsch-induktive Lasten oder Netzteile mit keiner oder passiver Leistungsfaktorkorrektur sind. Die Blindleistung ist geringer als die Wirkleistung.

Weiterhin werden die Summenlastgänge P_{sum} und Q_{sum} in Bild 3-1 b gezeigt. Sie ergeben sich aus der Summe der Leistungen der drei Außenleiter P_{L1}, P_{L2} und P_{L3} sowie Q_{L1}, Q_{L2} und Q_{L3} nach Gl. (3.1).

$$\begin{aligned} P_{\text{sum}}(t) &= P_{\text{L1}}(t) + P_{\text{L2}}(t) + P_{\text{L3}}(t) \\ Q_{\text{sum}}(t) &= Q_{\text{L1}}(t) + Q_{\text{L2}}(t) + Q_{\text{L3}}(t) \end{aligned} \tag{3.1}$$

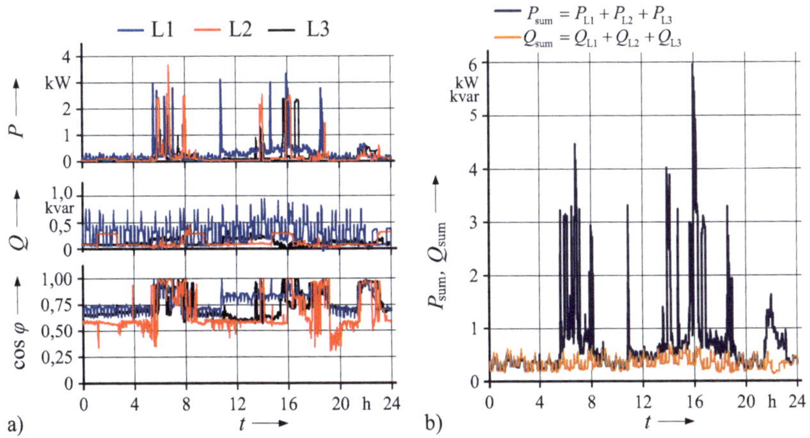

Bild 3-1: Lastgänge eines Haushaltsabnehmers für einen Tag (eigene Messung, Zeitauflösung $\Delta t = 60$ s)
a) Wirk- und Blindleistung sowie Wirkfaktor je Außenleiter
b) Wirk- und Blindleistung als Summenlastgang

Bild 3-1 veranschaulicht, dass die einphasigen Lasten die Außenleiter unsymmetrisch beanspruchen und zu einem Strom im Neutralleiter führen. Um dies zu verdeutlichen, legt Bild 3-2 diesen Sachverhalt nochmals dar. Für Strom und Spannung ist die Unsymmetrie durch den *Unsymmetriegrad* definiert [79]. Hier erfolgt die Berechnung mit dem Strom. Die Nullsystem-Stromunsymmetrie k_{I0} nach Gl. (3.2) quantifiziert die Unsymmetrie durch das Verhältnis der Nullkomponente nach Gl. (3.3) zur Mitkomponente nach Gl. (3.4) des Stromes. Eine Stromunsymmetrie von 0 % entspricht einem *symmetrischen Zustand* des Netzes und die maximale Stromunsymmetrie ist 100 %.

$$k_{I0} = I_0 / I_1 \cdot 100\,\% \tag{3.2}$$

$$I_0 = \frac{1}{3} \left| \underline{I}_{L1} + \underline{I}_{L2} + \underline{I}_{L3} \right| \tag{3.3}$$

$$I_1 = \frac{1}{3} \left| \underline{I}_{L1} + \underline{a}\,\underline{I}_{L2} + \underline{a}^2\,\underline{I}_{L3} \right| \tag{3.4}$$

In Bild 3-2 a sind die drei Ströme $I(t)$ je Außenleiter als natürliche Drehstromgrößen dargestellt. Bild 3-2 b zeigt die Tagesverläufe der Nullkomponente $I_0(t)$ und Mitkomponente $I_1(t)$ des Stromes und Bild 3-2 c die dazugehörige Nullsystem-Stromunsymmetrie k_{I0}. Die Stromunsymmetrie liegt zwischen 4 % und 96 % und hat einen Mittelwert von 40 %. Große Stromunsymmetrien treten insbesondere bei hohen Leistungsaufnahmen einphasiger Lasten auf. Da die Stromunsymmetrie auf die Mitkomponente des Stromes bezogen ist, kann es zu einer Überbewertung des Quotienten bei kleinen Leistungsaufnahmen kommen.

Zusammenfassend bleibt festzuhalten, dass einzelne Haushaltsabnehmer:

- Grundlast
- Lastspitzen am Morgen, Mittag, Nachmittag und Abend
- große Leistungsgradienten
- hohe Nullsystem-Stromunsymmetrie

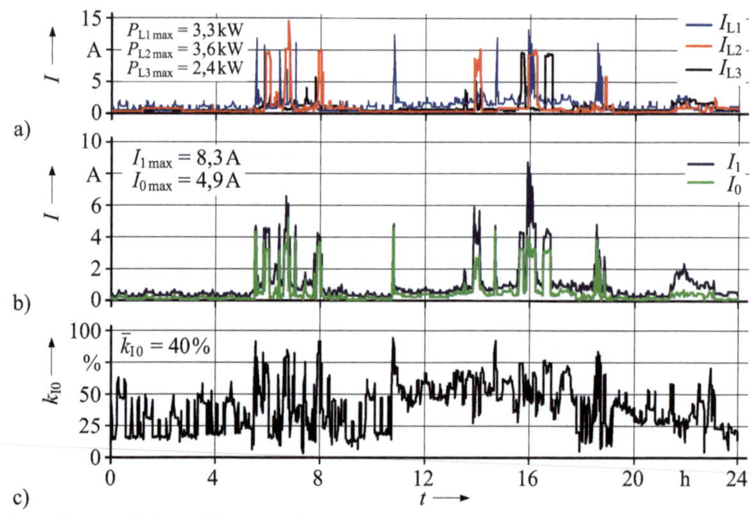

Bild 3-2: Stromverläufe und Unsymmetriegrad für einen Haushalt mit Daten aus Bild 3-1
a) Strom je Außenleiter
b) Nullkomponente und Mitkomponente des Stromes
c) Nullsystem-Stromunsymmetrie

3.1.2 Lastgänge mehrerer Haushaltsabnehmer

Nachdem die Last eines Haushaltsabnehmers im vorigen Abschnitt beschrieben wurde, soll hier die Last von mehreren Abnehmern analysiert werden. In Bild 3-3 sind die Summenlastgänge für Wirkleistung $P(t)$ und Blindleistung $Q(t)$ für $n = 1$, 5, 10 und 15 Haushaltsabnehmer dargestellt.

Es ist zu erkennen, dass es zu einer Vergleichmäßigung der Lastgänge mit der Erhöhung der Anzahl von Haushaltsabnehmern kommt. Dieser Effekt ist mit der Diversität des Verhaltens der Benutzer zu erklären. Unter Diversität versteht man, dass mehrere Haushalte nicht zur gleichen Zeit ihre maximale Leistung aus dem Netz beziehen. Damit addieren sich die Höchstlasten nicht zur Gesamthöchstlast auf. Dies wird in Abschnitt 3.2.1 aufgegriffen.

Um Aussagen zur Unsymmetrie durchzuführen, sind in Anlehnung in Bild 3-4 die gleichen Größen wie in Bild 3-2 für 15 Haushaltsabnehmer dargestellt. Es ist zu sehen, dass sich die Lasten gleichmäßiger auf die Außenleiter aufteilen. Der Mittelwert der Nullsystem-Stromunsymmetrie verringert sich von 40 % für einen Haushaltsabnehmer auf 24 % für 15 Haushaltsabnehmer und der Maximalwert von 96 % auf 73 %.

Bei der Charakterisierung von einem Haushaltsabnehmer zeigten sich große Leistungsgradienten $|\Delta P/\Delta t|$. In Bild 3-5 sind die Leistungsgradienten für einen und für fünfzehn Haushaltsabnehmern dargestellt. Es ist festzustellen, dass bei fünfzehn Haushaltsabnehmern im Vergleich zu einem Haushaltsabnehmer der maximale Leistungsgradient nur gut doppelt so groß ist.

Zusammenfassend bleibt festzuhalten, dass sich mit Erhöhung der Haushaltsanzahl:

- die Grundlast aufsummiert und sich somit deutlich vergrößert
- die Lastspitzen vergleichmäßigen
- die maximalen Leistungsgradienten sich nicht proportional vergrößern
- die Nullsystem-Stromunsymmetrie sich verringert

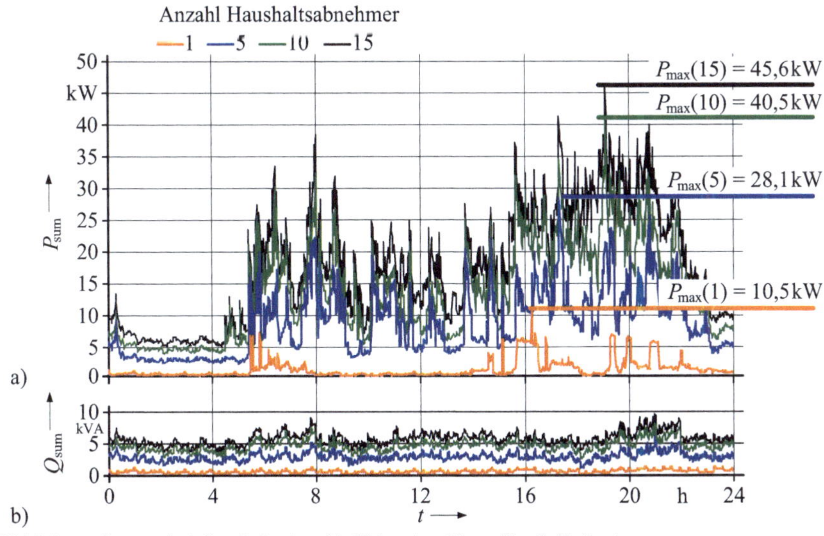

Bild 3-3: Summenlastgänge bei unterschiedlicher Anzahl von Haushaltsabnehmern (eigene Messung, Zeitauflösung $\Delta t = 60\,s$)
a) Wirkleistung
b) Blindleistung

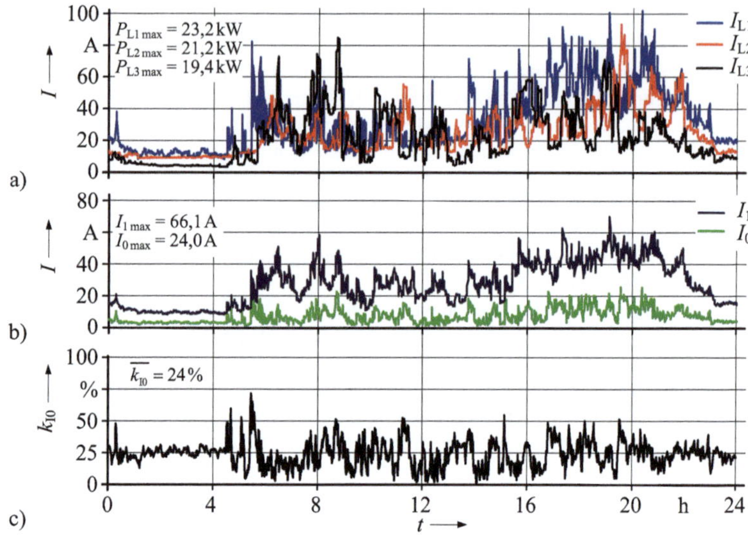

Bild 3-4: **Stromverläufe und Unsymmetriegrad für 15 Haushaltsabnehmer mit Daten aus Bild 3-3**
a) Strom je Außenleiter
b) Nullkomponente und Mitkomponente des Stromes
c) Nullsystem-Stromunsymmetrie

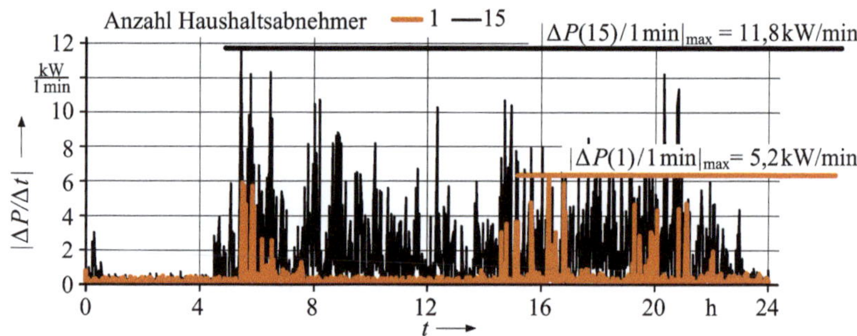

Bild 3-5: **Leistungsänderungen der Summenlastgänge bei 1 und 15 Haushaltsabnehmern**

3.2 Abschätzung der Last für Haushaltsabnehmer für die Netzplanung

3.2.1 Gesamthöchstlast, Diversität und Gleichzeitigkeit sowie Höchstlastanteil

Weiterführend zu Abschnitt 2.2.1 soll ein vertiefender Einblick in die Bestimmung der *Gesamthöchstlast* gegeben werden. Für die Bestimmung der Gesamthöchstlast P_{max} wird die bereits beschriebene Diversität der Lastgänge von Haushalten genutzt. Der diversitäre Charakter wurde frühzeitig erkannt und fand schnell in der Tarifgestaltung [80], [81] sowie der Auslegung von Verteilungsnetzen [82], [83] Berücksichtigung. Dabei wurden vielfältige Faktoren eingeführt, wobei sich in Deutschland der *Gleichzeitigkeitsfaktor g* gegenüber dem *Verschiedenheitsfaktor* für die Netzplanung durchgesetzt hat und heute noch Verwendung findet.

Als Beispiel für die Diversität sind in Bild 3-6 a die Gesamthöchstlast P_{max} in Abhängigkeit zur Anzahl der Haushaltsabnehmer n und in Bild 3-6 b der jeweilige *Höchstlastanteil* $P^*_{HA\,max}$

eines Haushaltsabnehmers an der Gesamthöchstlast mit Daten aus [49] und [47] dargestellt. Es ist deutlich zu erkennen, dass sich der Höchstlastanteil je Haushaltsabnehmer mit Vergrößerung der Gruppe verkleinert. Als Höchstlastperiode wurde bisher der Zeitraum von 18 bis 20 Uhr angenommen [47]. Das Maß der Reduzierung ist dabei vom *Elektrifizierungsgrad* abhängig. Dieser wird in Abschnitt 3.2.3 eingeführt.

Bei der Quantifizierung der Höchstlast und Gesamthöchstlast wird bisher nur die Wirkleistung angegeben. Dies beruht auf der Erfahrung, dass ohmsche Lasten einen wesentlichen Anteil zur Höchstlast beitragen. In mehreren Quellen sind Werte für den *Wirkfaktor* spezifiziert und die Werte betragen $\cos\varphi = 0{,}93\ldots0{,}95_{\text{ind}}$ in [84], $\cos\varphi = 0{,}93\ldots0{,}97_{\text{ind}}$ in [44] und $\cos\varphi = 0{,}95_{\text{ind}}$ in [49].

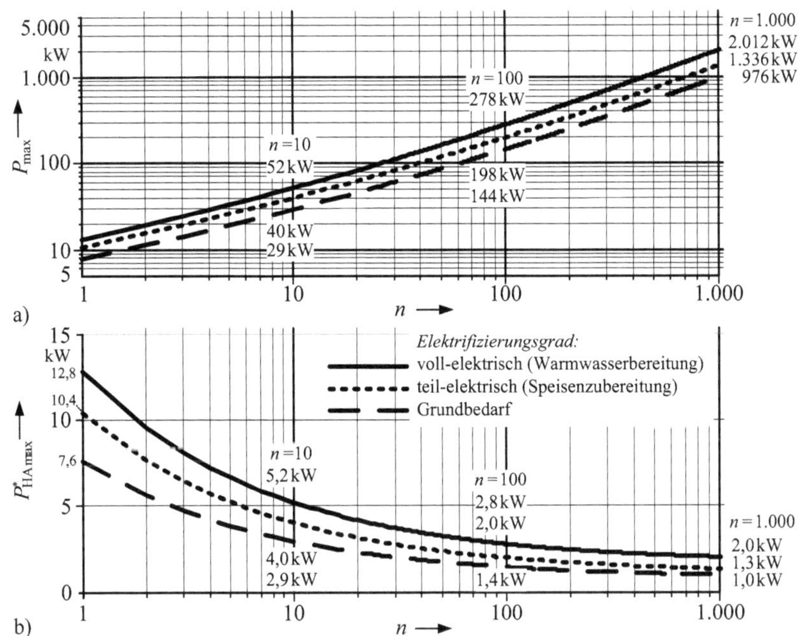

Bild 3-6: Veränderung der Lasten in Abhängigkeit der Anzahl der Haushalte und des Elektrifizierungsgrads (Daten aus [49], [47])
a) Gesamthöchstlast P_{max} der Kundengruppe
b) Höchstlastanteil pro Haushaltsabnehmer P^*_{HAmax} mit zunehmender Gruppengröße

3.2.2 Übersicht von Methoden zur Bestimmung der Gesamthöchstlast

Verschiedene Studien zwischen 1945 und 1960 beschreiben das Verhalten von Haushaltsabnehmern mit Gleichungen für die Abschätzung der Gesamthöchstlast einer Kundengruppe bzw. des Höchstlastanteils eines Haushaltsabnehmers zum Zeitpunkt der Gesamthöchstlast des Netzes oder Netzgebiets [85], [86], [87], [88], [89]. Die angenommenen Werte für die Höchstlast und die abgeleiteten Gleichungen mit den Faktoren für den Höchstlastanteil basieren auf diesen Studien und sind in Anhang 4 zusammengefasst.

In Deutschland wird der Gleichzeitigkeitsfaktor *g* verwendet. Er wird mit der Gl. (A.12) von RUSCK aus dem Jahr 1956 berechnet [88]. RUSCK bezeichnet diesen Faktor noch als *diversity factor* (engl. für Verschiedenheitsfaktor), er entspricht jedoch dem heute bekannten Gleichzeitigkeitsfaktor. Anhang 4.1 enthält die Herleitung der Gleichung für den Gleichzeitigkeitsfaktor.

Der VDEW [57] veröffentlichte 1984 eine an Gl. (A.12) angelehnte Gl. (A.13), bei welcher der Exponent ½ durch ¾ ersetzt wurde. Die Anpassung wurde basierend auf Messungen in großstädtischen Netzen vorgenommen und führt zu einer Reduzierung der Gesamthöchstlast. Beide Gln. (A.12) und (A.13) werden heutzutage angewendet. Der Anhang 4.3 enthält zudem die „Bemessungsgrundlage für Wohngebäude" nach DIN 18015 [28] und die daran angelehnten Werte des Höchstlastannahmen der STROMNETZ BERLIN GMBH [90].

In den skandinavischen Ländern erfolgt die Abschätzung mit VELANDERS Gleichung (A.16) aus dem Jahre 1952 [87]. Sie wird auch als STRAND-AXELSSON Gleichung nach einer CIRED-Veröffentlichung aus dem Jahre 1975 [91] bezeichnet. Die Parameter sind in Anhang 4.4 für verschiedene Veröffentlichungen zusammengefasst.

In Großbritannien [92], Neuseeland [93] und Südafrika [94] findet eine Abschätzung nach BOGGIS aus dem Jahre 1953 Anwendung. Das Ergebnis wird als *after diversity maximum demand* bezeichnet.

Auch in den USA wird die Höchstlast in ähnlicher Weise bestimmt. Beispielsweise verwenden NICKEL & BRAUNSTEIN in einer Veröffentlichung aus dem Jahre 1981 die Gl. (A.14) von ARKANSAS POWER AND LIGHTING [95].

Alle diese Beispiele verdeutlichen und der weltweite Einsatz unterstreicht, dass die Einbeziehung der Diversität in die Auslegung von Verteilungsnetzen sinnvoll und zweckmäßig ist. Die Auslegung der Netze für einen vermeintlichen „Worst-Case", dass alle Haushalte zur gleichen Zeit alle elektrischen Geräte im Haushalt betreiben, ist dabei auszuschließen. Das Gleiche gilt für eine Auslegung nach dem Bemessungsstrom der Hausanschlusssicherung.

Alle bisherigen Gleichungen erfüllen den Zweck der Bestimmung des jeweiligen Höchstlastanteils eines Haushaltsabnehmers an der Gesamthöchstlast für eine homogene Gruppe von Haushaltsabnehmern. Eine Weiterentwicklung führte 2002 SPITZL mit einem interkategorialen Gleichzeitigkeitsfaktor ein [41], der sich jedoch noch nicht durchgesetzt hat.

3.2.3 Elektrifizierungsgrad

Der bereits in Abschnitt 3.2.1 verwendete *Elektrifizierungsgrad* beschreibt die Verbrauchsmerkmale der Haushaltskunden. Von ihm sind die erforderlichen Faktoren für die Bestimmung der Höchstlast bzw. des Höchstlastanteils abhängig. Der Elektrifizierungsgrad hängt dabei von den Gegebenheiten in einem Versorgungsgebiet ab. Beispielsweise ist beim Vorhandensein eines Gasnetzes davon auszugehen, dass vorzugsweise mit Gas-Brennwertkesseln geheizt wird. In Tabelle 3-1 sind die gebräuchlichen Elektrifizierungsgrade angegeben, die noch heutzutage so in Verwendung sind [49], [51], [52], [57]. Der Grundbedarf von Haushalten enthält die Beleuchtung und den Allgemeinbedarf. Der Allgemeinbedarf umfasste alle Geräte, welche nicht der Speisenzubereitung, Warmwasserbereitung oder Raumheizung zuzuordnen sind. Geräte für die Speisenzubereitung sind Kochfelder und Backöfen. Die Warmwasserbereitung unterscheidet aufgrund verschiedener Leistungsanforderungen zwischen Warmwasserspeicher und Durchlauferhitzer. Elektroheizungen sind Direktheizungen oder Wärmepumpen.

Tabelle 3-1: Einteilung nach Elektrifizierungsgrad

Elektrifizierungsgrad	Beschreibung der Verbrauchsmerkmale
Grundbedarf schwach-elektrisch	Beleuchtung und Allgemeinbedarf (Speisenzubereitung mit Gas-Herd)
teil-elektrisch	zusätzlich zum Grundbedarf Speisenzubereitung mit el. Energie
voll-elektrisch mit WW mit DL	zusätzlich zu teil-elektrisch mit el. Warmwasserbereitung mit Warmwasserspeicher (WW) mit Durchlauferhitzer (DL)
all-elektrisch	zusätzlich zu voll-elektrisch mit Elektroheizung

3.2.4 *Entwicklung von Höchstlast und Jahresenergieverbrauch*

Annahmen zur Höchstlast

Grundvoraussetzung für die Netzplanung ist die Abschätzung der Lastentwicklung. Angesichts der langen Lebenszeiten der Betriebsmittel von 40+ Jahren ist dies besonders anspruchsvoll. Aufgrund des langen Zeitraums kann eine Trendprognose nur bedingt Anwendung finden. Trends repräsentieren noch eine Erhöhung der Elektrifizierung oder Effizienzsteigerungen, jedoch sind prinzipielle Änderungen durch Innovationssprünge, Innovationswellen, aber auch gesellschaftliche Veränderungen auf die Energieversorgung nicht bestimmbar. Die in Anhang 4 in Tabelle A 4-3 angeführten Werte beruhen auf Untersuchungen um das Jahr 1970 [47], [48], [96]. Grundlage für die meisten Höchstlasten sind lineare oder exponentielle Trendfunktionen, wobei ein Lastanstieg von 2 % angenommen wurde [35]. Als Planungshorizont verwendete beispielsweise WAGNER das Jahr 2010 und führte dafür die Prognosen durch [47]. Diese wurden so auch von BOCHANKY [49] übernommen. Rechtfertigung des Lastzuwachses war eine Erhöhung der Anzahl der elektrischen Geräte in Haushalten wie z. B. Waschmaschinen, Wäschetrockner oder Unterhaltungsgeräte. Zudem ist man lange davon ausgegangen, dass das Wirtschaftswachstum mit einer Erhöhung des Jahresenergieverbrauchs einhergeht [97].

Es ist festzuhalten, dass sich bei den Annahmen für die Höchstlasten für 2010 und darüber hinaus kaum Änderungen ergeben. Dies ist an den Werten von HARTIG aus 2001 [98] und NAGEL aus 2008 [52] in Tabelle A 4-3 abzulesen. Die Leistungsvorgaben der DIN 18015 [28] und die daran angelehnten Werte der Gesamthöchstlast der STROMNETZ BERLIN GMBH [90] in Tabelle A 4-4 unterstreichen dies.

Entwicklung des Jahresenergieverbrauchs

Es konnte gezeigt werden, dass sich die Annahmen für die Höchstlast für die Planung kaum verändert haben. In Bild 3-7 ist im Vergleich der Verlauf des durchschnittlichen Jahresenergieverbrauchs W_a von Haushalten dargestellt [99]. Dieser bezieht sich nur auf elektrische Energie und ist als Endenergie angegeben. Dies ist die Energie, die am Hausanschluss vom Haushaltsabnehmer bezogen wird. Bis 1985 gab es einen fortwährenden Anstieg. Seit 1985 ist eine Stagnation des Verbrauchs zu erkennen, die bereits 1992 vom VDEW [100] so auch beschrieben wurde. Die Stagnation begründet der VDEW mit einem Wertewandel hin zum Energiesparen und Umweltschutz.

Rückblickend hat diese Stagnation jedoch auch vielfältige soziale, gesellschaftliche, kulturelle, aber auch politische Ursachen. Es gibt beispielsweise eine Tendenz zu kleineren Haushaltsgrößen, womit sich der Jahresenergieverbrauch je Haushalt reduziert. Da der spezifische Verbrauch pro Person bei kleineren Haushalten größer ist, erhöht sich jedoch der Gesamtver-

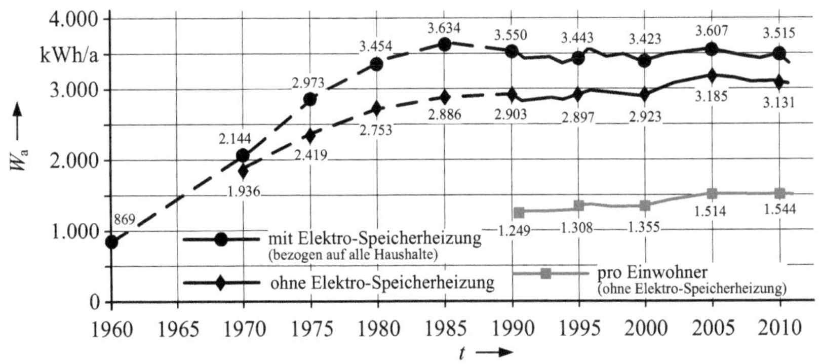

Bild 3-7: Durchschnittlicher Jahresenergieverbrauch an Elektrizität je Haushalt sowie pro Einwohner in Deutschland (Daten aus [99])

brauch in Summe. In Tabelle 3-2 sind daher die Daten zur Anzahl der Haushalte nach Anzahl der Personen im Haushalt zusammengefasst [101], mit welchen der Jahresenergieverbrauch W_a pro Einwohner von Bild 3-7 bestimmt wurde. So gab es zwischen 1991 und 2011 einen Anstieg im Jahresenergieverbrauch pro Einwohner von 22 %, wohingegen der Jahresenergieverbrauch pro Haushalt nur um 9 % angestiegen ist.

Tabelle 3-2: Anzahl der Haushalte in Deutschland in Mio. (Daten aus [101])

nach Personen im Haushalt	2000	2011	Veränderung
1-Personen-Haushalte	13,75	16,34	18,8 %
2-Personen-Haushalte	12,72	13,88	9,1 %
3-Personen-Haushalte	5,60	5,08	−9,3 %
4-(und mehr) Personen-Haushalte	6,06	5,15	−15,0 %
Summe	38,13	40,45	6,1 %

Regionale Unterschiede des Jahresenergieverbrauchs

Auch gibt es merkliche regionale Unterschiede beim Jahresenergieverbrauch, wie Bild 3-8 zeigt. Der durchschnittliche Jahresenergieverbrauch ist beispielsweise in den neuen Ländern um 20 bis 30 % geringer als im früheren Bundesgebiet [102], [103].

Dieser Unterschied ist mit der ungleichen Geräteausstattung zu begründen. In den neuen Ländern ist die Ausstattung der Haushalte mit den meisten elektrischen Geräten immer noch geringer als im früheren Bundesgebiet [104]. Dies ist anhand des *Ausstattungsgrads* a_G, welcher vertiefend in Abschnitt 5.3 beschrieben wird, zu erkennen. Er ist exemplarisch für einige Haushaltsgeräte für 1998 und 2008 in Bild 3-9 zusammengestellt. Bei Mikrowellen und Geschirrspülmaschinen ist bereits eine deutliche Annäherung der Ausstattungsgrade vorhanden, wohingegen Wäschetrockner noch fast doppelt so häufig in den Haushalten des früheren Bundesgebiets verfügbar sind als in den Haushalten der neuen Länder. Interessanterweise gab es im gesamten Bundesgebiet eine merkliche Verringerung der Anzahl an Gefriergeräten.

Eine weitere Ursache für den geringen Verbrauch in den neuen Bundesländern sind die vielen Wochenendpendler. Diese halten sich unter der Woche nicht an ihrem Hauptwohnsitz auf.

Jedoch können aus dem Jahresenergieverbrauch W_a keine direkten Rückschlüsse auf die Höchstlast P_{HAmax} gezogen werden. Es gibt Geräte, die einen hohen Einfluss auf den Energieverbrauch und geringen Einfluss auf die Höchstlast sowie Geräte, die umgekehrte einen geringen Einfluss auf den Energieverbrauch und hohen Einfluss auf die Höchstlast haben.

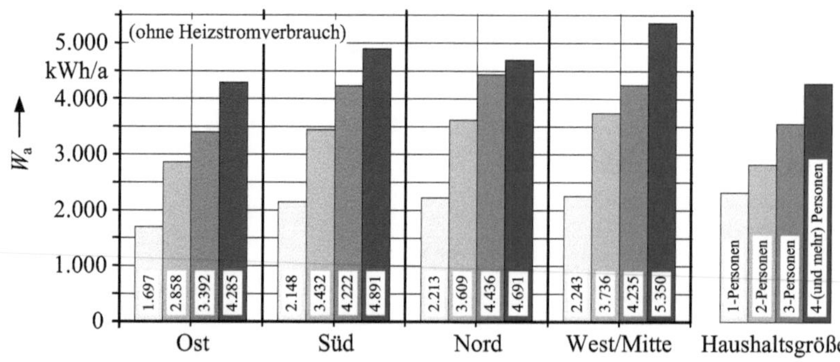

Bild 3-8: Jahresenergieverbrauch an Elektrizität nach Region und Haushaltsgröße für das Jahr 2009 (Daten aus [102])

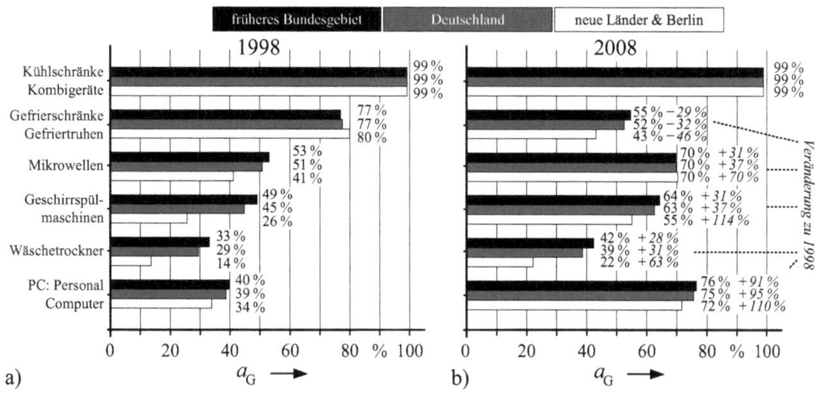

Bild 3-9: Ausstattungsgrade privater Haushalte mit Haushaltsgeräten (Daten aus [105])
a) Ausstattungsgrade im Jahr 1998
b) Ausstattungsgrade im Jahr 2008

3.3 Fazit: Neue Erfordernisse an die Nachbildung von Lasten

3.3.1 Verwendung von Smart Metering Daten

Mithilfe der Auswertung von *Smart Metering Daten* sollte es auf der einen Seite zukünftig möglich sein, mehr Informationen über die Lasten zu erhalten. Sie stehen aber nur für zurückliegende Zeitspannen zur Verfügung [106] und damit ist ihre Anwendbarkeit für Zukunftsszenarien nicht gegeben. Sie können jedoch zur Verifikation von Lastgangsynthesen herangezogen werden. Leider sind die Daten jedoch personenbezogen und datenschutzrechtlich schützenswert [107], [108].

Zur Verifikation der Ergebnisse dieser Arbeit sollten Smart Metering Daten verwendet werden. Alle Anfragen zur Bereitstellung von Daten wurden von Netzbetreibern und Forschungsinstituten abgelehnt. Begründet wurden die Ablehnungen meist mit dem Datenschutz oder vertraglichen Vereinbarungen mit den Kunden. Beispielsweise wurden Datenanfragen an fünf der sechs E-Energy Projekte gestellt [109].

3.3.2 Lastgangsynthesen in anderen Arbeiten

Die Erstellung von Lastgängen für Haushaltskunden wurde in verschiedenen Arbeiten bereits durchgeführt und beschrieben. Die Dissertation von PILLER aus dem Jahre 1980 ist die erste wesentliche wissenschaftliche Ausarbeitung auf dem Gebiet [110]. GELLINGS & TAYLOR [111] und WALKER [112] publizierten kurze Zeit später in den USA. Die Autoren referenzieren die Arbeit von PILLER nicht.

Für mehr als ein Jahrzehnt gab es keine weiteren Veröffentlichungen mit dem Schwerpunkt der Lastgangsynthese. Erst CAPASSO *et al.* [113] widmeten sich 1994 wieder dem Thema. Sie verweisen auf GELLINGS & TAYLOR und WALKER & POKOSKI [114]. Übersichten über die vielen weiteren umfangreichen Veröffentlichungen zum Thema der Lastgangsynthese sind in [115], [116] und [117] enthalten. Verschiedene Ansätze zur Lastgangsynthesen und Lastmodellierung für vielfältige Anwendungen werden in Dissertationen von DÖRNEMANN [118], BRUNNER [119], PRIOR [120], TEUPEN [121], SPITZL [41], FRIEDRICH [9], STOKES [122], BARANSKI [123], RICHARDSON [124], COLLIN [125] und WILKE [126] behandelt.

Die Vorgehen unterscheiden sich in der prinzipiellen Herangehensweise, den jeweilig gewählten Modellansätzen mit den spezifischen Parametern und substantiell in der Beschreibung der relevanten Kennzahlen. Die prinzipiellen Herangehensweisen sind die Top-Down- und

Bottom-Up-Ansätze, wobei von einer Lastgangsynthese nur beim Bottom-Up-Ansatz gesprochen werden sollte. Beim Top-Down-Ansatz werden gemessene Summenlastgänge oder *Lastprofile* disaggregiert. Jedoch ist dieses Vorgehen infrage zu stellen, da entgegengesetzt zur informationsverlustbehafteten Mittelwertbildung, die Aufteilung der Lasten einen Informationsgewinn erfordert. Oftmals beruht dieser auf vagen und ungerechtfertigten Annahmen.

Die Bottom-Up-Ansätze nutzen entweder Wahrscheinlichkeiten der Leistungen zu vorgegebenen Zeiten oder Lastverläufe von einzelnen Geräten, welche zu Lastgängen zusammensetzt werden. Die Lastverläufe der Geräte können aus Messungen stammen oder durch Nachbildungen künstlich erzeugt werden. Bei der Nachbildung wird wahlweise die Aktivität der Bewohner oder die Wahrscheinlichkeit der Benutzung von Geräten beschrieben.

Es wird deutlich erkennbar, dass insbesondere die relevanten Kennzahlen im Mittelpunkt der Lastgangsynthese stehen sollten. Die Ausstattungsgrade werden in vielen Veröffentlichungen noch mit angegeben. Aussagen zur Leistungsaufnahme der Geräte sowie die *„Alltägliche Benutzung“* sind dagegen unkonkret. Zudem gibt es starke regionale und internationale Unterschiede bei Verbreitung und Benutzung von Geräten. Daher liegt ein wesentlicher Fokus dieser Arbeit auf Beschreibung und Erhebung der relevanten technischen und sozialen Kennzahlen.

Aus einigen Arbeiten sind auch Tools zur Erstellung von Lastgängen hervorgegangen. RICHARDSON & THOMSON [127] und BORG [128] haben Excel-Tabellen mit Makros frei zugänglich gemacht, welche jeweils einen Betrachtungszeitraum von einem Tag mit einer Zeitauflösung von $\Delta t = 1\,\mathrm{s}$ haben. RICHARDSON & THOMSON simulieren das Benutzerverhalten, worauf dann die Gerätenutzung bestimmt wird. BORG verwendet im Vergleich dazu Wahrscheinlichkeitsverteilungen der Leistung für jede Stunde eines Tages.

Der „Load Profile Generator“ von PFLUGRADT [129] ist auch frei verfügbar und ermöglicht einen Betrachtungszeitraum von einem Jahr bei einer Zeitauflösung von $\Delta t = 1\,\mathrm{s}$. Es wird ebenso das Benutzerverhalten simuliert, welches jedoch sehr viele detaillierte Angaben zu Vorlieben, Hobbies, etc. erfordert. Die Lastverläufe der einzelnen Geräte entstammen Messungen. Eine Vielzahl von Geräten ist bereits im Programm hinterlegt. Der Eingabedatenumfang für eine Simulation ist enorm und eine Berechnung des Lastgangs für ein Jahr dauert mehrere Minuten.

Das FRAUNHOFER ISE besitzt mit synPRO [130] auch ein Tool zur Erstellung von Lastgängen, welches von FISCHER *et al.* in [131] beschrieben ist und eine Zeitauflösung von $\Delta t = 10\,\mathrm{s}$ hat. Das Programm ist nicht frei verfügbar, es werden aber auf der Homepage die Lastverläufe von den betrachteten 13 Geräten für einen Tag bereitgestellt [130]. Genaue Informationen zu den verwendeten Kennzahlen als Eingabedaten für die Synthese sind nicht veröffentlicht.

Es zeigt sich, dass es auf der einen Seite bereits viele Ansätze zur Lastgangsynthese gibt. Auf der anderen Seite bleibt festzuhalten, dass sie nicht für die Berechnung von aktiven Verteilungsnetzen genutzt werden können. Gründe dafür sind zu kleine Betrachtungszeiträume oder nicht veröffentlichte Eingangsdaten. Auch stehen sehr oft weder die Tools noch die damit erstellten Lastgänge zur Verfügung.

Für die hier vorgestellte Lastgangsynthese leiten sich aus den Erfahrungen der bisherigen Arbeiten folgende Forderungen ab:

1. Sie soll einen Betrachtungszeitraum von einem Jahr haben.
2. Für die Lastverläufe der Geräte sollen keine Messungen verwendet werden.
3. Die Eingangsdaten zur Benutzung sollen aus Statistiken ermittelt werden.
4. Weitere Geräte sollen integrierbar sein, ohne die Algorithmen anzupassen.
5. Die Rechenzeit soll gering sein.

3.3.3 Konzept und Detaillierungsgrad der Lastgangsynthese

Um das Konzept und den Detaillierungsgrad zu erstellen, müssen die verschiedenen Anforderungen an die Lastgangsynthese in Abhängigkeit der Anwendung bewertet werden. Es können verschiedene Größen zur Beschreibung der Lasten in die Synthese mit einbezogen werden. Diese sind:

- Wirkleistung P
- Blindleistung Q
- Außenleiterzuordnung ALZ (einphasig, dreiphasig)
- Spannungsabhängigkeit der Lasten $P(U)$, $Q(U)$
- Frequenzabhängigkeit der Lasten $P(f)$, $Q(f)$

In Tabelle 3-3 sind die Anforderungen an Lastgänge für unterschiedliche Anwendungen beispielhaft zusammengefasst.

Tabelle 3-3: Anforderungen an Lastgänge in Abhängigkeit der Anwendung

Anwendung	P	Q	ALZ	Δt	$P(U)$ $Q(U)$	$P(f)$ $Q(f)$
Energiemanagement	•	-	-	15 min … 60 min	-	-
Erstellung von Lastprofilen	•	-	-	15 min	-	-
Netzplanung	•	o	•	1 min … 10 min	o	-
Netzbetrieb: Verbrauchsmanagement	•	-	-	1 min … 10 min	-	-
Netzbetrieb: Lastmanagement	•	•	o	10 s … 60 s	o	-
Netzbetrieb: Blindleistungsregelung	•	•	o	10 s … 60 s	•	-
Netzbetrieb: Inselnetze, Microgrids	•	•	•	0,1 s … 1 s	•	•

• … erforderlich o … optional - … nicht erforderlich

Betrachtungszeitraum

Für fast alle Anwendungsfälle ist ein Betrachtungszeitraum von einem Jahr angebracht. Somit können Jahreszeitabhängigkeiten in die Synthese mit einfließen. Einzig für die Berechnung von Inselnetzen oder Microgrids sind deutlich kleinere Betrachtungszeiträume ausreichend.

Der hier verwendete Betrachtungszeitraum hat 365 Tage und der erste Tag ist ein Montag, der 01. Januar. Das Jahr 2007 ist ein Beispiel für so ein Jahr. Für die Synthese wird dann zwischen Arbeitstagen und Wochenenden unterschieden.

Es sei darauf hingewiesen, dass für die Verwendung der erstellten Lastgänge mit anderen Lastgängen immer abzugleichen ist, ob es sich um ein Schaltjahr handelt bzw. wie die Sommerzeitumstellung (Seite 85) berücksichtigt wird.

Zeitauflösung

Die Lastgangsynthese ist für eine Zeitauflösung im Bereich von $\Delta t = 30\,\text{s}$ bis 60 s ausgelegt. Daraus ergeben sich für den Betrachtungszeitraum von einem Jahr 1.051.200 bis 525.600 Zeitpunkte. Diese Zeitauflösung wurde gewählt, da Benutzer selten unterschiedliche Geräte in kürzeren Zeitabständen ein- oder ausschalten. Die Zeitauflösung sollte nicht niedriger ($\Delta t > 60\,\text{s}$) gewählt werden, da einige Geräte eine Betriebsdauer von wenigen Minuten haben. Deren Nachbildung wäre dann nicht mehr richtig. Höhere Zeitauflösungen ($\Delta t < 30\,\text{s}$) erfordern mehr Speicherplatz und es müssen die Geräte dann auch entsprechend der Zeitauflösung mit den Einschaltströmen nachgebildet werden.

Umsetzung

Die Implementierung der Lastgangsynthese erfolgt mit Matlab® [132] ohne Verwendung zusätzlicher Toolboxen. Für Matlab spricht die Möglichkeit der Nutzung von Matrizen. Dies wird bei der Umsetzung genutzt, indem die Lastverläufe eines Geräts für mehrere Haushalte parallel bestimmt werden.

Adaptionsfähigkeit

Ein weiterer Vorteil der Lastgangsynthese ist ihre Adaptationsfähigkeit. In Zukunftsszenarien können neuartige Lasten integriert werden. Die Synthese kann ein variierendes Benutzerverhalten, aber auch veränderte Lastverläufe von Geräten berücksichtigen. In Abhängigkeit der Anwendung der Lastgänge wird vor der Implementierung eine Priorisierung der Anforderungen vorgenommen. Dafür bietet sich die *MoSCoW-Priorisierung* an [124]. Sie wird in Tabelle 3-4 für die Lastgangsynthese der Netzplanung durchgeführt.

Tabelle 3-4: MoSCoW-Priorisierung zur Lastgangsynthese für die Netzplanung

Einteilung der Umsetzung	Anwendung der Lastgangsynthese: Netzplanung
Must – essentielle Relevanz	• Wirkleistung • Außenleiterzuordnung (einphasige Lasten) • jahreszeitabhängige Einflüsse ⇒ Betrachtungszeitraum: 1 Jahr • Erweiterungsfähigkeit ⇒ z.B. neue Geräte • einfache Datenbereitstellung • Modifizierbarkeit • Plausibilisierung
Should – hohe Relevanz	• Blindleistung • hohe Adaptivität und Flexibilität
Could – geringe Relevanz	• Einschaltströme • Spannungsabhängigkeit • Frequenzabhängigkeit
Won't – keine Relevanz	• Voraussagen

Die MoSCoW-Priorisierung zeigt auf, welche Erfordernisse die Lastgangsynthese für die Netzplanung benötigt. Im Vergleich mit Tabelle 3-3 ist zu erkennen, dass anhand der Zeitauflösung *eine* Lastgangsynthese nicht für alle Anwendungsfälle geeignet sein kann. Für die Netzplanung sind beispielsweise jahreszeitabhängige Einflüsse zu berücksichtigen.

Mit dieser Priorisierung werden in Kapitel 4 die Geräte aus technischer Sicht beschrieben und abstrahierte synthetisierte Lastverläufe für eine Nutzung ausgearbeitet. In Kapitel 5 werden die sozialen Kennzahlen zum Benutzerverhalten beschrieben und quantifiziert, worauf basierend dann die Umsetzung der Synthese in Kapitel 6 erfolgt.

4 Technische Aspekte der elektrischen Geräte im Haushalt

Für die synthetische Lastgangerstellung müssen die technischen Eigenschaften der Geräte bekannt sein. Aufgrund der Vielzahl von Geräten ist eine systematische Gruppierung dieser in Geräteklassen zweckmäßig, worauf basierend die ausführliche Darstellung von synthetisierten Lastverläufen erfolgt. Die wesentliche Kennzahl der Geräte aus technischer Sicht sind die Leistungen, welche in Abschnitt 4.5 zusammengestellt sind. Das Kapitel beginnt mit der Darstellung der Entwicklung der Elektrifizierung der Haushalte und wird mit den technischen Entwicklungsperspektiven der Haushaltsgeräte komplettiert.

Zuallererst muss jedoch erläutert werden, was ein elektrisches Gerät ist. Elektrische Geräte sind technische Produkte, die elektrische Energie zum Betrieb benötigen. Allgemein wird zwischen Netzbetrieb und Batteriebetrieb unterschieden. Bei Netzbetrieb liefert das elektrische Netz die erforderliche Energie bei der jeweiligen Anwendung. Beim Batteriebetrieb sind Elektrizitätsbezug aus dem elektrischen Netz und die Anwendung des Geräts voneinander entkoppelt.

4.1 Entwicklung der Elektrifizierung der Haushalte

Die Elektrifizierung der Haushalte hat zu veränderten Lebensstilen geführt, sodass sie auch als Revolution bezeichnet wird [133], [134], [135]. Es hat dabei nicht eine Revolution stattgefunden. Vielmehr muss von mehreren Revolutionen durch verschiedene Innovationssprünge die Rede sein. Die Innovationssprünge führten zu Innovationswellen und trugen oft zum Wandel der Gesellschaft bei. In Bild 4-1 sind acht essentielle Innovationssprünge von Elektrizitätsanwendungen im Haushalt als Zeitstrahl zusammengefasst.

Zu Beginn der Elektrifizierung am Ende des 19. Jahrhunderts stand Beleuchtung als Initiator im Fokus der Elektroenergieversorgung [97]. Schnell wurden die vielfältigen weiteren Möglichkeiten für Elektrizität erkannt, von Herstellern weiterentwickelt und überdies von den Energieversorgern beworben und vermarktet. Als Beispiel für diese Haushaltsrevolution ist die Speisenzubereitung zu nennen. Durch Kochbücher wie „Das elektrische Kochen" [136], welches die Bibliotheksbeschreibung „Werbesonderdruck der Elektrizitätswerke" hat, wurde dies gefördert. Die Elektrifizierung setzte sich bei Küchengeräten, der Wäschepflege und den Haushaltshilfen fort. Auch Rundfunk- und Fernsehgeräte setzten sich schnell durch und bereiteten noch als analoge Geräte die digitale Revolution vor. Mit der fortwährenden Entwicklung der Informations- und Kommunikationstechnik, welche schon als Internet-Revolution bezeichnet wird, erweitern sich kontinuierlich die Anwendungsgebiete auch auf Geräte in den Bereichen Büro & Kommunikation sowie Unterhaltungselektronik.

Die Elektrifizierung im Haushaltsbereich enthält zusammenfassend:

- Beleuchtung
- Speisenzubereitung
- Lebensmittelkonservierung
- Haushaltshilfen
- Geräte zur Körperpflege
- Heizen und Warmwasser
- Unterhaltungsgeräte
- Büro: Computer
- Kommunikation

Innovationssprünge können zusätzlich in anderen Bereichen Innovationswellen auslösen, wobei die Internet-Revolution im Weiteren zu einer Vernetzung und Fernsteuerbarkeit der Geräte und somit zu automatisierbaren Abläufen mit interaktiven Diensten führen kann [97], [135]. Als paradigmatische Innovationen der Haushaltsrevolution zählen nach SACKMANN *et al.* Auto, Fernsehgerät und Waschmaschine [134]. Das Auto als Synonym für Mobilität könnte der nächste Bereich einer Revolution sein. Ein Wandel findet bereits statt, ist aber hauptsächlich durch Pedelecs und E-Bikes getrieben [137], [138]. Mit dem „Nationalen Entwicklungsplan Mobilität" [139] setzt die Bundesregierung das Ziel, dass bis zum Jahr 2020 1 Mio. vollelektrische Autos in Deutschland zugelassen sind. Jedoch spiegelt sich die Euphorie bei weitem noch nicht in den Zulassungszahlen für Elektroautos wider [140], wohingegen es schon eine deutliche Dynamik auf dem Fahrradmarkt mit etwa 480.000 verkauften Pedelecs und E-Bikes

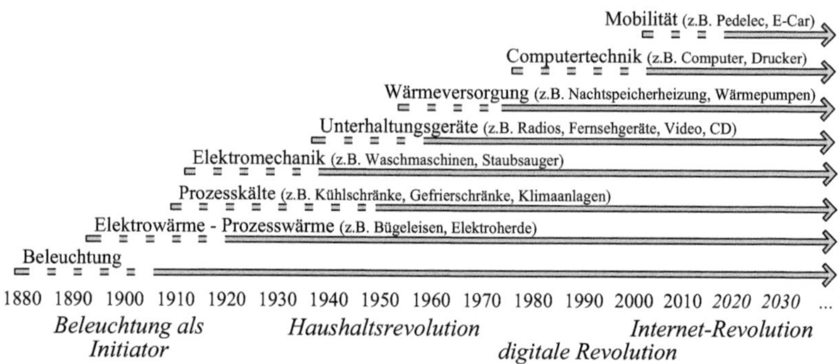

Bild 4-1: Elektrifizierung nach Anwendungsgebieten[1] und Innovationswellen

im Jahr 2014 und beständig hohen Zuwachsraten gibt [141]. Die Innovationen im Bereich der Transportmittel sollten jedoch nicht als Mobilitätsrevolution bezeichnet werden. Sie sind eher in Zusammenhang mit der erforderlichen Effizienzrevolution bzw. Nachhaltigkeitsrevolution zu sehen [142]. Jedoch fehlt dafür weiterhin ein Innovationssprung bei den Energiespeichertechnologien.

In Bild 4-2 ist ein Zeitstrahl für die Elektrifizierung der Haushalte in Deutschland mit Marktpremieren und erfolgreichen Markteinführungen anhand einiger Geräte dargestellt. Die Datierung der eigentlichen Erfindung als elementare Voraussetzung für die Produktentwicklung ist aufgrund der konkurrierenden und parallelen Arbeiten verschiedener Hersteller meist nicht möglich. Die Marktpremiere bezeichnet die Produktreife und somit den Produktionsstart der Geräte und die erfolgreiche Markteinführung das Erlangen eines *Ausstattungsgrads* von über 20 %, welcher in Abschnitt 5.3 als *erweiterte Ausstattung* beschrieben wird. Es zeigt sich ein rasanter, aber auch kontinuierlicher technischer Wandel über ein Jahrhundert hinweg. Somit ist der Umfang elektrischer Geräte im Haushalt bereits sehr groß und eine Sättigung ist durch die anhaltende Technisierung, Elektrifizierung und Automatisierung der Haushalte noch nicht erkennbar. Wenn vorhanden, beschäftigt sich die Literatur über elektrische Geräte im Haushaltsbereich mit dem Thema des Kunden-Service für diese Geräte [143] oder deren Zusammenhang mit der Hausarbeit an sich [144], [145]. Dies geschieht zum einen durch Lehrbücher für den Beruf Hauswirtschaft [146] oder aber in der Haushaltswissenschaft mit den Schwerpunkten Haushaltsökonomik, Haushaltssoziologie bzw. sozialwissenschaftliche Haushaltswissenschaft [147]. Unter Effizienzgesichtspunkten spielen Haushaltsgeräte eine wichtige Rolle und finden daher bei Effizienzbewertungen Beachtung [148]. Einzig PICHERT beschreibt und analysiert Aufbau, Funktion sowie Wirkungsweise von elektrischen Geräten im Haushalt mit einer wissenschaftlichen Tiefe im Buch „Haushalttechnik" [149]. Ansonsten sind wissenschaftliche Ausarbeitungen, Lehrbücher als auch Nachschlagewerke zu dem Thema Mangelware.

Die Vielzahl der in privaten Haushalten anzutreffenden elektrischen Geräte wird im Folgenden aufgelistet. Dabei steht in diesem Kapitel die technische Perspektive im Blickpunkt. Die Interaktion von Mensch und Haushaltsgeräte vertieft Kapitel 5. Die in der Bevölkerung weitverbreitete Unterscheidung von Geräten nach Farben enthält der Anhang 5.1 mit der Tabelle A 5-1. Die Farbeinteilung unterscheidet sich zwischen dem englischen und deutschen Sprachgebrauch.

[1] Prozesskälte ist aus thermodynamischer Sicht Wärme. Aus elektrischer Sicht wird die Kälte bei Absorptionskältemaschinen durch Elektrowärme und bei Kompressionskältemaschinen durch Elektromechanik bereitgestellt. Die Anwendungsgebiete Unterhaltungsgeräte und Computertechnik werden in Informations- und Kommunikationstechnik zusammengefasst.

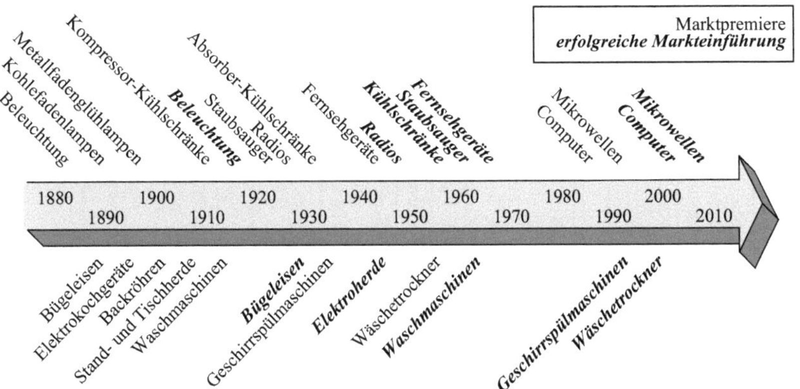

Bild 4-2: Zeitstrahl zur Elektrifizierung der Haushalte

4.2 Auflistung elektrischer Geräte nach Gerätegröße und Anwendungsbereich

Im Weiteren erfolgt die Auflistung der elektrischen Geräte nach der Größe, wobei es keine scharfen Grenzen gibt. Es gibt *Großgeräte*, *Kleingeräte* und *Geräte der Haustechnik*. Für die Zukunft wird erwartet, dass die erforderliche Energie für *Fahrzeuge* zumindest teilweise aus dem elektrischen Netz des Hauses bezogen wird. In Tabelle 4-1 bis Tabelle 4-4 sind mehr als 90 gebräuchliche Geräte eingeteilt, wobei sich die Spalten der Tabellen auf die Anwendungsbereiche, wie z.B. Küche, Wäschepflege oder Unterhaltungsgeräte, beziehen.

Die Begrifflichkeiten sind nicht immer eindeutig. Waschmaschinen werden von den Herstellern prinzipiell als Waschvollautomaten vermarktet, da die Behandlung der Wäsche vom Wassereinlauf über den Hauptwaschgang sowie Spülgang bis hin zum Schleudern automatisch erfolgt und kein Eingreifen des Benutzers erfordert. Hier wird der übliche Begriff Waschmaschine verwendet.

Haushaltskühlgeräte werden in der Delegierten Verordnung (EU) 1060/2010 [150] in zehn Kategorien eingeteilt. Die Zusammenstellung ist in Tabelle A 9-3 enthalten. Sie ist jedoch in diesem Umfang für die durchzuführenden Untersuchungen nicht zweckmäßig und wird daher nicht übernommen.

Auch die Geräte für die Kaffeezubereitung sind in den letzten Jahren immer vielfältiger geworden. Dies wird in den Trends der Anschaffung von elektrischen Geräten in Abschnitt 5.3 vertiefend beschrieben. Immer häufiger werden klassische Filter-Kaffeemaschinen durch Espressomaschinen (z.B. Vollautomaten, Siebträger-Kaffeemaschinen) oder Portionskaffeemaschinen (z.B. Kaffeepadmaschinen, Kapselmaschinen) ersetzt.

In den Tabellen haben Geräte entweder kein Symbol, ein eingekreistes Plus ⊕ oder sind mit Asterisk * gekennzeichnet. Die Geräte ohne Symbol werden detailliert analysiert. Geräte mit eingekreistem Plus ⊕ werden nachfolgend in Gerätegruppen zusammengefasst, welche dann gemeinsam betrachtet werden.

Alle mit einem Asterisk * gekennzeichneten Geräte bleiben aufgrund geringer Ausstattungsgrade in deutschen Haushalten, seltener Benutzung oder sehr geringen Leistungsaufnahmen unberücksichtigt.

Tabelle 4-1: Übersicht der Großgeräte

Küchengroßgeräte			Wäschepflege	Raumklima	Fitness & Wellness	
Kühlschränke⊕	Backöfen	Geschirrspülmaschinen	Waschmaschinen	Ventilatoren*	Ergometer*	Saunen*
Kühl-Gefriergeräte⊕	Kochfelder	Mikrowellen	Wäschetrockner	Klimaanlagen*	Laufbänder*	Solarien*
Gefrierschränke/-truhen⊕	Dunstabzugshauben*	Wärmeschubladen*	Waschtrockner⊕	Luftbe-/Entfeuchter*	Crosstrainer*	Sprudelbäder*

Tabelle 4-2: Übersicht der Kleingeräte

Küchenkleingeräte		Büro & Kommunikation		Unterhaltungsgeräte	
Wasserkocher	Donut-/Crêpes-Maker⊕	Computer⊕	Telefone⊕	Fernsehgeräte (TV)⊕	Kompaktanlagen⊕
Kaffeemaschinen⊕	Mixer⊕ (Hand-, Stab-)	Monitore⊕	Modems⊕	Videoprojektoren⊕	Hi-Fi-Anlagen⊕
Küchenmaschinen	Standmixer⊕	Drucker*	Anrufbeantworter⊕	Spielkonsolen⊕	Radiowecker⊕
Toaster⊕	Zerkleinerer⊕	Scanner*	Ladegeräte⊕	Blue-Ray-Player⊕	E-Gitarren*
Waffeleisen⊕	Dampfgarer*	Router⊕	Babyfone*	Festplattenrecorder⊕	Keyboard*
Sandwichtoaster⊕	Brotbackautomaten*	WLAN⊕	Aktenvernichter*	Heimkino-Systeme⊕	E-Piano*
Haushaltshilfen		**Geräte zur Körperpflege**		**Elektrowerkzeuge**	**Gartengeräte**
Staubsauger	Bügeleisen⊕	Haartrockner	Lockenstäbe⊕	Bohrmaschinen*	Rasenmäher*
Dampfreiniger*	Bügelstationen⊕	Haarstyler⊕	Lockenbürsten⊕	Klebepistolen*	Vertikutierer*
Nass-/Trockensauger*	Nähmaschinen*	Haarglätter⊕	Haarschneider*	Lötkolben*	Häcksler*

Tabelle 4-3: Übersicht der Geräte der Haustechnik

Leuchtmittel		Heizungssysteme und Warmwasserbereitung			Allgemein
Glühlampen	Halogenlampen	Wärmepumpen	Durchlauferhitzer	Umwälzpumpen⊕	Klingeln*, Türöffner*
Energiesparlampen	LED-Lampen	Heizgeräte	Warmwasserspeicher	Zirkulationspumpen⊕	Alarmanlagen*

Tabelle 4-4: Übersicht der Fahrzeuge

Elektroräder (Pedelec / E-Bike)*	Elektroroller*	Plug-in-Hybrid*	Elektroautos*

⊕ Zusammenlegung in Gerätegruppen
* unberücksichtigte Geräte

Zusammenlegung von Geräten zu Gerätegruppen

Es ist zweckmäßig, die mit eingekreistem Plus ⊕ gekennzeichneten Geräte aus den vorigen Tabellen in Gerätegruppen zusammenzulegen. Dies betrifft zum einen gleichartige Geräte und zum anderen zeitgleich genutzte Geräte. Gerätegruppen sind meist nach dem bedeutendsten Gerät der Gruppe benannt und mit hochgestelltem Plus $^{+}$ gekennzeichnet. Gleichartige Geräte haben eine ähnliche Leistung und Betriebsdauer und sind in Tabelle 4-5 enthalten. Bei den zeitgleich genutzten Geräten in Tabelle 4-6 wird die Leistung der Geräte für die Gerätegruppe zusammengerechnet, womit sich ein höherer Leistungsbedarf ergibt. Auch die Grundlast ist eine Gerätegruppe und beinhaltet in dieser Arbeit alle Geräte im Bereitschafts- und Aus-Zustand sowie einige Geräte für Kommunikation und Ladegeräte. Die Gerätegruppe ist damit Grundlast^{+}. Mit zusätzlich einbezogenen Hocheffizienzpumpen aus Tabelle 4-3 ergibt sich die Grundlast^{++}.

Tabelle 4-5: Gerätegruppen: Zusammenlegung von gleichartigen Geräten

Gerätegruppe	Geräte, welche gleichartig sind
Kühlgeräte^{+}	Kühlschränke, Kühl-Gefriergeräte, Gefrierschränke/-truhen
Kaffeemaschinen^{+}	Filter-Kaffee-, Espresso- und Portionskaffeemaschinen
Toaster^{+}	Toaster, Waffeleisen, Sandwichtoaster, Donut- und Crêpes-Maker
Mixer^{+}	Hand-, Stab-, Standmixer und Zerkleinerer
Bügeleisen^{+}	Bügeleisen und Bügelstationen
Musikanlagen^{+}	Hi-Fi- und Kompaktanlagen
Haarstyler^{+}	Lockenstäbe, Lockenbürsten und Haarglätter
Heizgeräte^{+}	Heizlüfter, Heizstrahler, Konvektoren und Radiatoren

Tabelle 4-6: Gerätegruppen: Zusammenlegung von zeitgleich genutzten Geräten

Gerätegruppe	Geräte, welche zeitgleich genutzt werden (+… und, |… oder)
Computer^{+}	Computer + Monitore
TV^{+}	TV + (Player | Rekorder) + Heimkino-Systeme
Videoprojektoren^{+}	Videoprojektoren + (Player | Rekorder) + Heimkino-Systeme
Spielkonsolen^{+}	Spielkonsolen + TV^{+}
Grundlast^{+}	Geräte im Bereitschafts- und Aus-Zustand, Router, WLAN, Telefone, Modems, Anrufbeantworter, Ladegeräte, Radiowecker, el. Zahnbürste
Grundlast^{++}	Grundlast^{+} + Hocheffizienzpumpen

4.3 Bildung von Geräteklassen und Einteilung der Geräte

Aus Sicht der Lastgangsynthese ist es angebracht, Geräteklassen zu bilden. Für die Geräte in einer Geräteklasse wird dann die Synthese einheitlich durchgeführt, wobei sich jedoch die Eingangsdaten zwischen den Geräten unterscheiden und somit geräteabhängige Lastverläufe entstehen. Es können außerdem weitere Geräte in die Lastgangsynthese einfach aufgenommen werden, ohne Algorithmen anzupassen. Für die Einteilung werden die Merkmale „Schalten“ und „Leistungsaufnahme“ verwendet. Schalten umfasst Ein- und Ausschaltungen (Ein/Aus). Es gibt die folgenden vier Merkmale:

- keine Ein/Aus
- autonome Ein/Aus durch Geräte
- aktive Ein/Aus durch Benutzer
- tageslichtabhängige Ein/Aus durch Benutzer

Bei einigen Geräten, welche aktiv vom Benutzer eingeschaltet werden, erfolgt das Ausschalten vermeintlich autonom durch das jeweilige Gerät. Dennoch bestimmt der Benutzer durch eine Zeitwahl bei Mikrowellen oder Programmwahl bei Waschmaschinen zumindest mittelbar das Ausschalten.
Die Einteilung nach Leistungsaufnahme erfolgt nach den zwei Merkmalen:

- konstante Leistung
- prozessabhängige Leistung

Es wird vorgeschlagen, für die in Tabelle 4-7 aufgeführten fünf Geräteklassen je eine Synthese zu implementieren, sodass nicht für jedes Gerät ein eigener Algorithmus auszuarbeiten ist. Es variieren bei der Umsetzung nur die Eingangsdaten.

Tabelle 4-7: Übersicht der Geräteklassen

Schalten	*Leistungsaufnahme* konstante Leistung	prozessabhängige Leistung
keine Ein/Aus	*Geräteklasse Grundlast* keine Ein/Aus mit konstanter Leistung	
autonome Ein/Aus durch Geräte	*Geräteklasse Taktbetrieb* autonome Ein/Aus mit konstanter Leistung	
aktive Ein/Aus durch Benutzer	*Geräteklasse Aktive Ein/Aus* aktive Ein/Aus mit konstanter Leistung	*Geräteklasse Prozessablauf* aktive Ein/Aus mit prozessabhängiger Leistung
tageslichtabhängige Ein/Aus durch Benutzer	*Geräteklasse Beleuchtung* tageslichtabhängige Ein/Aus mit konstanter Leistung	

Geräte mit variablem Betrieb

Geräte mit variablem Betrieb werden der Geräteklasse Aktive Ein/Aus zugeteilt. In beabsichtigter Weise wird hier nicht von Geräten mit variabler Leistung gesprochen, da verschiedene Verfahren verwendet werden, um die Veränderlichkeit umzusetzen. Entweder gibt es tatsächlich eine Leistungsanpassung oder die Geräte haben einen intermittierenden Betrieb. Die Leistungsanpassung kann entweder gestuft oder stufenlos verwirklicht werden. Die gestufte Leistungsanpassung wird durch unterschiedliche Verschaltungen von Widerständen und die stufenlose durch Schaltnetzteile oder Steuerung von Motoren realisiert. In Anhang 5.2 sind beispielsweise anhand von verschiedenen Kochfeldern Ersatzschaltungen zur Umsetzung dazu gezeigt. Weiterhin wird bei Staubsaugern die Leistungsanpassung mit einer Triac-Schaltung und Phasenanschnittsteuerung erzielt [151]. Beim intermittierenden Betrieb des Bügeleisens erfolgt die Überwachung der Temperatur mit einem Zweipunkt-Temperaturregler. Dabei schaltet ein Thermorelais als Bimetall-Schalter das Heizelement [152].

Computer, Monitore und Fernsehgeräte sowie fast alle weiteren Unterhaltungsgeräte und Geräte für Büro & Kommunikation passen ihre Leistungsaufnahme an die jeweiligen Erfordernisse an. Bei Computern sind die erforderliche Rechenleistung und bei Monitoren sowie Fernsehgeräten die Helligkeit, Auflösung und Zusatzfunktionen ausschlaggebend.

Der variable Betrieb wird für die Lastgangsynthese vereinfacht betrachtet. Es gibt die Möglichkeiten, die Synthese leistungsrichtig, energierichtig oder zeitrichtig durchzuführen. Es können immer nur zwei Merkmale richtig eingehalten werden.
Es ergeben sich die Kombinationen:

- leistungs- und energierichtig, aber nicht zeitrichtig
- leistungs- und zeitrichtig, aber nicht energierichtig
- energie- und zeitrichtig, aber nicht leistungsrichtig

In Bild 4-3 a ist der gemessene Lastverlauf eines Bügeleisens aufgetragen. Die möglichen Kombinationen der Synthese nach leistungs- und energierichtig, leistungs- und zeitrichtig sowie energie- und zeitrichtig sind in Bild 4-3 b mit Angaben zum Energieverbrauch W, zur Anschlussleistung P_{an} und zur Betriebsdauer t_B enthalten. Um die Leistung und Energie richtig abzubilden, wird in dieser Arbeit die leistungs- und energierichtige Synthese angewendet.

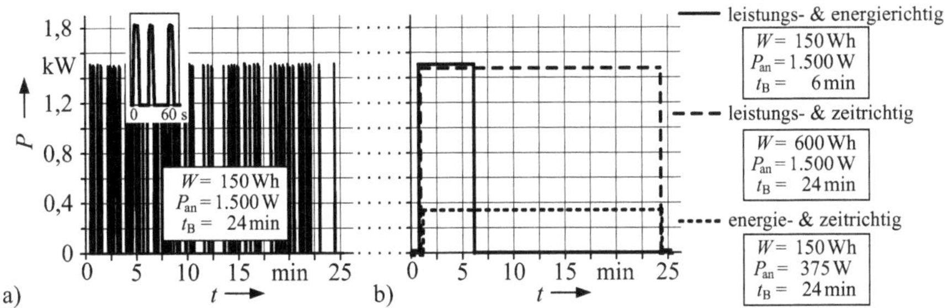

Bild 4-3: Variabler Betrieb: Schematisierung der Synthese
a) gemessener Lastverlauf eines Bügeleisens (eigene Messung, Zeitauflösung $\Delta t = 1$ s)
b) vereinfachte Nachbildung durch Geräteklasse Aktive Ein/Aus

In Bild 4-4 a sind drei gemessene und in Bild 4-4 b die leistungs- und energierichtige Synthese der Lastverläufe gezeigt. Für die Synthese werden zum einen die Anschlussleistungen verwendet und daher in der Datenerhebung in Abschnitt 4.5 ermittelt. Diese Werte repräsentieren die Leistungsaufnahme der höchsten Stufe bzw. maximalen Belastung der Geräte. Zum anderen werden bei Geräten für Büro & Kommunikation und Unterhaltungsgeräten bei der Datenerhebung die Leistungsaufnahmen im Ein-Zustand ermittelt.

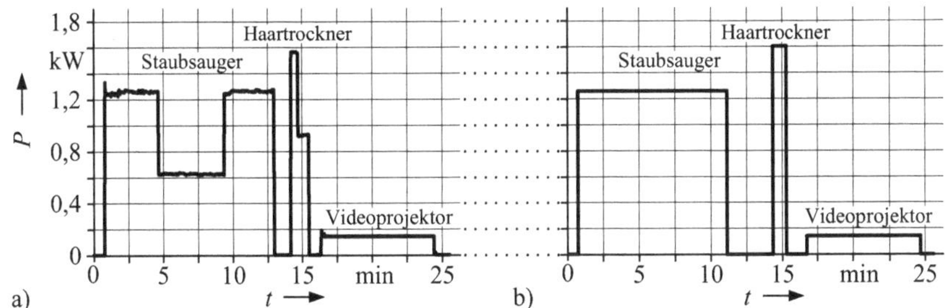

Bild 4-4: Variabler Betrieb: Beispiele
a) gemessene Lastverläufe für verschiedene Geräte (eigene Messungen, Zeitauflösung $\Delta t = 1$ s)
b) synthetisierte Lastverläufe

4.3.1 Geräteklasse Grundlast

Beschreibung

Die Grundlast umfasst alle Geräte, welche immer eine kontinuierliche Leistung beziehen. Die Leistung für die Grundlast wird abgeschätzt. Sie wird auch pro Außenleiter angegeben.

Synthese

In der Synthese bezieht die Geräteklasse Grundlast über 24 h am Tag eine konstante Leistung. Leistungsänderungen im Tagesverlauf, welche beispielsweise durch Nachtschaltungen beim WLAN verursacht werden, sind nicht berücksichtigt. Ebenso findet bei Benutzung von Geräten mit einem Energieverbrauch im Bereitschafts- oder Aus-Zustand eine Reduzierung der restlichen Grundlast nicht statt. Änderungen im Jahresverlauf sind dagegen möglich und können durch die in Abschnitt 4.6 erklärte Jahreszeitabhängigkeit realisiert werden. Damit kann der jahreszeitabhängige Leistungsbezug von Hocheffizienzpumpen einbezogen werden.

4.3.2 Geräteklasse Taktbetrieb

Beschreibung

Als Taktbetrieb wird das autonome Ein- und Ausschalten von Geräten bezeichnet, welches kontinuierlich erfolgt. Die Periodendauer T ist deutlich größer als beim intermittierenden Betrieb. Der Taktbetrieb ist bei Kühl- und Gefriergeräten sowie Umwälz- und Zirkulationspumpen zur Energieanpassung anzutreffen. Ein erhöhter Energieverbrauch, z.B. bei Kühlgeräten durch das Einlagern von Gefriergut oder das Öffnen der Türen, bleibt unberücksichtigt.

Synthese

Ein gemessener Lastverlauf eines Kühlgeräts ist in Bild 4-5 a dargestellt. Für die Synthese wird der Einschaltstrom vernachlässigt und zusätzlich zur Leistung sind die beiden wesentlichen Kennzahlen die Periodendauer T und Betriebsdauer t_B. Der synthetisierte Lastverlauf ist in Bild 4-5 b gezeigt. Bei der Synthese ist darauf zu achten, dass es keinen Gleichtakt der Geräte gibt. Daher sind sowohl eine Gleichtakt-Unterdrückung als auch eine Anfangsgleichtakt-Unterdrückung implementiert, welche in Abschnitt 6.3.2 beschrieben sind.

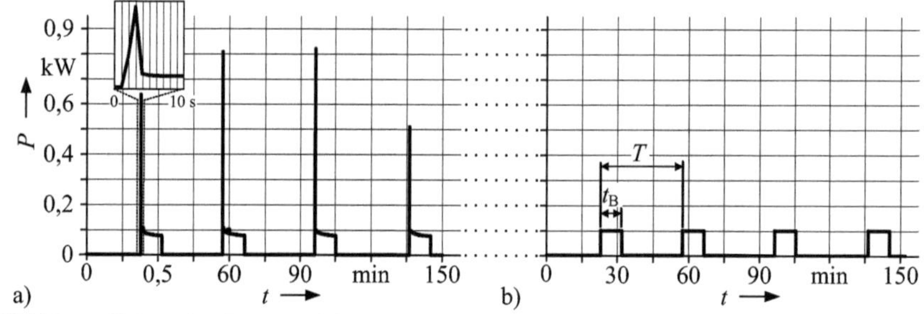

Bild 4-5: Taktbetrieb: Lastverlauf eines Kühlgeräts
a) gemessener Lastverlauf (eigene Messung, Zeitauflösung $\Delta t = 1$ s)
b) synthetisierter Lastverlauf

4.3.3 Geräteklasse Aktive Ein/Aus

Beschreibung

Diese Geräteklasse umfasst Geräte, welche aktiv durch die Benutzer ein- und ausgeschalten werden. Die Leistungsaufnahme der Geräte wird bei Betrieb als konstant angenommen.

Synthese

Die synthetisierten Lastverläufe werden als rechteckige Verläufe erstellt. Die Geräte verändern ihre Leistungsaufnahmen während des Betriebs nicht. Für die Synthese werden neben der Leistung die Benutzungshäufigkeit, Einschaltzeit und Betriebsdauer benötigt.

4.3.4 Geräteklasse Prozessablauf

Beschreibung

Die Geräteklasse Prozessablauf ist eine Erweiterung der Geräteklasse „Aktive Ein/Aus" um einen zweiten Prozessschritt. Prozessabläufe sind bei Kochfeldern sowie Geschirrspül-, Waschmaschinen und Wäschetrocknern vorhanden. Bei Geräten mit Prozessablauf variiert der Leistungsbezug während einer Benutzung beachtlich. Der Prozessablauf wird bei Kochfeldern nach Anhang 5.3 aktiv durch den Benutzer bestimmt, wohingegen bei Geschirrspül- und

Waschmaschinen sowie Wäschetrocknern der Prozessablauf nach Wahl eines Programms autonom durch das Gerät reguliert wird. Dies ist in Anhang 5.4 bis Anhang 5.6 beschrieben.

Es ist festzuhalten, dass die Abläufe in Prozessschritte mit hohen und niedrigen Leistungsbezügen nach Bild A 5-3 und Bild A 5-4 unterteilt werden können. Ebenso ist bei Kochzonen davon auszugehen, dass die erforderliche Leistung zu Beginn der Speisenzubereitung beim Anbraten oder Aufkochen der Anschlussleistung der jeweiligen Kochzone entspricht. Beim weiteren Garen ist der Energieverbrauch deutlich geringer.

Synthese

Bei der Synthese der Geräteklasse Prozessablauf wird für die Lastverläufe nicht jeder Prozessschritt detailliert nachgebildet, sondern nur zwei Prozessschritte unterteilt nach hohem und niedrigem Leistungsbezug verwendet. Es ergibt sich die Einteilung der Spül- und Waschgänge nach Verwendung der Heizung. Während der Heizphasen entspricht die Leistungsaufnahme den Anschlussleistungen P_{an}. Bei Geschirrspülmaschinen werden die leistungsintensiven Heizphasen während des Hauptwaschgangs und Klarspülgangs zusammengefasst. Ohne Heizen ist die Leistungsaufnahme gering und wird durch die Ablauf-, Entleerungs-, Laugen- oder Zirkulationspumpen verursacht. Bei Waschmaschinen dominiert ebenfalls das Heizen den ersten Prozessschritt und Trommelmotor oder Pumpen beziehen die Leistung beim zweiten Prozessschritt. Für die Synthese wird für den zweiten Prozessschritt die Leistung P_2 benötigt.

In Bild 4-6 und Bild 4-7 sind jeweils gemessene und die abgeleiteten synthetisierten Lastverläufe für Geschirrspül- und Waschmaschinen gezeigt. Die gemessenen Lastverläufe sind aus Bild A 5-3 b und Bild A 5-4 b entnommen. Es ist ersichtlich, dass auch hier die leistungs- und energierichtige Synthese angewendet wird und die synthetisierten Lastverläufe in Bild 4-6 b und Bild 4-7 b kürzer sind ist als die gemessenen.

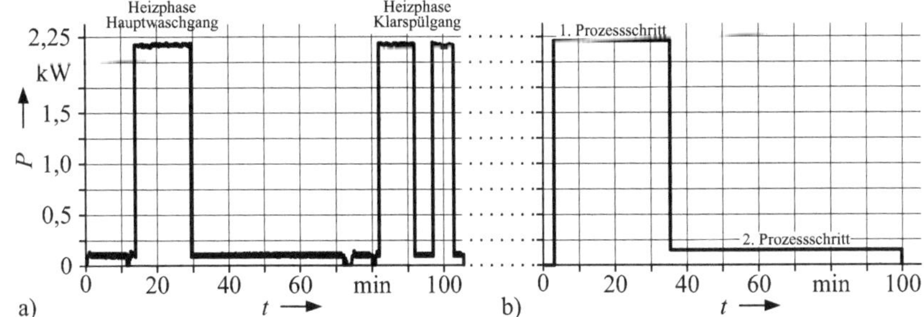

Bild 4-6: Prozessablauf: Lastverlauf einer Geschirrspülmaschine
a) gemessener Lastverlauf (eigene Messung, Zeitauflösung $\Delta t = 1$ s)
b) synthetisierter Lastverlauf

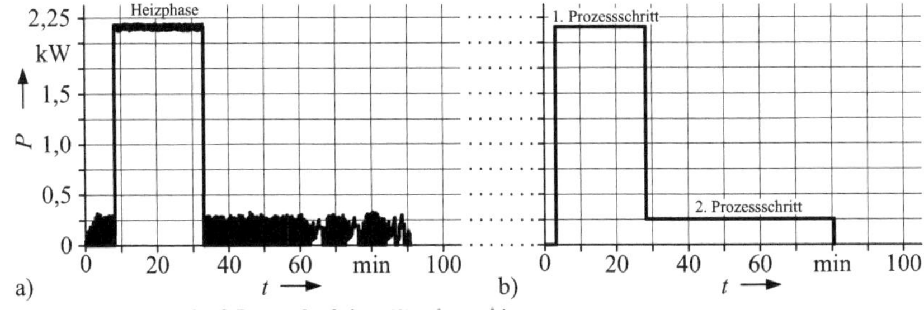

Bild 4-7: Prozessablauf: Lastverlauf einer Waschmaschine
a) gemessener Lastverlauf (eigene Messung, Zeitauflösung $\Delta t = 1$ s)
b) synthetisierter Lastverlauf

4.3.5 Geräteklasse Beleuchtung

Beschreibung
Bei der Beleuchtung überlagern sich für das Schalten die Aktivitäten der Benutzer mit dem Vorhandensein von Tageslicht. Die Synthese muss somit das Tageslicht mit berücksichtigen, wobei die Anforderungen an die Beleuchtung nicht nur vom Benutzer, sondern von vielen Einflussfaktoren, welche in Anhang 5.7 zusammengefasst sind, abhängen.

Mit den neuen Leuchtmitteln, welche in Anhang 5.8 mit ihren Eigenschaften aufgeführt sind, verringert sich die Leistung und der Energieverbrauch für Beleuchtung deutlich. Für die Synthese ist es ausreichend, einen Lastverlauf für die Beleuchtung als Summe mit einem Leistungswert zu verwenden und nicht jedes Leuchtmittel für sich nachzubilden. Zudem wird die Leistung auch je Außenleiter angegeben.

Synthese
Für die Synthese werden die Zeiten für Sonnenaufgang und -untergang für Dresden verwendet. Sie sind in Bild 4-8 dargestellt. Dabei wird die gesetzliche Zeit, die hier als Ortszeit bezeichnet wird, benutzt. Nur für die Beleuchtung wird bei der Synthese die Umstellung auf Sommerzeit berücksichtigt und ist in Bild 4-8 für das Jahr 2007 enthalten. Die Sommerzeit gilt in Europa vom letzten Sonntag im März bis zum letzten Sonntag im Oktober.

Für die Synthese werden für die Geräteklasse Beleuchtung sowohl morgens auch als abends die Einschaltzeit und Ausschaltzeit benötigt. Es wird auch überprüft, ob die Beleuchtung in Abhängigkeit des Tageslichts benötigt wird. Mit der Leistung wird der Lastverlauf dann komplettiert.

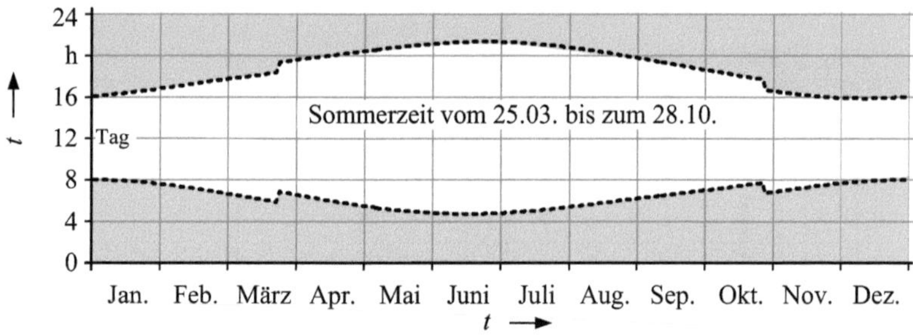

Bild 4-8: Sonnenaufgang und -untergang als Ortszeit für Dresden (Daten aus [153])

4.3.6 Einteilung der Geräte und Gerätegruppen in die Geräteklassen

Nunmehr können die Geräte aus Tabelle 4-1 bis Tabelle 4-3 bzw. die zusammengefassten Gerätegruppen aus Tabelle 4-5 und Tabelle 4-6 in die Geräteklassen eingeteilt werden, welche in Tabelle 4-8 enthalten sind. In der weiteren Arbeit umfasst der Begriff Geräte im Allgemeinen auch Gerätegruppen.

Die Einteilung berücksichtigt keine Fahrzeuge. Zum einen ist bei Elektrorädern die Energieaufnahme sehr gering. Zum anderen ist bei Elektrorollern, Plug-in-Hybriden und Elektroautos der Ausstattungsgrad mit jeweils $a_G < 0{,}1\,\%$ im Jahr 2015 vernachlässigbar. Ferner gibt es kaum Erfahrungen zu den Erfordernissen an das Laden.

Tabelle 4-8: Einteilung von Geräten und Gerätegruppen in Geräteklassen

Geräteklasse	Geräte und Gerätegruppen		
Grundlast	Grundlast⁺ (ohne Hocheffizienzpumpen)	Grundlast⁺⁺ (mit Hocheffizienzpumpen)	
Taktbetrieb (autonom)	Kühlgeräte⁺ Heizgeräte⁺ᵃ	Umwälzpumpen Zirkulationspumpen	
Aktive Ein/Aus (mit konstanter Leistung)	Mikrowellen Wasserkocher Kaffeemaschinen⁺ Küchenmaschinen Toaster⁺ Mixer⁺ Staubsauger Bügeleisen⁺	Haartrockner Haarstyler⁺ Computer⁺ TV⁺ (nur für 1-Pers.-HH) TV groß⁺ (nicht für 1-Pers.-HH) TV klein⁺ (nicht für 1-Pers.-HH) Videoprojektoren⁺	Musikanlagen⁺ Spielkonsolen⁺ Backöfen Heizgeräte⁺ᵃ Durchlauferhitzer Warmwasserspeicher Beleuchtungᵇ
Prozessablauf	Kochzonen (groß, mittel, klein) Geschirrspülmaschinen	Waschmaschinen Wäschetrockner	
Beleuchtung	LED- u. Energiesparlampen gemischte Leuchtmittelausstattung	Glüh- u. Halogenlampen	

[a] Heizgeräte⁺: Geräteklasse Taktbetrieb oder Aktive Ein/Aus [b] Räume ohne Tageslicht, z. B. Keller, innenliegende Räume

4.4 Weitere Eigenschafen der Geräte

Ersatzschaltungen für die Geräte (ZIP-Funktion)

Die Ersatzschaltungen von Haushaltsgeräten spielen für die Lastgangsynthese in der vorgestellten Durchführung keine Rolle. Jedoch ist es zukünftig denkbar, diese mit einzubeziehen. Daher wird hier eine Einteilung mit einer kurzen Beschreibung gegeben. In Anhang 5.10 ist eine detaillierte Darstellung enthalten. Folgende drei Einteilungen der Geräte sind aus Sicht der Ersatzschaltungen für Lasten mit den Spannungsabhängigkeiten, welche in Abschnitt 2.4.2 beschrieben wurden, zweckmäßig:

- Netzteile konstante Lasten ⇒ konstanter Leistungsbezug
- Motoren ohmsch-induktive Lasten ⇒ konstanter Leistungsbezug
- Widerstände ohmsche Lasten ⇒ konstante Impedanz

Tabelle 4-9: Einteilung nach Ersatzschaltungen

Netzteile: konstante Lasten ⇒ konstanter Leistungsbezug ⇒ *P*-Last	
• Kochfelder (Induktionskochfelder) • Unterhaltungsgeräte, Büro & Kommunikation • Geschirrspül-, Waschmaschinen: Steuerung	• Mikrowellen • LED-Lampen, Energiesparlampen
Motoren: ohmsch-induktive Lasten ⇒ konstanter Leistungsbezug ⇒ *P*-Last	
• Kühlgeräte⁺ • Geschirrspül-, Waschmaschinen: Motoren • Küchenmaschinen	• Mixer⁺ • Staubsauger • Pumpen
Widerstände: ohmsche Last ⇒ konstante Impedanz der *Last* ⇒ *Z*-Last	
• Kochfelder (Strahlungsheizkörper, Gusseisen) • Backöfen • Geschirrspül-, Waschmaschinen: Heizung • Wasserkocher • Kaffeemaschinen⁺ • Toaster⁺	• Bügeleisen⁺ • Haartrockner und Haarstyler • Glüh- und Halogenlampen • Durchlauferhitzer • Warmwasserspeicher • Heizgeräte⁺

Eine Einteilung der Geräte nach der Ersatzschaltung ist in Tabelle 4-9 enthalten. Geschirrspülmaschinen und Waschmaschinen kommen in dieser Tabelle bei allen Ersatzschaltungen vor. Sie haben ein Netzteil für die Steuerung und mehrere Motoren bzw. Pumpen. Der Heizprozess erfolgt mit einem Heizwiderstand. Bei neueren Geräten können jedoch auch die Motoren und Widerstände von einem Netzteil versorgt werden.

Die Ersatzschaltung hängt überdies von der Art der Technologie ab. Induktionskochfelder haben ein Netzteil und somit einen konstanten Leistungsbezug, wohingegen Kochstellen mit Strahlungsheizkörper, Heizspiralen oder Gusseisen-Heizelemente haben und sich wie ohmsche Lasten verhalten. Die Ersatzschaltungen sind dazu in Anhang 5.2 aufgeführt.

Auftreten von Einschaltströmen

Einschaltströmen werden bei der Lastgangsynthese nicht berücksichtigt, können aber bei der Erhöhung des Detaillierungsgrads in Abschnitt 6.5.2 nach einer Erhöhung der Zeitauflösung mit einbezogen werden und daher werden sie hier kurz erklärt.

Einschaltströme sind Stromspitzen, die mit der Einschaltung von Geräten für eine kurze Zeit fließen und innerhalb weniger Zehntelsekunden abklingen. Dies ist exemplarisch bei einem gemessenen Lastverlauf eines Kühlschranks mit einer Zeitauflösung von $\Delta t = 1$ s in Bild 4-5 a dargestellt. Der Einschaltstrom ist dort auf das Anlaufen des Motors zurückzuführen. Einschaltströme können verschiedene Ursachen haben. Bei Geräten im Haushalt sind die folgenden drei Sachverhalte meistens die Ursache für das Auftreten von Einschaltströmen:

- Motoren erfordern beim Einschalten eine erhöhte Leistung und somit einen hohen Strom zum Beschleunigen der Schwungmasse auf die Nenndrehzahl. Daher wird dieser Strom auch als Anlaufstrom bezeichnet [154].
- Kondensatoren sind im Moment des Einschaltens normalerweise nicht geladen. Der Strom wird nur von der Resistanz der Zuleitung begrenzt. Die Höhe der Einschaltspitze ist von der Spannung zum Zeitpunkt des Einschaltens abhängig [155].
- Kaltleiter leiten besonders gut, wenn sie eine niedrige Temperatur haben. Beispielsweise ist die Doppelwendel einer Glühlampe ein Kaltleiter, der beim Einschalten Raumtemperatur hat. Daher fließt beim Einschalten ein erhöhter Strom. Durch die Verlustleistung kommt es zur Erwärmung der Doppelwendel und die Resistanz wird größer, womit der Strom kleiner wird [155].

4.5 Datenerhebung zu Anschlussleistungen und Leistungsaufnahmen im Ein-Zustand

Mit einer umfassenden Zusammenstellung von Leistungs- und Energiedaten von Geräten werden die bisher qualitativen Beschreibungen quantifiziert. Es werden die Daten für 2015 erhältliche Geräte zusammengestellt. Ein Großteil der Geräte kam zwischen 2010 und 2015 auf den Markt. Die Daten sind Grundlage für die Kennzahlen der elektrischen Geräte für die Lastgangsynthese in Kapitel 6. Die Leistung von elektrischen Geräten ist vornehmlich eine technische Größe, wohingegen bereits beim Jahresenergieverbrauch die sozialen Aspekte eine wichtige Rolle spielen. Daher ist dieser nur in Verbindung mit der in Kapitel 5 quantifizierten Benutzungshäufigkeit und Betriebsdauer zu bestimmen.

Im Folgenden werden zum einen die Anschlussleistungen von Geräten zusammengestellt, bei denen die Werte präzise angegeben sind. Zum anderen werden der Energieverbrauch pro Jahr und die Energieeffizienz-Klassen systematisiert ausgewertet, da bei Kühlgeräten und Geräten mit Prozessablauf diese Werte im Vordergrund stehen. Mit einer Analyse von technischen Dokumentationen der Geräte werden die Anschlussleistungen dann ermittelt.

4.5.1 Daten zu Anschlussleistungen und Leistungsaufnahmen im Ein-Zustand

Die Werte der Leistungen sind bei Küchenkleingeräten, Haushaltshilfen, Geräten zur Körperpflege, Büro & Kommunikation, Unterhaltungsgeräten sowie Geräten zum Heizen und der Warmwasserbereitung die wichtigste technische Angabe und werden immer spezifiziert. Für die Grundlast und Beleuchtung werden die Leistungen abgeschätzt.

In Tabelle 4-10 bis Tabelle 4-14 sind die Anschlussleistungen P_{an} von Geräten auf Grundlage der Angaben von Herstellern zusammengetragen. Die Spalte Anzahl n gibt an, wie viele Geräte für diese Zusammenstellung automatisiert ausgewertet wurden. Die Spalte „ZIP" enthält die zusätzliche Information zum Ersatzschaltbild nach Tabelle 4-9 mit „P" für Geräte mit konstanter Leistung und „Z" für Geräte mit konstanter Impedanz. Für Geräte mit konstanter Impedanz ist die Leistung spannungsabhängig. Die Nennspannung für die Geräte ist dabei nicht zwingend mit der Nennspannung des Netzes gleich. Insbesondere leistungsstarke Geräte beziehen erst bei der höchsten Spannung ihre Anschlussleistung.

In der Spalte „Bemerkungen" sind Details zur Funktionsweise oder absehbare Entwicklungstrends zusammengestellt. Von einer Angabe des Wirkfaktors $\cos\varphi$ wird abgesehen, da bei Geräten mit Netzteilen dieser technologieabhängig ist. Bei Widerständen ist $\cos\varphi = 1$.

Bei den Küchenkleingeräten in Tabelle 4-10 und Haushaltshilfe und Geräten zur Körperpflege in Tabelle 4-11 gibt es meist wenige diskrete Vorzug-Anschlussleistungen. In Bild 4-9 a ist beispielsweise die relative Häufigkeit von 740 Wasserkochern enthalten, wobei es insgesamt 31 verschiedene Anschlussleistungen P_{an} gibt. Die vier am häufigsten vorkommenden Anschlussleistungen decken 80 % der Wasserkocher ab. Daher werden für die Lastgangsynthese nur diese vier Anschlussleistungen, welche in Bild 4-9 b gezeigt sind, verwendet. Die anderen Leistungswerte werden in den jeweils nächstgrößeren Wert integriert. Nicht immer heben sich einige wenige Anschlussleistungen von den anderen so deutlich ab. Bei Zusammenführung von mehreren Anschlussleistungen mit annähernd gleichen relativen Häufigkeiten wird nicht die am häufigsten auftretende Leistung genutzt, sondern die größte. In den Tabellen ist neben der Spalte mit den Anschlussleistungen der Anteil des Auftretens dieser angegeben. In Anhang 7 sind die relativen Häufigkeiten der Datenerhebung und die Verteilung für die Lastgangsynthese gleichermaßen wie in Bild 4-9 dargestellt.

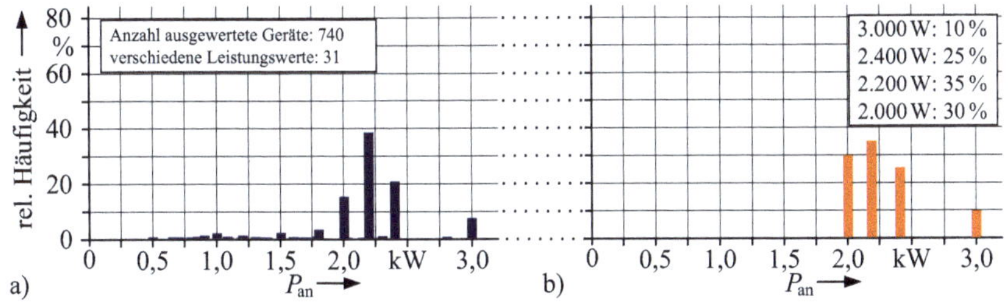

Bild 4-9: Häufigkeiten der diskreten Anschlussleistungen: Wasserkocher
a) Auswertung Datenerhebung
b) Verteilung für Lastgangsynthese

Variable Leistungsaufnahmen bei Betrieb haben Geräte für Büro & Kommunikation sowie Unterhaltungsgeräte. In Abschnitt 4.3 wurde beschrieben, dass Geräte mit variablem Betrieb der Gerätklasse „Aktive Ein/Aus" zugeordnet werden. Für die Lastgangsynthese wird hierbei aber nicht die Anschlussleistung der Netzteile verwendet, da diese von den Geräten kaum bezogen wird. Meist verringert sich nach dem Start bzw. dem sogenannten Hochfahren der Geräte die Leistungsaufnahme deutlich. Vorteilhafterweise werden von den Herstellern für einige Geräte die für die Energieverbrauchskennzeichnung benötigten *Leistungsaufnahmen im Ein-Zustand P* [156], [157] angegeben. Dies trifft für Monitore, Fernsehgeräte, Videoprojektoren, Player oder Recorder zu. Bei Computern, Spielkonsolen, Heimkino-Systemen, Hi-Fi-

Anlagen und Kompaktanlagen gibt es dazu jedoch keine Angaben. Für diese Geräte beruhen die Annahmen zu den Leistungsaufnahmen im Ein-Zustand sowohl auf eigenen und externen Messungen [158] als auch auf anderen Veröffentlichungen, z.B. [115], [159].

Die Heterogenität der Leistungsaufnahmen soll kurz anhand der Bildschirmdiagonalen von Monitoren und Fernsehgeräten gezeigt werden. In Bild 4-10 a und Bild 4-11 a sind zuerst die relativen Häufigkeiten der Bildschirmdiagonalen aufgetragen. Bild 4-10 b und Bild 4-11 b enthalten die Leistungsaufnahme im Ein-Zustand in Abhängigkeit der Bildschirmdiagonalen. Es wird vorgeschlagen, bei Fernsehgeräten zwischen kleinen und großen Geräten zu unterscheiden.

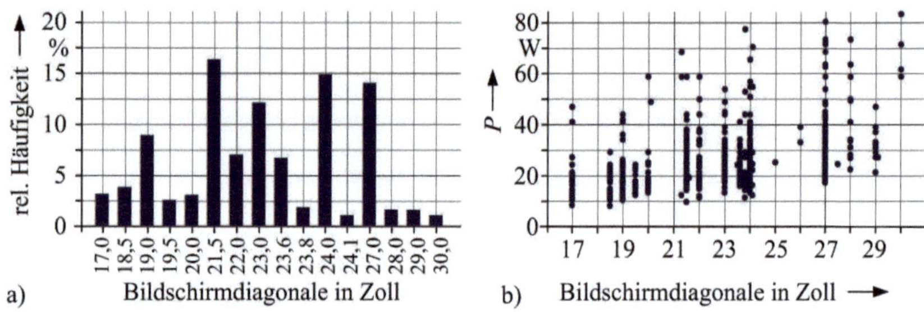

Bild 4-10: Datenauswertung: Monitore
a) relative Häufigkeiten der Bildschirmdiagonalen
b) Leistungsaufnahme im Ein-Zustand in Abhängigkeit der Bildschirmdiagonalen

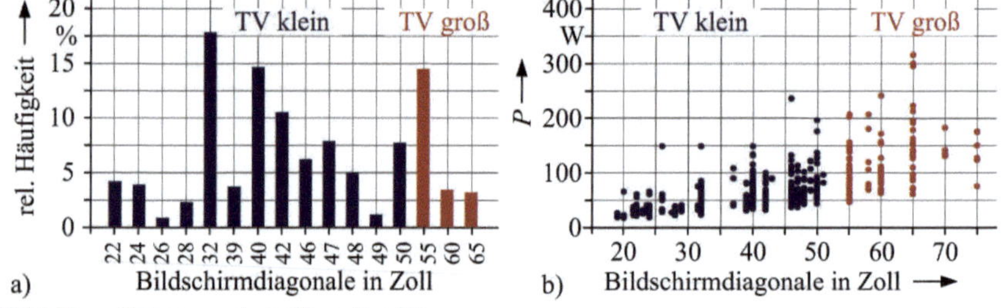

Bild 4-11: Datenauswertung: Fernsehgeräte
a) relative Häufigkeiten der Bildschirmdiagonalen
b) Leistungsaufnahme im Ein-Zustand in Abhängigkeit der Bildschirmdiagonalen

Eine geeignete Verteilung für die Leistungsaufnahme ist die logarithmische Normalverteilung (Log-Normalverteilung LN). In Anhang 6 sind die Gleichungen für die Verteilungs- und Dichtefunktion sowie für die Varianz und Erwartungswerte der Normal-, Weibull- und Log-Normalverteilung angegeben. Für die Auswahl der Verteilung wurde das Akaikes Informationskriterium *AIC* und Bayessches Informationskriterium *BIC* verwendet [160]. Die Werte sind von der Stichprobengröße abhängig und für Monitore und Fernsehgeräte in Tabelle A 6-3 und beim Vergleich der Verteilungen für Monitore in Bild A 6-1 mit angegeben. Es stellt sich heraus, dass die Log-Normalverteilung die geeignetste Verteilung für die Leistungsaufnahme ist. Sie wurde auch bereits in verschiedenen Arbeiten für ähnliche Nachbildungen angewendet [46], [161], [162], [163].

Mit der Log-Normalverteilung können keine negativen Werte auftreten. Sie ist rechtsschief, womit sich die meisten Anschlussleistungen im Bereich niedriger Werte befinden, aber trotzdem hohe Werte auftreten können. Der Vergleich anhand von Monitoren in Bild A 6-1 zeigt, dass sie eine ausgeprägtere Linkssteilheit als die Weibull-Verteilung hat und damit der

Verteilung der Anschlussleistungen besser entspricht. Für die Lastgangsynthese werden nur ganzzahlige Leistungswerte verwendet und zum nächstgelegenen Wert gerundet.

In Tabelle 4-12 sind für die Log-Normalverteilung die Parameter $\mu_{\mathrm{LN\,P}}$ und $\sigma_{\mathrm{LN\,P}}$ aufgelistet. Unter den μ-Werten sind in Klammern die mit der Gleichung aus Tabelle A 6-2 bestimmten Erwartungswerte angegeben. In Bild 4-12 und Bild 4-13 sind die relativen Häufigkeiten der Leistung für Monitore und Fernsehgeräte gezeigt. Dabei sind die Auswertungen der Datenerhebungen in a und die zugehörigen Annahmen der Log-Normalverteilungen für die Nachbildung in b dargestellt. Für die anderen Geräte befinden sich die Bilder in Anhang 7.

Die Leistungsaufnahmen der Geräte aus Tabelle 4-12 sind Ausgangspunkt für die Leistungsaufnahmen der Gerätegruppen in Tabelle 4-13, welche dann auch für die Lastgangsynthese verwendet werden. In Bild 4-14 sind die mit der Log-Normalverteilung beschriebenen relativen Häufigkeiten der Leistungsaufnahmen für verschiedene Gerätegruppen dargestellt.

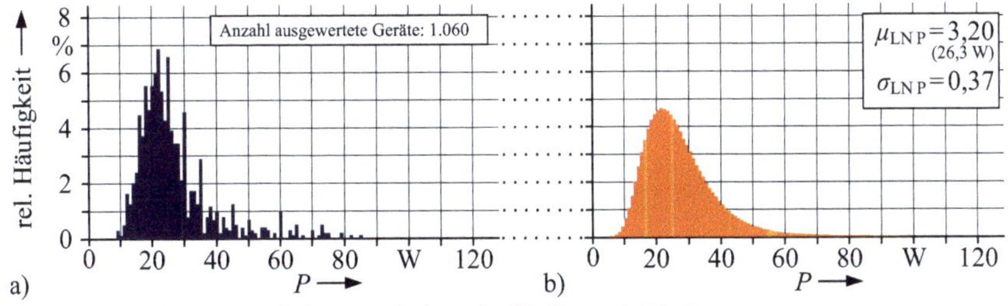

Bild 4-12: Häufigkeiten der Leistungsaufnahmen im Ein-Zustand: Monitore
a) Auswertung Datenerhebung
b) Verteilung für Lastgangsynthese

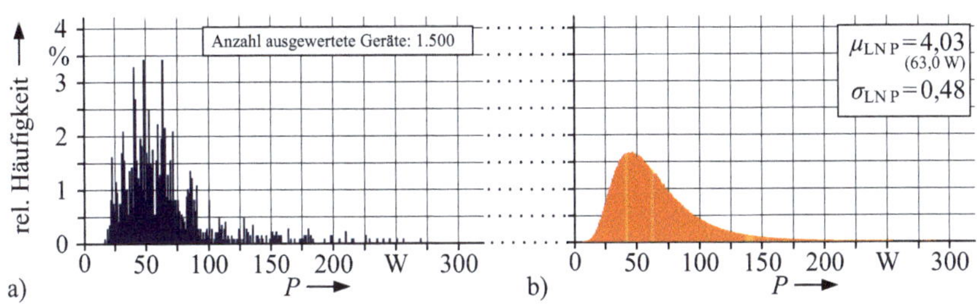

Bild 4-13: Häufigkeiten der Leistungsaufnahmen im Ein-Zustand: Fernsehgeräte
a) Auswertung Datenerhebung
b) Verteilung für Lastgangsynthese

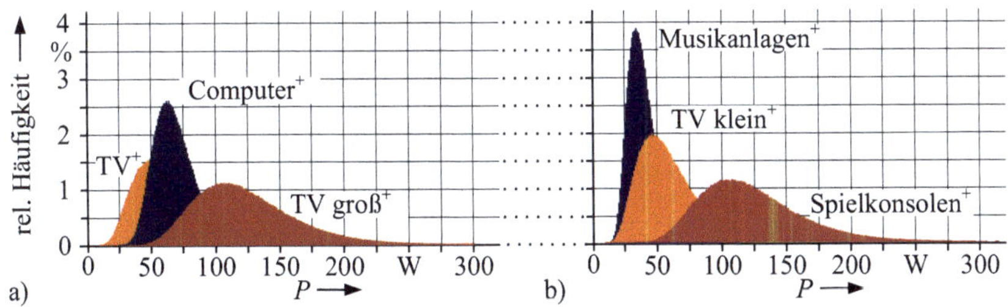

Bild 4-14: Verteilungen für Lastgangsynthese: Leistungsaufnahmen im Ein-Zustand der Gerätegruppen aus Tabelle 4-13
a) Computer⁺, TV⁺ (für 1-Pers.-HH) und TV groß⁺
b) Musikanlagen⁺, TV klein⁺ und Spielkonsolen⁺

Tabelle 4-10: Anschlussleistung: Küchenkleingeräte

Geräte	*n*	ZIP	P_{an} / W	Anteil	Bemerkungen
Mikrowellen im Weiteren abweichend zu Tabelle 4-1 den Küchenkleingeräten zugeordnet	510	P	1.300 1.000 900 700	20 % 40 % 30 % 10 %	Mikrowellen haben einen variablen Betrieb. Mikrowellen gibt es zusätzlich mit Grillfunktion und Heißluftfunktion. Die Grillfunktion ist in den hier angegebenen Anschlussleistungen enthalten. Der Heißluftbetrieb ist nicht enthalten, da sich Mikrowellen dann wie Backöfen verhalten, welche diesen Betrieb mit abdecken.
Wasserkocher	740	Z	3.000 2.400 2.200 2.000	10 % 25 % 35 % 30 %	
Filter-Kaffeemaschinen	550	Z	1.100 1.000 900 800	30 % 40 % 15 % 15 %	80 % der Filter-Kaffeemaschinen haben ein Glaskanne und 20 % eine Thermoskannen. Maschinen mit Thermoskanne haben eine etwas geringere Leistung.
Espressomaschinen Vollautomaten, Siebträger-Kaffeemaschinen	560	Z	1.900 1.600 1.450 1.100	10 % 25 % 50 % 15 %	Geräte sind auch mit integrierten Milchaufschäumsystem oder Kaffeemühle erhältlich. Siebträgermaschinen werden auch als Halbautomaten bezeichnet. Es sind mehr Optionen als bei Vollautomaten für die Zubereitung einstellbar.
Portionskaffeemaschinen Kaffeepadmaschinen, Kapselmaschinen	300	Z	2.650 1.500 1.450 1.300	5% 30% 20% 45%	Kaffeemaschinen mit Einzel- bzw. Doppelportionierung durch Pads oder Kapseln. Sehr einfache Bedienung und kurze Zubereitungszeit.
Kaffeemaschinen⁺ erweitert Bedeutung, inkl. Filter-Kaffeemaschinen, Espressomaschinen und Portionskaffeemaschinen	1.410	Z	1.900 1.500 1.150 1.000	15 % 55 % 15 % 15 %	Mit [164] müssen sich Kaffeemaschinen nach einer Wartezeit in einen stromsparenden Zustand schalten. Dies wird als Power Management bezeichnet. Die Wartezeiten sind für… • Kaffeemaschinen mit Thermoskanne: 5 min • Kaffeemaschinen mit Glaskanne: 40 min
Küchenmaschinen	340	P	1.600 1.000 900 500	15 % 10 % 45 % 30 %	Küchenmaschinen haben einen variablen Betrieb. Küchenmaschinen sind mit umfangreichem Zubehör erhältlich. Es gibt neben den verschiedenen Einsatzscheiben (Schneiden, Raspeln) und Knetwerken auch Getreidemühlen, Multimixer, Fleischwölfte, usw.
Toaster	420	Z	1.100 1.000 900 800	20 % 20 % 40 % 20 %	
Toaster⁺ erweiterte Bedeutung, inkl. Toaster, Waffeleisen, Sandwichtoaster, Donut-Maker und Crêpes-Maker	600	Z	1.400 1.000 900 800	20 % 25 % 30 % 25 %	Geräte, welche Lebensmittel erhitzen und ähnliche Anschlussleistungen wie Toaster haben.
Handmixer	150	P	500 350	50 % 50 %	Handmixer haben einen variablen Betrieb.
Stabmixer	290	P	800 600 400	35 % 25 % 40 %	Stabmixer haben einen variablen Betrieb.
Standmixer	170	P	800 600 500 300	35 % 30 % 20 % 15 %	Standmixer haben einen variablen Betrieb.
Mixer⁺ erweiterte Bedeutung, inkl. Hand-, Stab-, Standmixer, Pürierstäbe und Zerkleinerer	680	P	800 700 500 300	15 % 25 % 35 % 25 %	Geräte, welche Zutaten mischen oder zerkleinern.

Tabelle 4-11: Anschlussleistung: Haushaltshilfen und Geräte zur Körperpflege

Geräte	n	ZIP	P_{an} / W	Anteil	Bemerkungen
Staubsauger	650	P	2.000 1.400 1.200 800	35 % 15 % 20 % 30 %	Staubsauger haben einen variablen Betrieb. Nach [165] darf die maximale Anschlussleistung • ab 01.09.2014: P_{anmax} < 1.600 W • ab 01.09.2017: P_{anmax} < 900 W betragen. neue Geräte: Roboterstaubsauger mit Akku-Betrieb ⇒ sind der Grundlast zuzuordnen
Bügeleisen^{+} inkl. Bügelstationen	480	Z	3.100 2.600 2.400 2.000	15 % 10 % 60 % 15 %	Bügeleisen haben einen variablen Betrieb. Die meisten Bügeleisen sind Dampfbügeleisen. Trockenbügeleisen werden kaum noch angeboten. Bügelstationen haben einen separaten Wassertank und machen 30 % der Geräte aus.
Haartrockner	330	Z	2.200 2.000 1.600 1.200	40 % 30 % 15 % 15 %	Haartrockner haben einen variablen Betrieb. Neben verschiedenen Geschwindigkeitsstufen gibt es vermehrt Haartrockner mit Ionen-Funktion. Diese Funktion soll das statische Aufladen der Haare verhindern und das Trocknen beschleunigen.
Haarstyler^{+} erweiterte Bedeutung, inkl. Haarglätter, Lockenstäbe und Lockenbürsten	220	Z	1.000 700 300 50	20 % 20 % 30 % 30 %	Haarstyler haben einen variablen Betrieb.

Tabelle 4-12: Leistungsaufnahme im Ein-Zustand: Geräte für Büro & Kommunikation und Unterhaltungsgeräte

Geräte	n	ZIP	$\mu_{LN\,P}$	$\sigma_{LN\,P}$	Bemerkungen
Computer *(eigene Schätzung)*	--	P	3,69 (40,0 W)	0,3	Computernetzteile haben Anschlussleistungen bis weit über 400 W hinaus. Die Leistungsaufnahmen im Ein-Zustand sind deutlich geringer.
Monitore	1.060	P	3,20 (26,3 W)	0,37	Viele Monitore haben ECO-Modi mit reduzierten Leistungen.
TV	1.500	P	4,03 (63,0 W)	0,48	Die meisten Fernsehgeräte benutzen die LCD/LED-Technologie. Plasma-Geräte benötigen höhere Leistungen, werden jedoch kaum noch angeboten. OLED-TV befinden sich in der Markteinführung.
TV groß (≥ 127 cm = 50")	420	P	4,56 (103 W)	0,39	
TV klein (< 127 cm = 50")	1.080	P	3,88 (52,7 W)	0,40	
Videoprojektoren ugs. Beamer	830	P	5,57 (277 W)	0,33	Mit immer größeren Fernsehgeräten werden Videoprojektoren aus dem Markt gedrängt. Größter Nachteil der Projektoren ist der Auf-/Abbau der Leinwand und Verkabelung der Lautsprecher.
Blue-Ray-Player	140	P	2,88 (19,4 W)	0,41	
Festplattenrecorder	40	P	3,63 (38,7 W)	0,24	
Spielkonsolen *(eigene Schätzung)*	--	P	3,91 (50,0 W)	0,4	
Heimkino-Systeme *(eigene Schätzung)*	--	P	3,81 (45,0 W)	0,2	Die Anschlussleistungen sind meist 1.200 W, 1.000 W, 500 W oder 300 W. Die Leistungsaufnahmen im Ein-Zustand sind deutlich geringer.
Hi-Fi-Anlagen *(eigene Schätzung)*	--	P	3,81 (45,0 W)	0,2	
Kompaktanlagen *(eigene Schätzung)*	--	P	3,40 (30,0 W)	0,2	

Tabelle 4-13: Leistungsaufnahme im Ein-Zustand: Gerätegruppen aus Tabelle 4-12

Geräte	ZIP	$\mu_{LN\,P}$	$\sigma_{LN\,P}$	Bemerkungen
Computer⁺	P	4,19 (68,0 W)	0,24	inkl. Monitore
TV⁺ (nur für 1-Pers.-HH)	P	4,13 (69,1 W)	0,47	inkl. Player bzw. Recorder und Heimkino-System
TV groß⁺ (≥ 127 cm = 50") (nicht für 1-Pers.-HH)	P	4,77 (124 W)	0,32	inkl. Player bzw. Recorder und Heimkino-System
TV klein⁺ (< 127 cm = 50") (nicht für 1-Pers.-HH)	P	4,00 (59,0 W)	0,41	inkl. Player bzw. Recorder und Heimkino-System
Videoprojektoren⁺	P	5,78 (336 W)	0,28	inkl. Player bzw. Recorder und Heimkino-System
Spielkonsolen⁺	P	4,76 (123 W)	0,32	inkl. TV⁺
Musikanlagen⁺	P	3,61 (38,3 W)	0,29	umfasst Hi-Fi- und Kompaktanlagen

Tabelle 4-14: Anschlussleistung: Geräte für Heizen und Warmwasserbereitung

Geräte	n	ZIP	P_{an}/kW	Anteil	U_n/V	Bemerkungen
Heizlüfter	130	Z	2,6 2,0 1,5	10% 80% 10%	230	Heizlüfter können einen variablen Betrieb haben.
Heizstrahler	110	Z	3,0 2,0 1,5 1,2	5% 50% 25% 20%	230	Heizstrahler können einen variablen Betrieb haben.
Konvektoren	100	Z	3,0 2,0 1,5 1,0	15% 40% 15% 30%	230	Konvektoren können einen variablen Betrieb haben.
Radiatoren	55	Z	2,5 2,0 1,5	25% 45% 30%	230	Radiatoren können einen variablen Betrieb haben.
Heizgeräte⁺ erweiterte Bedeutung, inkl. Heizlüfter, Konvektoren, Heizstrahler, Radiatoren, Keramikheizer, Schnellheizer, Infrarotheizung, Wärmespeicher, Terrassenstrahler, Elektrokamine	520	Z	3,0 2,0 1,5 1,0	15% 55% 20% 10%	230	Heizgeräte⁺ können einen variablen Betrieb haben. Geräte, welche Räumen Nutzwärme zuführen.
Wärmepumpen	--	P	3…10	Abhängig von den Anforderungen (Heizbedarf, Warmwasser) und vom Wärmepumpentyp (Sole|Wasser, Luft|Wasser, etc.)		
Durchlauferhitzer U_n=400 V	90	Z	24,0 21,0 13,0	40% 40% 20%	400	dreiphasig
Durchlauferhitzer U_n=230 V	40	Z	5,7 4,4 3,5	35% 30% 35%	230	einphasig
Warmwasserspeicher U_n=400 V	45	Z	6,0	100%	400	dreiphasig
Warmwasserspeicher U_n=230 V	40	Z	2,2 2,0	20% 80%	230	einphasig

Tabelle 4-14 enthält Geräte für Heizen und Warmwasserbereitung und die Bilder zu den Häufigkeiten sind ebenfalls in Anhang 7 dargestellt. Im Vergleich zu den bisherigen Tabellen werden die Anschlussleistungen in kW angegeben sowie zusätzlich die Nennspannungen U_n und die ein- oder dreiphasigen Anschlussmöglichkeiten mit aufgenommen. Geräte zur Warmwasserbereitung und Wärmepumpen sind die einzigen Geräte, welche auch *dreiphasige Lasten* sein können.

Bei Wärmepumpen sind Aussagen zu Anschlussleistungen nur schätzungsweise möglich, da diese von vielen Rahmenbedingungen wie Heizbedarf, Warmwasserbereitung oder den angewendeten Wärmepumpentyp abhängig sind. Die technischen Daten der Wärmepumpen sollten von Netzbetreibern bei Anschluss abgefragt und dokumentiert werden. Dabei sollten zusätzlich Anlaufströme und mögliche elektrische Not- oder Zusatzheizungen berücksichtigt werden.

In Tabelle 4-14 fehlen Umwälz- und Zirkulationspumpen, da ihre Leistungsaufnahme sehr gering ist. Konventionelle Pumpen haben eine Leistung von 40 bis 100 Watt. Elektronisch geregelte Hocheffizienzpumpen sind mit einer Leistung von 5 bis 25 Watt deutlich effizienter und werden in die Grundlast aufgenommen.

Grundlast

Die Grundlast ist oft unterschiedlich definiert. Beispielsweise ist häufig nicht erkennbar, ob Kühlgeräte oder Pumpen in die Grundlast mit einbezogen sind. In der Literatur sind Leistungen im Bereich von 50 W [166] über 55 W [123] bis hin zu 150 W [6] angegeben.

Hier werden die Leistungen in Tabelle 4-15 als Erwartungswerte aufgeschlüsselt nach Anwendung angenommen und als Gesamt-Grundlast ohne oder mit Hocheffizienzpumpen spezifiziert. Die Erwartungswerte sind in Bereichen angegeben. Es wird davon ausgegangen, dass sich die Grundlast mit der Haushaltsgröße erhöht. Die Grundlasten nach Haushaltsgröße werden bei der Lastgangsynthese mit den Werten aus Tabelle 4-16 berechnet. Zudem sind die Leistungen der Grundlast auch noch je Außenleiter aufgeführt. Die Verteilungen sind in Bild A 7-13 und Bild A 7-14 gezeigt. Es wird die Log-Normalverteilung verwendet, um durch die Rechtsschiefe auch hohe Grundlasten zu erhalten.

Tabelle 4-15: Leistung nach Anwendung: Grundlast

Aufschlüsselung der Gesamt-Grundlast nach Anwendung	Erwartungswerte in W
nur Bereitschafts- und Aus-Zustand aller Geräte	10…40
nur Kommunikationstechnik und Ladegeräte	10…20
nur Hocheffizienzpumpen	10…50
Grundlast^{+}: gesamte Grundlast ohne Hocheffizienzpumpen	20…60
Grundlast^{++}: gesamte Grundlast mit Hocheffizienzpumpen	30…110

Tabelle 4-16: Leistung nach Haushaltsgröße: Grundlast

Haushaltsgröße:	1-Pers.		2 & 3-Pers.		4+-Pers.	
Grundlast	$\mu_{LN\,P}$	$\sigma_{LN\,P}$	$\mu_{LN\,P}$	$\sigma_{LN\,P}$	$\mu_{LN\,P}$	$\sigma_{LN\,P}$
Grundlast^{+} ohne Hocheffizienzpumpen	2,95 (20 W)	0,3	3,65 (40 W)	0,3	4,05 (60 W)	0,3
… je Außenleiter	1,77 (7 W)	0,5	2,47 (13 W)	0,5	2,87 (20 W)	0,5
Grundlast^{++} mit Hocheffizienzpumpen	3,87 (50 W)	0,3	4,34 (80 W)	0,3	4,66 (110 W)	0,3
… je Außenleiter	2,69 (17 W)	0,5	3,20 (27 W)	0,5	3,48 (37 W)	0,5

Beleuchtung

Für die Beleuchtung wird nicht jede Lampe betrachtet, sondern die vorwiegende Leuchtmittelausstattung als bevorzugte Beleuchtung. Die Leistung der bevorzugten Beleuchtung in einem Haushalt hängt stark von den verwendeten Leuchtmitteln und der Haushaltsgröße ab. Für die Lastgangsynthese werden die Leistungswerte aus Tabelle 4-17 in Abhängigkeit der Leuchtmittelausstattung und Haushaltsgröße vorgeschlagen und in Bild A 7-15 und Bild A 7-16 anhand einiger Beispiele dargestellt. Dabei wird zwischen energieeffizienter Leuchtmittelausstattung mit Verwendung von „vorwiegend LED- und Energiesparlampen“ und energieineffizienter Leuchtmittelausstattung mit Verwendung von „vorwiegend Glüh- und Halogenlampen“ unterschieden. Dazwischen befindet sich die „gemischte Leuchtmittelausstattung“. Wie bei der Grundlast sind die Angaben als Gesamtleistung und je Außenleiter aufgeführt.

Tabelle 4-17: Leistung nach Haushaltsgröße: Beleuchtung nach Haushaltsgröße

Haushaltsgröße:	1-Pers.		2 & 3-Pers.		4+-Pers.	
Leuchtmittelausstattung	$\mu_{LN\,P}$	$\sigma_{LN\,P}$	$\mu_{LN\,P}$	$\sigma_{LN\,P}$	$\mu_{LN\,P}$	$\sigma_{LN\,P}$
vorwiegend LED- u. Energiesparlampen	3,00 (20 W)	0,2	3,56 (35 W)	0,2	3,91 (50 W)	0,2
… je Außenleiter	1,84 (7 W)	0,4	2,40 (12 W)	0,4	2,75 (17 W)	0,4
gemischte Leuchtmittelausstattung	3,91 (50 W)	0,2	4,38 (80 W)	0,2	4,79 (120 W)	0,2
… je Außenleiter	2,75 (17 W)	0,4	3,22 (27 W)	0,4	3,63 (41 W)	0,4
vorwiegend Glüh- u. Halogenlampen	4,24 (70 W)	0,2	4,87 (130 W)	0,2	5,25 (190 W)	0,2
… je Außenleiter	3,08 (24 W)	0,4	3,71 (44 W)	0,4	4,09 (64 W)	0,4

4.5.2 Daten zum Energieverbrauch und angenommene Leistungen

Bei einigen Geräten stehen Energieverbräuche im Vordergrund und nicht die elektrische Leistung. Hauptsächlich werden Kühlgeräte und Geräte mit Prozessablauf nach Energiedaten und Energieeffizienz-Klassen (EEK) beworben. Jedoch sind für eine detailgetreue Synthese Daten zu den Anschlussleistungen erforderlich. Es zeigt sich, dass die Anschlussleistungen bei Geräten eines Herstellers meist Vorzug-Anschlussleistungen sind und die Werte zwischen den Herstellern nur geringfügig variieren. Daher wurden nach der umfangreichen Auswertung der Energiedaten die Anschlussleistungen durch Stichproben ermittelt.

Kühlgeräte

Für Kühlgeräte sind in Tabelle 4-18 die Energiedaten, in Tabelle 4-19 die Anschlussleistungen und in Tabelle 4-20 die Leistungen in Abhängigkeit der Haushaltsgröße für die Lastgangsynthese angegeben. Die dazugehörigen Bilder befinden sich wieder in Anhang 7. Bei den Energiedaten werden die Anzahl n der ausgewerteten Geräte, die EEK und deren Anteil sowie für die jeweiligen Klassen die Parameter der Log-Normalverteilung für den Jahresenergieverbrauch $\mu_{LN\,Wa}$ und $\sigma_{LN\,Wa}$ spezifiziert.

Fast alle angebotenen Kühlgeräte haben eine EEK von A+ oder besser. Es gibt bereits einige Geräte mit A+++−10 %, welche einen 10 % geringeren Verbrauch haben, als die Klasse A+++ fordert. Hier sind sie der EEK A+++ zugeordnet. Bei Gefrierschränken und -truhen korreliert der Jahresenergieverbrauch ausschließlich mit dem Nutzvolumen. Neben den Nutzvolumina spielt bei den Kühlschränken noch das Vorhandensein eines Gefrierfachs eine ausschlaggebende Rolle. Es verfügen 50 % der Geräte über ein Gefrierfach und haben daher einen höheren

Energieverbrauch. Kühl-Gefriergeräte, welche auch als Kühl-Gefrier-Kombinationen bezeichnet werden, haben getrennte Türen für Kühl- und Gefrierfach, wobei zwischen Topfreezer, Bottomfreezer und Side-by-Side Geräten unterschieden wird. Diese haben meist nur einen Kältekreislauf, was aus energetischer Sicht aufgrund der nicht optimalen Verdampfertemperatur ungünstiger als bei zwei Geräten ist [149]. Da die Nutzinhalte von Kühl-Gefriergeräten jedoch kleiner als die Nutzinhalte bei separaten Kühl- und Gefriergeräten sind, ist der Gesamtenergieverbrauch dennoch geringer. Die Side-by-Side Geräte haben oftmals umfangreiche Zusatzfunktionen, wie Eiswürfel- und Wasserspender. Diese Geräte haben meist die EEK A+ und einen Jahresenergieverbrauch zwischen 400 und 500 kWh/a. Effizientere Side-by-Side Geräte haben die EEK A++, aber immer noch einen Verbrauch von 300 bis 400 kWh/a.

Tabelle 4-18: Energiedaten: Kühlgeräte

Geräte	n	ZIP	EEK	Anteil	$\mu_{LN\,Wa}$	$\sigma_{LN\,Wa}$
Kühlschränke	870	P	A+++	15 %	4,52 (96 kWh/a)	0,28
davon 50% mit Gefrierfach			A++	60 %	4,89 (138 kWh/a)	0,27
			A+	25 %	5,05 (161 kWh/a)	0,25
Kühl-Gefriergeräte	1.200	P	A+++	20 %	5,08 (162 kWh/a)	0,10
Topfreezer, Bottomfreezer und Side-by-Side			A++	55 %	5,47 (241 kWh/a)	0,17
			A+	25 %	5,77 (330 kWh/a)	0,24
Gefrierschränke/-truhen	300	P	A+++	15 %	5,15 (175 kWh/a)	0,19
			A++	55 %	5,27 (200 kWh/a)	0,23
			A+	30 %	5,47 (242 kWh/a)	0,20

Die Anschlussleistungen der Kühlgeräte sind in Tabelle 4-19 enthalten und spiegeln die Energiedaten wider. Je höher der Energieverbrauch ist, desto größer ist die Anschlussleistung. Die Anschlussleistungen wurden stichprobenartig durch Auswertung der technischen Dokumentationen von Geräten verschiedener Hersteller ermittelt. Bei den Kühlschränken ist eine Unterscheidung zwischen Geräten mit und ohne Gefrierfach nötig. Es werden für die Geräte auch nochmals die Energiedaten mit ausgewertet. In dieser Arbeit wird für die Lastgangsynthese die Gerätegruppe Kühlergeräte^{+} eingesetzt und dabei die Leistungen mit Log-Normalverteilungen nach Haushaltsgröße aus Tabelle 4-20 verwendet.

Tabelle 4-19: Anschlussleistung und Jahresenergieverbrauch: Kühlgeräte

Geräte	$\mu_{LN\,P}$	$\sigma_{LN\,P}$	$\mu_{LN\,Wa}$	$\sigma_{LN\,Wa}$
Kühlschränke ohne Gefrierfach	4,24 (70 W)	0,1	4,68 (110 kWh/a)	0,20
Kühlschränke mit Gefrierfach	4,60 (100 W)	0,1	5,10 (167 kWh/a)	0,21
Kühl-Gefriergeräte (ohne Side-by-Side)	4,86 (130 W)	0,1	5,43 (235 kWh/a)	0,24
Side-by-Side Kühl-Gefriergeräte	5,99 (400 W)	0,1	6,02 (416 kWh/a)	0,14
Gefrierschränke/-truhen	4,70 (110 W)	0,1	5,33 (212 kWh/a)	0,24
Kühlgeräte^{+}	5,20 (205 W)	0,5	5,69 (322 kWh/a)	0,41

Tabelle 4-20: Leistung nach Haushaltsgröße: Kühlgeräte^{+}

Haushaltsgröße:	1-Pers.		2 & 3-Pers.		4+-Pers.	
	$\mu_{LN\,P}$	$\sigma_{LN\,P}$	$\mu_{LN\,P}$	$\sigma_{LN\,P}$	$\mu_{LN\,P}$	$\sigma_{LN\,P}$
Kühlgeräte^{+}	4,57 (100 W)	0,25	4,97 (130 W)	0,3	5,50 (260 W)	0,35

Geräte mit Prozessablauf (Hinzunahme von Backöfen)

Bei Geräten mit Prozessablauf werden zusätzlich zu Geschirrspülmaschinen, Waschmaschinen und Wäschetrocknern aus Abschnitt 4.3.4 noch Backöfen mit betrachtet. Bei Backöfen werden ebenso Angaben zum Energieverbrauch spezifiziert und sie sind auch Großgeräte. Die Daten für Kochfelder werden gesondert behandelt.

Die Energiedaten für Backöfen, Geschirrspülmaschinen, Waschmaschinen und Wäschetrockner sind in Tabelle 4-21 in gleicher Weise wie die Energiedaten von Kühlgeräten in Tabelle 4-18 zusammengetragen und die Häufigkeiten sind für Geschirrspülmaschinen und Wäschetrockner in Bild A 7-21 gezeigt. Weiterhin sind in der Spalte „Beladung“ durchschnittliche Angaben zum Garraumvolumen in Liter bei Backöfen, zur Anzahl der Maßgedecke (AzM) bei Geschirrspülmaschinen sowie zum Fassungsvermögen von Waschmaschinen und Wäschetrocknern angegeben. Außer bei Backöfen bleibt interessanterweise festzuhalten, dass sich mit besseren EEK die Beladungskapazität der Geräte erhöhen. Dies ist eine Ursache für das in Abschnitt 5.4.2 beschriebene Haushaltsparadoxon.

Außer bei Backöfen und Wäschetrocknern haben fast alle Geräte, wie bereits die Kühlgeräte, eine EEK von A+ oder besser. Hersteller gehen auch bei diesen Geräten dazu über, die beste EEK A+++ zu unterschreiten. Es gibt bereits Geschirrspülmaschinen mit A+++−10 %, Waschmaschinen bis A+++−50 % und Wäschetrockner mit A+++−10 %. Diese Geräte werden der EEK A+++ zugeordnet.

Bei Backöfen gilt mit Verordnung (EU) Nr. 65/2014 [167] ab 01.01.2015 eine neue Energieverbrauchskennzeichnung mit den bekannten EEK, welche die Skala um A+ bis A+++ erweitert. Bisher griffen die Hersteller aufgrund des Fehlens dieser Klassen zur Kennzeichnung von besonders effizienten Backöfen auf A−20 % und A−30 % zurück, welche in der Tabelle 4-21 in dieser Weise mit aufgenommen sind.

Einzig bei Wäschetrocknern gibt es noch bei den Produkttypen Luft-Kondensationstrockner und Ablufttrockner die EEK B und C. Wärmepumpen-Trockner zeigen, dass es auch noch heute Innovationssprünge im Haushaltsbereich gibt. Mit der Verwendung der Wärmepumpen-Technologie konnte der Energieverbrauch deutlich reduziert werden. Diese Trockner haben eine Anschlussleistung von 1.000 W. In der letzten Zeile der Tabelle 4-21 sind daher die Unterschiede zwischen den drei Wäschetrockner-Produkttypen zusammengefasst. Es ist davon

Tabelle 4-21: Energiedaten: Geräte mit Prozessablauf

Geräte	n	ZIP	EEK	Anteil	$\mu_{\text{LN Wa}}$	$\sigma_{\text{LN Wa}}$	Beladung
Backöfen		Z	A−30 %	20 %	*keine Angaben*		58 ℓ
			A−20 %	30 %			68 ℓ
			A	50 %			63 ℓ
Geschirrspülmaschinen	890	Z	A+++	25 %	5,41 (224 kWh/a)	0,08	13,4 AzM
280 Standardreinigungszyklen nach DelVO (EU) Nr. 1059/2010		P	A++	55 %	5,53 (253 kWh/a)	0,09	12,7 AzM
			A+	20 %	5,58 (268 kWh/a)	0,16	11,5 AzM
Waschmaschinen	470	Z	A+++	80 %	5,06 (159 kWh/a)	0,15	7,29 kg
85 % Frontlader, 15 % Toplader		P	A++	15 %	5,19 (181 kWh/a)	0,14	6,54 kg
220 Standard-Waschzyklen nach DelVO (EU) Nr. 1061/2010			A+	5 %	5,22 (187 kWh/a)	0,14	5,82 kg
Wäschetrockner	200	Z	A+++	10 %	5,14 (170 kWh/a)	0,05	7,88 kg
alle Produkttypen		P	A++	40 %	5,41 (225 kWh/a)	0,09	7,67 kg
160 Trocknungszyklen nach DelVO (EU) Nr. 392/2012			A+	20 %	5,56 (261 kWh/a)	0,09	7,42 kg
			B, C	30 %	6,23 (510 kWh/a)	0,08	7,06 kg
Wäschetrockner nach Produkttypen							
Wärmepumpen-Trockner				70 %	5,42 (228 kWh/a)	0,14	7,57 kg
Luft-Kondensationstrockner				25 %	6,24 (514 kWh/a)	0,19	7,13 kg
Ablufttrockner				5 %	6,18 (485 kWh/a)	0,10	6,82 kg

auszugehen, dass Luft-Kondensations- und Ablufttrockner ganz vom Markt genommen und in absehbarer Zeit aus den Haushalten verschwinden.

Solartrockner ermöglichen nochmals eine deutliche Reduzierung des elektrischen Energieverbrauchs, da für die Aufheiz- und Trocknungsphase warmes Wasser aus der Heizungsanlage verwendet wird. Der Solartrockner Miele T 8881 S hat einen Jahresenergieverbrauch von 95 kWh/a und eine Anschlussleistung von nur noch 400 W.

Die Anschlussleistungen P_{an} der Geräte aus Tabelle 4-21 sind in Tabelle 4-22 zusammengefasst. Backöfen sind mit 16 A abgesichert und haben gewöhnlich eine Anschlussleistung von 3.500 W. Geschirrspül- und Waschmaschinen sind meist mit 10 A oder selten mit 12 A abgesichert. Die Anschlussleistungen betragen 2.300 W oder liegen leicht darunter. Aufgrund der Marktaufteilung zwischen den verschiedenen Herstellern unterscheiden sich die Anteile der Anschlussleistungen von Geschirrspül- und Waschmaschinen. Bei Wäschetrocknern wird nur zwischen den Produkttypen unterschieden. Die Wärmepumpen-Trockner haben mit 1.000 W eine geringere Anschlussleistung als die konventionellen Typen. Die Anschlussleistungen P_{an} aus Tabelle 4-22 werden für den ersten Prozessschritt, wenn die Heizung aktiv ist, verwendet. In den letzten beiden Spalten von Tabelle 4-22 sind die Leistungen für den zweiten Prozessschritt ohne Heizen für den weiteren Prozessablauf aufgeführt. Die Leistung P_2 wird als Log-Normalverteilung angenommen und auf Grundlage der Auswertung der Leistungsdaten von Ersatzteilen, wie Motoren und Pumpen, für die jeweiligen Geräte verknüpft mit Messergebnissen, abgeschätzt.

Tabelle 4-22: Anschlussleistung: Geräte mit Prozessablauf

Geräte	P_{an} / W	Anteil	$\mu_{LN\,P2}$	$\sigma_{LN\,P2}$
Backöfen	3.500	100 %	--	--
Geschirrspülmaschinen	2.300 2.200	50 % 50 %	4,24 (70 W)	0,1
Waschmaschinen	2.300 2.200	25 % 75 %	5,29 (250 W)	0,1
Wärmepumpen-Trockner Luft-Kondensationstrockner Ablufttrockner	1.000 2.800 2.600	70 % 25 % 5 %	4,60 (100 W)	0,1

Kochfelder

Kochfelder sind meist an die drei *Außenleiter* angeschlossen. Aber dennoch sind sie keine dreiphasigen Lasten, da die einzelnen Kochzonen nicht von allen Außenleitern den gleichen Strom beziehen. Kochfelder sind mit 16 A abgesichert und haben zu 80 % vier Kochzonen bei einer Gesamt-Anschlussleistung zwischen 6 und 8 kW sowie zu 20 % fünf Kochzonen bei einer Gesamt-Anschlussleistung bis 11 kW.

Die einzelnen Kochzonen haben größenabhängig die Leistungsstufen 1,2 kW, 1,4 kW, 1,8 kW, 2,0 kW, 2,2 kW und 2,4 kW. Mit der Boost-Funktion werden bis 3,7 kW bei Induktionskochfeldern erreicht. Es ist davon auszugehen, dass nie alle Kochzonen eines Kochfelds zur gleichen Zeit genutzt werden. Darauf beruht die Annahme, dass für die Lastgangsynthese die drei Kochzonen aufgeteilt nach groß, mittel und klein umgesetzt werden. Der Kochprozess wird in einen leistungsintensiven ersten Prozessschritt für das Anbraten oder Ankochen sowie einen längeren zweiten Prozessschritt mit geringerer Leistung für das Garen, Kochen oder Warmhalten in Anlehnung an Anhang 5.2 unterteilt. Für den ersten Prozessschritt wird die Anschlussleistung P_{an} und für den zweiten Prozessschritt die Leistung P_2 verwendet. Die Leistungen für den zweiten Prozessschritt sind für alle Kochzonen gleich und werden mit einer Log-Normalverteilung beschrieben. Dies ist in Bild A 7-22 gezeigt.

Tabelle 4-23: Anschlussleistung: Kochzonen

Kochzone	P_{an}/W	Aufteilung	μ_{LNP2}	σ_{LNP2}
groß	3.700 2.400 2.200	15% 35% 50%	5,91 (380 W)	0,25
mittel	1.800	100%		
klein	1.400 1.200	50% 50%		

4.6 Klimatische Abhängigkeit des Energiebezugs

Der Energieverbrauch von elektrischen Geräten ist von Wetterlagen und vom Klima abhängig. Wetterlagen haben einen täglichen bis wöchentlichen Einfluss auf den Verbrauch. Sie werden nicht weiter betrachtet. Die klimatischen Abhängigkeiten führen zu jahreszeitabhängigen Veränderungen.

Die klimatische Abhängigkeit führt zu einer jahreszyklischen Änderung von Benutzungen und der Betriebsdauer von Geräten und somit variiert der Energiebezug. Dies wird in der Lastgangsynthese durch jahreszeitabhängige Parameter berücksichtigt. Eine Beeinflussung der Leistungsaufnahme an sich findet nicht statt.

Für eine systematische Aufteilung wurden folgende drei Gruppen identifiziert:

1. Geräte, die im Winter weniger Energie beziehen, da die Umgebungstemperatur niedriger ist.
   ⇒ z. B. Kühl- und Gefriergeräte
2. Geräte, die im Winter öfter und länger verwendet werden, da sich Benutzer vermehrt zu Hause aufhalten. Dies führt zu mehr Benutzungen und einer längeren Betriebsdauer im Winter.
   ⇒ z. B. Unterhaltungsgeräte, Computer
3. Geräte, die im Winter beim Heizen von Wasser eine längere Betriebsdauer aufweisen, da das Leitungswasser eine geringere Temperatur hat.
   ⇒ z. B. Wasserkocher, Geschirrspül- und Waschmaschinen

Als Referenz für die Abhängigkeit des Energiebezugs bietet sich die Erdbodentemperatur ϑ_{Erde} an. In Bild 4-15 ist der Verlauf der Erdbodentemperatur über ein Jahr bei einer Variation der Tiefe von 2 cm bis 12 m aufgetragen. Die Temperaturen sind die mittleren Monatsmittelwerte für den Betrachtungszeitraum 2003 bis 2012. Die Daten stammen vom POTSDAM-INSTITUT FÜR KLIMAFORSCHUNG [168].

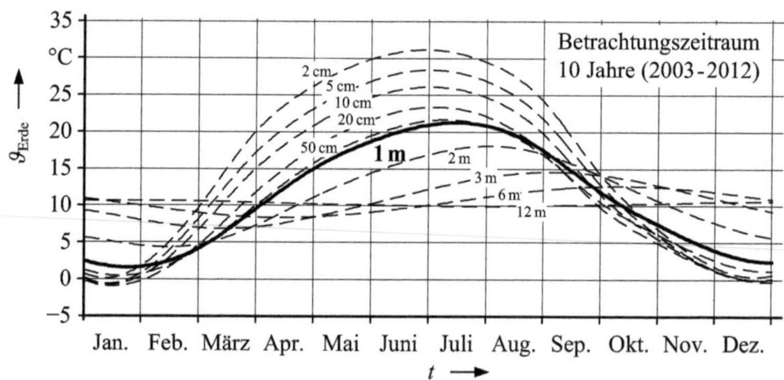

Bild 4-15: Verlauf der mittleren Monatsmittelwerte der Erdbodentemperatur ϑ_{Erde} in Abhängigkeit der Tiefe (eigene Darstellung nach [168])

Die klimatische Abhängigkeit des Energiebezugs der Geräte lässt sich durch die Erdbodentemperatur in 1 m Tiefe beschreiben. In Bild 4-16 sind die höchsten und niedrigsten sowie die mittleren Monatsmittelwerte für den Betrachtungszeitraum 2003 bis 2012 dargestellt.

Der Bezug zu 1 m Tiefe ist auch mit der Wasserversorgung zu begründen. Die Temperatur des Trinkwassers hat einen Einfluss auf die Zeitdauer des Aufheizens. Durch niedrigere Temperaturen des Trinkwassers im Winter verlängert sich das Aufheizen des Wassers für die Waschmaschine beim 40°C-Waschprogramm um etwa 40 % und beim 90°C-Waschprogramm um etwa 13 % im Vergleich zum Aufheizen im Sommer.

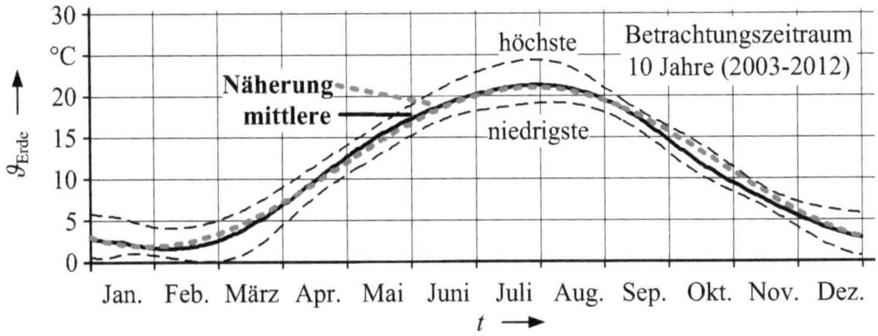

Bild 4-16: Verlauf der Monatsmittelwerte der Erdbodentemperatur ϑ_{Erde} in 1 m Tiefe (eigene Darstellung nach [168])

Der Verlauf der Monatsmittelwerte der Erdbodentemperatur ϑ_{Erde} hat in 1 m Tiefe Ende Januar den Tiefstwert und Ende Juli den Höchstwert und variiert zwischen 2°C und 21°C. Sie lässt sich in Abhängigkeit von der Zeit t durch eine Sinusfunktion nach Gl. (4.1) beschreiben. Der Parameter zur Verschiebung der Jahreszeit-Variation t_0 passt den Tiefstwert auf Ende Januar an. Diese Näherung ist in Bild 4-16 mit den Parametern $\bar{\vartheta}_{\text{Erde}} = 11{,}5$°C für den Mittelwert der Erdbodentemperatur, $\vartheta^{\%}_{\text{Erde}} = -85\,\%$ für die Jahreszeit-Variation und $t_0 = 28\,\text{d}$ für die Verschiebung der Jahreszeit-Variation dargestellt.

$$\vartheta_{\text{Erde}}(t) = \bar{\vartheta}_{\text{Erde}} \left(1 + \vartheta^{\%}_{\text{Erde}} \cdot \cos\left(2\pi \frac{(t - t_0)}{365\,\text{d}}\right)\right) \quad (4.1)$$

4.7 Technische Entwicklungsperspektiven

Da Innovationssprünge nicht vorhersagbar sind, können für die technischen Entwicklungsperspektiven lediglich bereits bekannte Technologien bewertet werden. Meist werden Effizienzsteigerungen oder Reduzierungen des Verbrauchs als wichtige Kennzahlen verglichen und nicht der Wirkungsgrad evaluiert.

Viele Entwicklungspotenziale sind bereits abzusehen. Die technische Umsetzung ist aber an die Nachfrage gekoppelt, womit immer die Wirtschaftlichkeit einer neuen Technologie sichergestellt sein muss. Daher ist die technische Entwicklungsperspektive in Verbindung mit Abschnitt 5.3 zu sehen, welcher die Anschaffung von Geräten im Blickpunkt hat.

Überblick der bisherigen Verbrauchsreduzierungen

Reduzierungen des Verbrauchs konnten in den letzten Jahrzehnten bei einer Vielzahl von Geräten erzielt werden. In Tabelle 4-24 sind sie für wichtige Haushaltsgeräte zwischen 1978 und 2015 zusammengefasst.

Vergleichsgröße ist der spezifische Energieverbrauch W_s, welcher sich immer auf eine möglichst standardisierte Anwendung bezieht. Dies ist beim Kühlen der Energieverbrauch per 100 l Nutzinhalt in 24 h und bei Backöfen, Geschirrspül- und Waschmaschinen sowie Wäschetrocknern Standardprogramme mit Standardbeladung. Die Reduzierungen des spezifischen Energieverbrauchs betrugen in den letzten vier Jahrzehnten bei den meisten Geräten weit über 80 %.

Tabelle 4-24: Verbrauchsreduzierungen (Daten aus [169], [170], [171], [172], [173])

Geräte	Standard-Zyklus (beschrieben in Norm bzw. Verordnung)	W_s in kWh 1978	1996	2015	Reduzierung von 2015 bis 2025
Kühlschränke		0,9 100 %	0,54 60 %	<0,06 7 %	25…50 %
Gefrierschränke / Gefriertruhen	per 100 l Nutzinhalt in 24 h (DIN EN 153, DelVO (EU) Nr. 1060/2010)	1,1 100 %	0,50 45 %	<0,12 11 %	25…50 %
Kühl-Gefriergeräte			0,55 100 %	<0,12 22 %	25…50 %
Backöfen	bei Standardbeladung (DIN EN 50304, VO (EU) Nr. 65/2014)	1,5 100 %	1,1 73 %	0,63 42 %	10…25 %
Geschirrspül-maschinen	per Spülgang und Maßgedeck (DIN EN 5024, DelVO (EU) Nr. 1059/2010)	0,21 100 %	0,10 48 %	<0,06 29 %	25…50 %
Waschmaschinen	per kg Wäsche (DIN EN 60456, DelVO (EU) Nr. 1061/2010)	0,42 100 %	0,20 48 %	<0,07 17 %	25…50 %
Wäschetrockner	per kg Wäsche (DIN EN 61121, DelVO (EU) Nr. 392/2012)	0,9 100 %	0,61 68 %	<0,14 16 %	15…25 %
Bereitschafts- und Aus-Zustand	pro Gerät pro Tag (VO (EG) Nr. 1275/2008)		0,24 (10 W) 100 %	<0,024 (< 1 W) 10 %	25…50 %

Die Verbrauchsreduzierungen sind dabei größtenteils nicht auf Innovationssprünge zurückzuführen. Die genutzten Potenziale waren bereits in den 1970er Jahren bekannt. Ein Vergleich der Veröffentlichungen von STOY *et al.* [169] und LOTZ [170] mit den Angaben der BOSCH UND SIEMENS HAUSGERÄTE GMBH [172] belegt, dass die Maßnahmen zu Verbrauchsreduzierungen, die bis heute ihre Wirkung aufweisen, bereits damals bekannt waren. Dazu zählen hocheffiziente Kompressoren und der Einsatz von Vakuumdämmplatten bei Kühl- und Gefriergeräten, verbesserte Isolationen und effiziente Lüftungssysteme bei Backöfen sowie weiterentwickelte Motoren und Pumpen und eine optimierte Wassernutzung durch exakte Durchfluss-Sensoren bei Geschirrspül- und Waschmaschinen. Die Verwendung der Wärmepumpen-Technologie bei Wäschetrocknern hat sich erst in den letzten Jahren durchgesetzt. Interessanterweise ging LOTZ davon aus, dass *„sicher auch die rationelle Nutzung der Geräte durch die Verbraucher"* stattfindet. Dies muss leider in Abschnitt 5.4 widerlegt werden.

In Tabelle 4-24 fehlen Kochfelder als weitere wichtige Geräte mit hohem Energieverbrauch. Besonders bei Kochfeldern ist der Einfluss der Benutzer durch die individuellen Kochgewohnheiten und die Konsistenz der verarbeiteten Speisen besonders groß. Der Benutzer hat mit der Wahl der Topfgröße, Topfqualität, Benutzung des Topfdeckels oder des Zeitpunkts des Zurückschaltens viele Möglichkeiten, Einfluss auf den Energieverbrauch zu nehmen [174]. Aus diesen Gründen gab es bis 2014 nicht einmal eine standardisierte Energieverbrauchsmessung. Hersteller vergleichen daher Kochfelder beispielsweise durch Angaben zum Energieverbrauch beim Erwärmen von einer bestimmten Menge Wasser oder die dafür erforderliche Zeitdauer [174]. Induktionskochfelder schneiden dabei mit einem Wirkungsgrad von 70 % deutlich besser ab als Strahlungsheizkörper mit einem Wirkungsgrad von 55 % oder Gusseisenplatten mit einem Wirkungsgrad von 50 % [174]. PICHERT verwendet für den Vergleich von Kochfeldern den Ankochwirkungsgrad und den Fortkochwirkungsgrad [149]. Erst mit Verordnung (EU) Nr. 66/2014 [175] gibt es einen ersten Versuch zur Quantifizierung der Energieeffizienz von Kochfeldern. Jedoch werden nur Grenzwerte für die Energieeffizienz, aber keine Energieverbrauchskennzeichnung wie für Backöfen [167], eingeführt.

Ausblick für weitere Verbrauchsreduzierungen

Weitere Verbrauchsreduzierungen sind möglich, wobei der Spielraum immer kleiner wird. In der letzten Spalte von Tabelle 4-24 sind weitere Potenziale zur Reduzierung des Energieverbrauchs für das Jahr 2025 quantifiziert.

Darüber hinaus haben Leuchtmittel durch LED-Technik und Pumpen durch verbesserte Steuerung der Motoren Potenziale für eine schnelle Umsetzung von Effizienzsteigerungen [176], [177], [178]. Weiterhin ist der politische Druck zum Erreichen von Verbrauchsreduzierungen sowohl bei Beleuchtung [179] als auch bei den Pumpen [180] groß.

Weitere Innovationswellen sind mit Fortschritten durch magnetische Kühlung, Prozessoptimierung und Verwendung der Wärmepumpen-Technologie bei Geschirrspül- und Waschmaschinen, Entwicklungen in der Halbleiterelektronik als auch OLED-Technologie (OLED: organische Leuchtdioden, engl. Organic Light-Emitting Diodes) schon heute absehbar und werden zu weiteren Verbrauchsreduzierungen von 25 % bis 50 % führen.

Ebenso bemüht sich die Politik um Energieeffizienz, beispielsweise durch das „New EU Energy Label" [181] oder durch das Verbot des Vertriebs von ineffizienten Geräten. Problematisch dabei ist, dass die Energieverbrauchskennzeichnung der Geräte von den Herstellern selbst vorgenommen wird. Eine Übersicht über relevante EU-Verordnungen enthält Anhang 9.

Immer wichtiger wird es jedoch werden, dass nicht nur der Stromverbrauch an sich betrachtet wird, sondern das gesamte Energiesystem. Das ausschlaggebende Kriterium wird sich von Effizienz oder Wirkungsgrad hin zur Nachhaltigkeit unter Berücksichtigung der Ökobilanz entwickeln.

Ökobilanz

Die Ökobilanz berücksichtigt neben der Beurteilung des Stromverbrauchs während der Nutzungsphase auch den Energieverbrauch für Produktion, Vertrieb, Instandhaltung, Entsorgung und Recycling sowie für weitere notwendige Verbrauchsgüter der Nutzungsphase, wie z.B. Waschmittel für Waschmaschinen. Somit fließt in die Ökobilanz der Energiebedarf für den gesamten Produktlebenszyklus ein. Eine Reduzierung des Energieverbrauchs während der Nutzungsphase kann zu einem deutlichen Anstieg des Energieverbrauchs für die Produktion, aber auch speziell für das Recycling führen.

Zudem ist nicht nur alleinig der Energieverbrauch zu betrachten, sondern eigentlich eine gesamte Ökobilanz unter Einbeziehung erforderlicher Roh- und Betriebsstoffe, der Luft- und Wasserbelastung sowie der anfallenden Abfälle zu erstellen. Ein treffendes Beispiel ist wieder das Zusammenspiel zwischen Waschmaschine und Waschmittel. Neue Waschmittel ermöglichen bei niedrigerer Temperatur gute Waschergebnisse [182]. Jedoch haben diese Waschmittel einen höheren Energieverbrauch bei ihrer Herstellung.

Effizienzsteigerung beim Kühlen durch magnetische Kühlung

Die magnetische Kühlung nutzt den magnetokalorischen Effekt, der bereits 1881 von Emil Warburg entdeckt wurde. Mit der Entwicklung von starken Permanentmagneten wird seit einigen Jahren an der Anwendung dieses Effekts für Kühl- und Gefriergeräte geforscht [176]. Neben einem verbesserten Wirkungsgrad ist diese Kühlmethode aufgrund des Wegfalls des Kompressors geräuschlos. Die magnetische Kühlung kann auch für Klimageräte angewendet werden. Erste Labortests mit Geräten mit magnetischer Kühlung erreichten Wirkungsgrade von bis zu 60 % [183]. Heutige Kompressor-Kühlschränke haben einen Wirkungsgrad von 40 %.

Effizienzsteigerungen bei Geschirrspül- und Waschmaschinen

Prozessoptimierung

Trotz der bisherigen Verbrauchsreduzierungen sind weiterhin Potenziale bei der Prozessoptimierung zu finden. Dabei wird ein Optimum zwischen

- Zeitdauer des Programmablaufs
- Einsatz von chemischen Reinigungsmitteln
- Mechanik des Geräts
- Temperatur

gesucht. Problematisch dabei ist das Zusammenspiel zwischen Geräte- und Waschmittelhersteller zu den Gewohnheiten der Benutzer. Durch die verbesserte Wirkung der Waschmittel haben heutzutage Waschgänge mit niedrigen Temperaturen eine ebenso gute Wirkung wie die Kochwäsche [182]. Jedoch wird häufig zu warm gewaschen. Der Informationsbedarf für Benutzer ist groß. Dem trägt beispielsweise der INDUSTRIEVERBAND KÖRPERPFLEGE- UND WASCHMITTEL durch das FORUM WASCHEN Rechnung [184].

Wärmepumpen-Technologie

Bei den Wäschetrocknern hat sich die Wärmepumpen-Technologie in den letzten Jahren durchgesetzt. Auch für Geschirrspül- und Waschmaschinen ist die Verwendung dieser Technologie in der Entwicklung und kann zu weiteren deutlichen Reduzierungen des Energieverbrauchs führen [185], [186]. Bei Wäschetrocknern verringerten sich mit der Wärmepumpen-Technologie die Anschlussleistungen erheblich (vgl. Tabelle 4-22). Es ist jedoch noch nicht abzusehen, ob dies auch für Geschirrspül- und Waschmaschinen der Fall sein wird.

Reduzierung des Verbrauchs für Aus- und Bereitschaftszustand

Beim Aus-Zustand ist das Gerät mit dem Netz verbunden, stellt aber keine Funktion bereit. Auch im Bereitschaftszustand ist das Gerät mit dem Stromnetz verbunden und erfüllt noch wenigstens eine Funktion, wie z. B. die Reaktivierungsfunktion oder eine Statusanzeige. Dieser Verbrauch rückte erst mit der Zunahme der Anzahl von Geräten für Büro & Kommunikation und Unterhaltungsgeräten in den Fokus [187]. Die Europäische Union hat mit der Verordnung (EG) 1275/2008 [164] Ökodesign-Anforderungen festgelegt, womit die Leistungsaufnahme der Geräte die folgenden Werte seit 2013 nicht überschreiten darf:

- 0,50 W $\Rightarrow$ im Aus-Zustand
- 0,50 W $\Rightarrow$ nur Reaktivierungsfunktion
- 1,00 W $\Rightarrow$ Reaktivierungsfunktion und Statusanzeige

Smart Home

Smart Home steht für Hausautomatisierung und ist in Privathaushalten aufgrund der hohen Installationskosten noch nicht weitverbreitet. Erst langsam tritt eine Bereitschaft ein, in die hohen Installationskosten zu investieren [188]. Lange wurden die Prinzipien nur in der Wissenschaft diskutiert [135], [189] oder in Modellregionen getestet [190].

Die Ausgestaltungsmöglichkeiten von Smart-Home-Lösungen sind komplex. Es spielt speziell beim *Verbrauchsmanagement* eine entscheidende Rolle. Insbesondere mit der Integration von Wärmepumpen, Klimaanlagen, Geschirrspül- und Waschmaschinen ist ein Lastverschiebungspotenzial vorhanden [191].

Halbleiterelektronik

Die Halbleiterelektronik soll hier die Mikroelektronik als auch Nanoelektronik umfassen. Evolutionen haben besonders auf Unterhaltungsgeräte und Geräte für Büro & Kommunikation einen massiven Einfluss. Die Entwicklungen sind dabei vielschichtig und schließen die Technologieknoten mit den jeweiligen Strukturgrößen, die sich zurzeit bei 22 nm befinden [192], mit ein. Kleinere Strukturgrößen bedeuten auch einen geringeren Energieverbrauch zur Informationsverarbeitung. Effizienzsteigerungen können daher weiterhin erwartet werden. Ein Beispiel ist das breit aufgestellte Spitzencluster COOL SILICON – ENERGY EFFICIENCY INNOVATIONS FROM SILICON SAXONY [193].

OLED-Technologie

Es ist zu erwarten, dass der Innovationssprung hin zu OLEDs zu weitreichenden Innovationswellen bei den Leuchtmitteln, aber auch bei Displays für Fernsehgeräte und tragbare Geräte, wie z. B. Mobiltelefone und Tablets, führt. OLEDs sind bereits kommerziell erhältlich [194].

Für Leuchtmittel wird eine Lichtausbeute η von über 100 lm/W angestrebt. OLEDs ermöglichen jedoch auch neue Designoptionen durch ihre Biegsamkeit. Bei tragbaren Geräten liegt ihr Vorteil im geringen Energieverbrauch und somit der Reduzierung der erforderlichen Batteriekapazität gekoppelt mit einem hervorragenden Kontrast. Zudem haben OLED-Displays eine kurze Reaktionszeit und sind somit für zukünftige Fernsehgeräte sehr interessant [194].

4.8 Fazit der technischen Aspekte

Die Anwendungsfelder von Elektrizität haben sich seit Beginn der Elektrifizierung unaufhaltsam erweitert. In diesem Kapitel wurden umfangreich die vielen elektrischen Geräte nach verschiedenen technischen Aspekten analysiert. Besonders hervorzuheben ist dabei die Zusammenlegung von gleichartigen bzw. zeitgleich genutzten Geräten in Gerätegruppen und die Beschreibung und Einteilung der Geräte und Gerätegruppen in fünf Geräteklassen. Diese Geräteklassen sind Grundlage für die Schematisierung der Lastgangsynthese.

Ein weiterer wichtiger Beitrag dieses Kapitels sind die Erhebungen zu den Leistungs- und Energiedaten. Sie bilden die technischen Eingangsdaten für die Lastgangsynthese.

Zudem wurde erläutert, welche Technologien sich bei den Geräten in absehbarer Zeit durchsetzen werden. Beispielsweise verringerte sich bei Wäschetrocknern die Anschlussleistung durch die Wärmepumpen-Technologie. Für Geschirrspül- und Waschmaschinen ist mit der Einführung dieser Technologie auch mit einer Reduzierung der Anschlussleistung zu rechnen. Ansonsten ist davon auszugehen, dass sich die Anschlussleistungen kaum verändern.

Abschließend wurde beschrieben, dass sich immer mehr der Effizienzgedanke durchsetzt, wobei der Verbrauch an Elektrizität bisher trotzdem nur stagniert.

Allgemeine Aussagen zu neuartigen Verbrauchern sind noch nicht möglich. Jedoch wäre es wünschenswert, wenn z. B. die TAB [34] so angepasst wird, dass auch schon das Laden von Elektroautos mit geringer Leistung anmeldepflichtig ist, da das Laden zeitaufwendig ist.

5 Soziale Aspekte der Bewohner als Konsumenten und Benutzer

5.1 Mensch-Haushaltsgeräte-Interkation

Interaktion, das wechselseitige Aufeinanderwirken von Akteuren oder Systemen, wird in der Technik primär in Zusammenhang mit Mensch und Computer verwendet. Jedoch findet eine Interaktion auch zwischen Menschen und Haushaltsgeräten statt. Dieses Kapitel betrachtet vertiefend die Auswirkungen der Interaktionen. In Anhang 8 wird dafür die *Definition des Habitus* der Menschen angegeben. Verschiedene Wissenschaften verwenden diesen abstrakten Begriff, der demzufolge heterogene, kontextbezogene Definitionen hat [195], [196]. Diese Arbeit bezieht sich bei der Definition auf die Philosophie. Der Begriff Habitus steht somit für eine erworbene Verhaltensdisposition oder Gewohnheit, die als zweite Natur des Menschen eng mit moralischen Einstellungen verbunden ist [197]. Habitus ist somit der Oberbegriff der *„Alltäglichen Lebensführung"* des Menschen an sich sowie für die vielfältigen Einflussfaktoren auf die Lebensführung, wie Kultur, Gesellschaft oder Lebensstil.

Ziel dieses Kapitels ist die methodische Ausarbeitung der Anschaffung von Geräten und die *„Alltägliche Benutzung"* der Geräte. Aus der Anschaffung kann die Kennzahl *Ausstattungsgrad* ermittelt werden. Mit der „Alltäglichen Benutzung" der Geräte werden die geräteklassenspezifischen Kennzahlen *Benutzungshäufigkeit*, *Einschaltzeit*, *Betriebsdauer*, *Ausschaltzeit* oder *Periodendauer* spezifiziert. Zusammen mit den technischen Kennzahlen sind dies die Eingangsdaten für die Lastgangsynthese.

Der Mensch und sein Verhalten haben gewöhnlich einen größeren Einfluss auf den Lastgang und den Energieverbrauch eines Haushalts als die Geräte an sich. In Bezug zu Abschnitt 4.1 kann Technik zu Innovation führen. Erst durch die Interaktion mit den Menschen kann diese die angesprochene Revolution hervorbringen.

Die Vielfältigkeit der Einflussfaktoren auf die Nutzung der Geräte im Haushalt ist in Bild 5-1 zusammengetragen, wobei die Auflistung noch um viele Faktoren erweiterbar ist. Die Vielfalt zeigt, dass eine Charakterisierung der Bewohner mit einer strikten Einteilung kaum möglich ist.

Bewohner als Konsumenten

Bevor ein Gerät im Haushalt zur Verfügung steht, muss ein Bewohner als Konsument dieses auch gekauft haben. Erst danach steht es im Haushalt zur Benutzung zur Verfügung. Für die Ökonomie ist das Konsumentenverhalten vornehmlich für die Ausgestaltung des Marketings

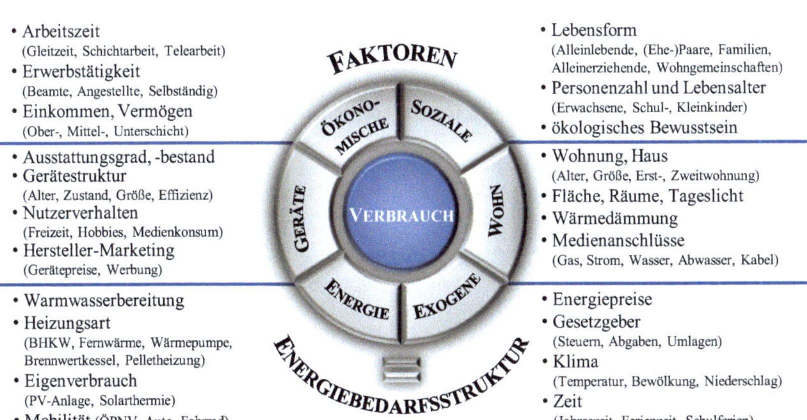

Bild 5-1: Einflussfaktoren auf den Elektrizitätsverbrauch von Haushalten (eigene Darstellung)

interessant. Hersteller haben ein Interesse, durch Innovationen Anreize für neue Geräte oder das Ersetzen von alten Geräten zu erhöhen [198]. Der Ausstattungsgrad ist die wesentliche Kennzahl, welche für die weitere Arbeit aus den Untersuchungen verwendet wird.

Bewohner als Benutzer

Der Bewohner ist bei Verwendung der Geräte dann der Benutzer. Der Gebrauch der Geräte ist vom Sozialverhalten der Benutzer abhängig und unterliegt einem steten Wandel. Der Wandel ist durch eine Makro-Ebene und eine Mikro-Ebene beeinflusst.

Eine erste Einteilung der Einflussfaktoren auf das Verhalten der Bewohner zeigt Bild 5-2, das in Anlehnung an das Need-Opportunity-Ability-Modell (NOA-Modell, engl. für Bedürfnis, Chance, Möglichkeit) nach VLEK *et al.* für das Verhalten der Bewohner in Verbindung mit elektrischen Geräten angepasst ist [199].

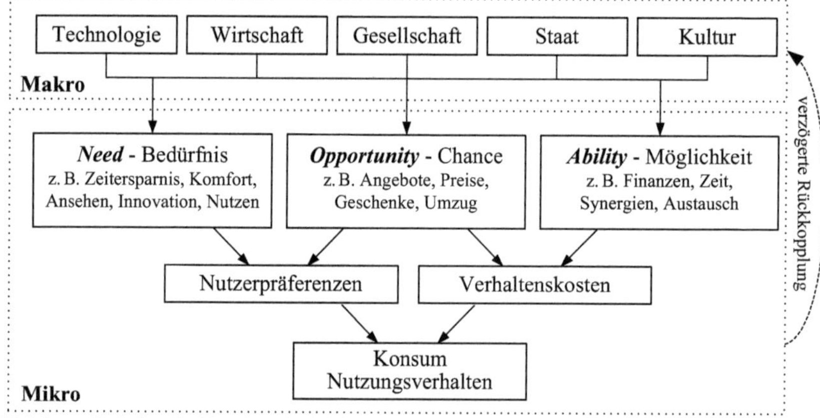

Bild 5-2: Verhalten der Bewohner in Anlehnung an das NOA-Modell (nach [199], [200])

Die Anschaffung und die Nutzung von Geräten durch den Menschen werden durch multikausale Zusammenhänge geprägt, wobei es durch den Menschen als Teil der Gesellschaft zu einer Rückkopplung kommt. Die Rückkopplung hat durch die kulturelle und soziale Trägheit der Gesellschaft teils sehr große Zeitkonstanten [195].

Es ist auch sinnvoll, das zukünftige Anschaffungs- und Nutzungsverhalten zu beschreiben, da sie als Zukunftsszenarien in die in die Lastgangsynthese einfließen können. Dies erfordert Voraussagen zur zukünftigen „Alltäglichen Lebensführung". Dafür ist das heutige Grundlage. Trendprognosen durch Extrapolation sind hierfür nicht ausreichend, da es durch Innovationssprünge und den daraus hervorgerufenen Innovationswellen bei den Geräten zu Veränderungen in der Gesellschaft kommen kann. Auch kann die Ressourcenknappheit zu einem Wandel der „Alltäglichen Lebensführung" beitragen. Ein systematischer Zugang zu den vielen Eventualitäten erfolgt durch eine Beschreibung des menschlichen Habitus in Form des Klassifikationsschemata in Anhang 8, welche als Quintessenz dann die „Alltägliche Lebensführung" hat.

Einteilung der Haushalte in Haushaltstypen nach Haushaltsgröße und Haushaltsführung

Im Weiteren werden die Haushalte in Haushaltstypen eingeteilt. Dazu wird zuerst gezeigt, dass es nicht *den* typischen Haushalt in Deutschland gibt. Dies wurde bereits bei den regionalen Unterschieden des Jahresenergieverbrauchs in Bild 3-8 deutlich. In Bild 5-3 ist der Jahresenergieverbrauch W_a für verschiedene Haushaltsgrößen in den Kategorien gering, niedrig, mittel und hoch aufgeführt. Es findet eine Unterscheidung nach Gebäudeart statt und es wird zwischen „Wohnung im Mehrfamilienhaus" und „Ein- oder Zweifamilienhaus" unterschieden. Für den Stromspiegel wurden 110.000 Verbrauchsdaten und aktuelle Studien der Projektpartner ausgewertet [201].

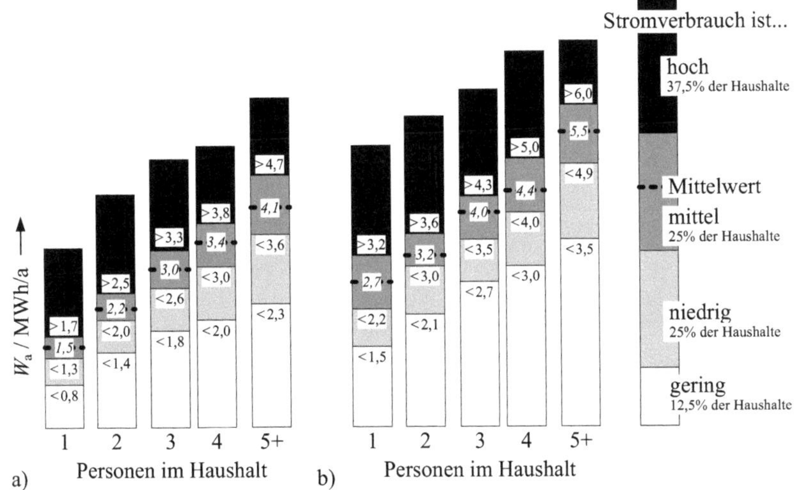

Bild 5-3: Vergleichswerte des Stromspiegels für Deutschland (Warmwasser ohne Strom, Daten aus [201])
a) Wohnungen in Mehrfamilienhäusern
b) Ein- und Zweifamilienhäuser

Haushaltsgröße

Die Haushaltsgröße beschreibt die Anzahl der Bewohner im Haushalt. In Tabelle 3-2 wurde bereits die Anzahl der Haushalte in Deutschland nach Haushaltsgröße für 2000 und 2011 verglichen. Für die Lastgangsynthese werden die drei Haushaltsgrößen

- 1-Pers.: 1-Personen
- 2&3-Pers.: 2 und 3-Personen
- 4+-Pers.: 4-(und mehr) Personen

verwendet.

Haushaltsführung

Die Haushaltsführung ist ein Begriff aus der Hauswirtschaft und beschreibt im weiteren Sinne die Lebensformen der Bewohner. Für die durchgeführten Untersuchungen ist die Unterscheidung, ob tagsüber Bewohner anwesend sind oder nicht, ausreichend.

- *tagsüber anwesend...*
  ⇒ Haushalte, in denen wenigstens ein Erwachsener nicht erwerbstätig ist.
- *tagsüber abwesend...*
  ⇒ Haushalte, in denen sich während des Tages keine Person im Haushalt aufhält.

Feingliedrigere Unterteilungen z.B. zur sozialen Stellung der Haupteinkommensperson nach Tabelle A 1-11 oder zur Arbeitsgestaltung wie z.B. Schichtarbeit, Telearbeit sind prinzipiell möglich, werden jedoch nicht weiter betrachtet.

Haushaltstypen

Die Lastgangsynthese wird für die folgenden sechs Haushaltstypen durchgeführt, für welche in diesem Kapitel auf Grundlage von Daten für Deutschland die sozialen Kennzahlen erhoben werden.

- 1-Pers. - tagsüber anwesend
- 2&3-Pers. - tagsüber anwesend
- 4+-Pers. - tagsüber anwesend
- 1-Pers. - tagsüber abwesend
- 2&3-Pers. - tagsüber abwesend
- 4+-Pers. - tagsüber abwesend

5.2 Alltägliche Lebensführung

Eine angemessene Definition für die „Alltägliche Lebensführung" hat die ebenso benannte Projektgruppe ALLTÄGLICHE LEBENSFÜHRUNG [202] ausgearbeitet:

> *„Lebensführung erscheint ... als alltäglicher Prozess, in dem sich ein Mensch mit den ihm begegnenden Verhaltenszumutungen (als Berufstätige, als Ehefrau, als Mutter usw.) im Rahmen bestimmter Gegebenheiten (Wohnverhältnisse, Haushaltseinkommen usw.) auseinandersetzt, sie in Einklang miteinander sowie mit seinen eigenen Interessen zu bringen sucht und dabei in spezifischer Weise auf sein soziales und räumliches Umfeld wie Familienangehörige, Arbeitsstätte, Nachbarn, Nutzung von Verkehrsmitteln usw. einwirkt."*

Eine prägnantere Beschreibung von VOSS [203] lautet:

> *„Alltägliche Lebensführung ist all das, was man immer wieder, tagaus tagein, so zu tun hat – und wie man das Ganze unter einen Hut kriegt."*

Für die Lastgangsynthese gilt es, die „Alltägliche Lebensführung" abstrahiert durch Kennzahlen zu beschreiben. Die Beschreibung des Alltäglichen erscheint auf den ersten Blick unkritisch, jedoch zeigt sich, dass für eine Analyse des Alltäglichen im Sinne der Lastgangsynthese Annahmen aus Statistiken und verschiedenen Forschungsberichten abgeleitet werden müssen. Dies ist dem geschuldet, dass oftmals Sachverhalte, die für eine Lastgangsynthese interessant sind, für andere Bereiche eine untergeordnete Rolle spielen und daher von den Statistiken und Forschungsberichten nicht im gewünschten Umfang quantifiziert werden.

Die wesentlichen Kennzahlen für die vorgestellte Synthese sind:

Ausstattungsgrad (engl. appliance penetration rate)

Der *Ausstattungsgrad* a_G gibt die Wahrscheinlichkeit an, ob ein Gerät im Haushalt zur Verfügung steht. Einige Geräte kommen aufgrund der Mehrfachausstattung mehrmals in einem Haushalt vor. Dies ist Anhand des *Ausstattungsbestands* quantifizierbar. Der Ausstattungsgrad ist abhängig von der Anschaffung eines Geräts, wobei die Bewohner als Konsumenten agieren.

Benutzungshäufigkeit für alle Geräteklassen außer Grundlast (engl. frequency of use)

Die Benutzungshäufigkeit n_B gibt die Wahrscheinlichkeit an, wie oft ein Gerät benutzt wird. Für die Lastgangsynthese wird die Benutzungshäufigkeit in „Benutzungen pro Jahr" angegeben. Die Quantifizierung ist ebenfalls auf Grundlage von Statistiken möglich, wobei oftmals die Benutzungshäufigkeit aus dem Energieverbrauch für ein Gerät pro Jahr bestimmt wird.

Einschaltzeit für Aktive Ein/Aus, Prozessablauf und Beleuchtung (engl. turn-on time)

Die Einschaltzeit t_{ein} ist der Zeitpunkt, bei dem ein Gerät wahrscheinlich in Betrieb genommen wird. Bei den meisten Einschaltungen erfolgt dies durch eine Handlung des Benutzers. Jedoch kann der Benutzer durch eine Zeitvorwahl am Gerät auch eine spätere Einschaltzeit bestimmen. Dies ist bei Geschirrspül- und Waschmaschinen, Trocknern sowie Backöfen möglich.

Betriebsdauer für Taktbetrieb, Aktive Ein/Aus, Prozessablauf (engl. operating duration)

Die Betriebsdauer t_B ist die wahrscheinliche Zeitdauer, die das Gerät nach dem Einschalten in Betrieb ist. Das Ausschalten des Geräts erfolgt entweder durch den Benutzer selbst, z. B. bei Fernsehgeräten, oder aber nach Programmende, z. B. bei Waschmaschinen. Äquivalente Begriffe für Betriebsdauer sind Laufzeit, Anwendungsdauer oder Programmdauer. Nutzungsdauer sollte hingegen nicht für diesen Sachverhalt verwendet werden, da dieser Begriff sowohl im Steuerrecht als auch in der Betriebswirtschaftslehre für den Zeitraum steht, in dem ein Gerät genutzt werden kann und somit die Lebensdauer beschreibt.

Ausschaltzeit für Beleuchtung (engl. turn-off time)

Die Ausschaltzeit t_{aus} wird nur für die Geräteklasse Beleuchtung verwendet und ist der Zeitpunkt, an welchem diese wahrscheinlich ausgeschaltet wird. Mit der Einschaltzeit und Ausschaltzeit wird die jeweilige Betriebsdauer berechnet.

Periodendauer für Taktbetrieb (engl. cycle duration)

Beim autonomen Taktbetrieb gibt es keine dezidierten Einschaltzeiten. Die Einschaltung hängt von der vorigen Ausschaltung ab, zu deren Bestimmung die wahrscheinliche Periodendauer T verwendet wird.

Wirkungszusammenhang zwischen Technologie und Gesellschaft

Es zeigt sich, dass zum einen die technischen Innovationen aus Abschnitt 4.1 sowie 4.7 und zum anderen die Anschaffung des jeweiligen elektrischen Geräts als auch dessen Nutzung die wesentlichen Merkmale für die tatsächliche Leistungsaufnahme eines Geräts sind. Diese Wirkungszusammenhänge sind in Bild 5-4 zusammenfassend dargestellt. Im Weiteren erfolgen die beschreibende Darlegung der Anschaffung in Abschnitt 5.3 und die „Alltägliche Benutzung“ der Geräte in Abschnitt 5.4.

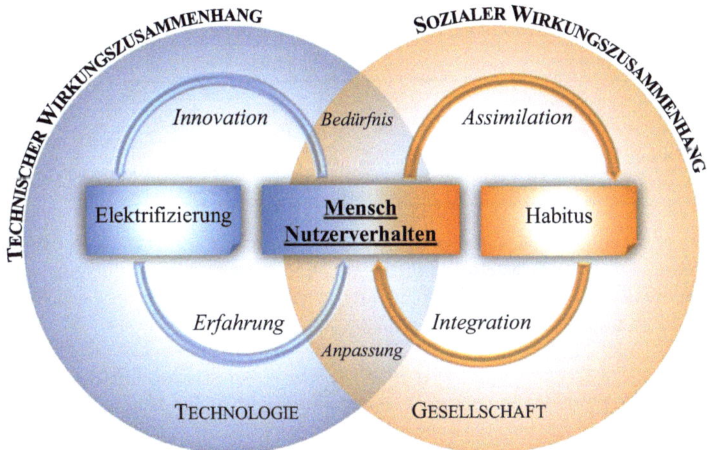

Bild 5-4: Wirkungszusammenhang zwischen Technologie und Gesellschaft (eigene Darstellung)

5.3 Anschaffung von elektrischen Geräten

5.3.1 Anschaffungsprozess

Der Anschaffungsprozess wird in mehrere Ebenen eingeteilt, die in Bild 5-5 zusammengefasst sind [204]. Zuerst muss ein Bedürfnis zur Anschaffung bestehen, das auf vielfältige Arten und Weisen geweckt wird. Neuartige oder weiterentwickelte Geräte können dies aus technischer Sicht sein, aber auch gesellschaftliche Trends aus sozialer Sicht tragen dazu bei. Wenn das Bedürfnis geweckt ist, wird dieses konkretisiert und es werden spezifische Produkte in die engere Wahl genommen. Die Nachfrage tritt faktisch ein, wenn die Kosten für das Gerät mit der individuellen Kaufkraft im Einklang stehen und bestenfalls zum Kauf führen. Wenn der Konsument nach Erprobung des Geräts zufrieden ist, geht es in die „Alltägliche Benutzung“ über.

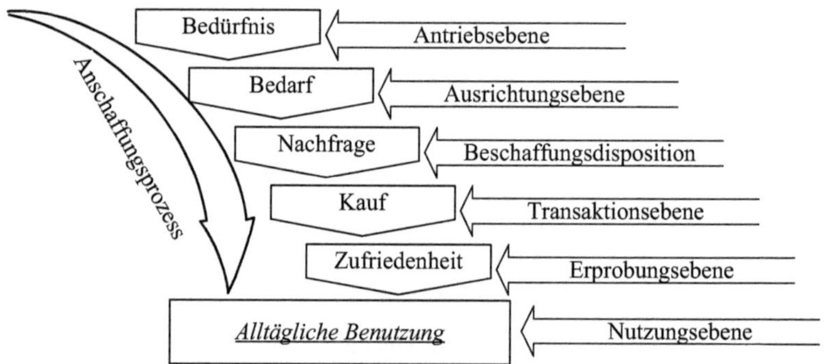

Bild 5-5: Prozess der Bedürfniskonkretisierung (eigene Darstellung nach [204])

5.3.2 Ausstattungsgrad und Ausstattungsbestand

Für die in einem Haushalt verfügbaren Geräte werden die statistischen Kennzahlen Ausstattungsgrad und Ausstattungsbestand verwendet. Je nach Ausstattungsgrad kann eine Einteilung der Geräte in eine von vier Verbreitungen in Tabelle 5-1 erfolgen.

Tabelle 5-1: Einteilung der Geräte nach der Verbreitung [134], [145]

Verbreitung von Geräten	Ausstattungsgrad a_G
Grundausstattung	$80\,\% < a_G$
Standardausstattung	$50\,\% \leq a_G < 80\,\%$
erweiterte Ausstattung	$20\,\% \leq a_G < 50\,\%$
seltene Ausstattung	$a_G < 20\,\%$

In Bild 5-6 und Bild 5-7 ist die zeitliche Entwicklung des Ausstattungsgrads a_G für verschiedene Haushaltsgeräte von 1957 bis 2011 aufgetragen. Die Datenzusammenstellung ist schwierig, da die vielen Studien nicht einheitlich durchgeführt wurden. Somit beschränkt sich die Zusammenstellung auf wenige Studien ähnlicher Struktur [105], [145], [205].

Nach der *Beleuchtung* gehörten mit der *Haushaltsrevolution* zuerst Staubsauger und Kühlschränke zur Grundausstattung, später Fernsehgeräte und Waschmaschinen. Bei diesen Geräten hat sich eine Marktsättigung von über 95 % eingestellt. Damit ist das Marktaufnahmevolumen erreicht und neue Geräte werden nur noch als Ersatz angeschafft.

In dieser ersten Phase der Elektrifizierung verdrängte Elektrizität andere Energieträger. Elektrizität substituierte durch Glühlampen die Energieträger Gas, Öl und im speziellen Wachs für Beleuchtung. Elektroherde verdrängten Gasherde, die zuvor Holzherde und Kohleherde ersetzten. Bei den Elektroherden war nicht die Technologie an sich das Hemmnis einer schnellen Verbreitung, sondern die erforderliche große Anschlussleistung im Bereich von 10 kW.

Seit der *digitalen Revolution* gibt es einen Wettstreit der Technologien auf elektrischer Basis, wobei z.B. Computer mit Drucker elektrische Schreibmaschinen überflüssig machten. Dies führte ferner zur Reduzierung der Bedeutung von Faxgeräten, Schalplattenspielern, Tonbandgeräten, Diaprojektoren oder Videorekordern. Die fortwährenden *Produktverbesserungen* und *Professionalisierungen* setzen gleichwohl auch Anreize für einen schnellen Gerätewechsel, der besonders bei Unterhaltungsgeräten und Geräten für Büro & Kommunikation zu beobachten ist. Dies ist in Bild 5-7 anhand von Fernsehgeräten zwischen 1970 und 1988 dargestellt. Farbgeräte verdrängten sehr schnell die Schwarz-Weiß-Geräte. Gegenwärtig gibt es eine Verschiebung von Desktop-Computern über Notebooks hin zu Tablets.

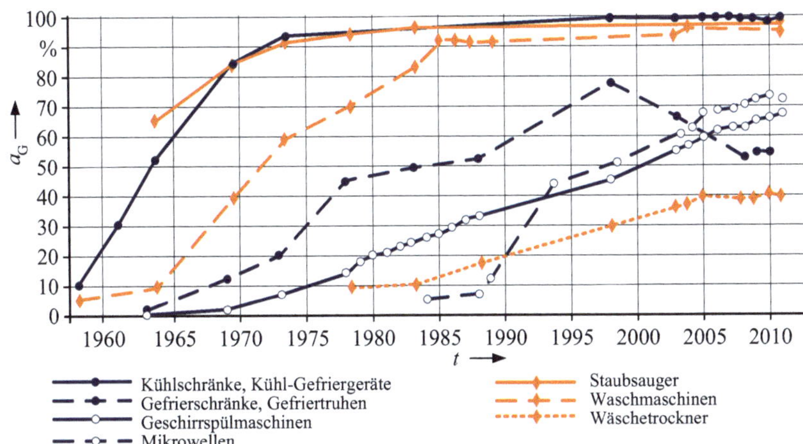

Bild 5-6: **Zeitliche Entwicklung des Ausstattungsgrads: Küchengeräte, Wäschepflege, Staubsauger (Daten aus [105], [145], [205])**

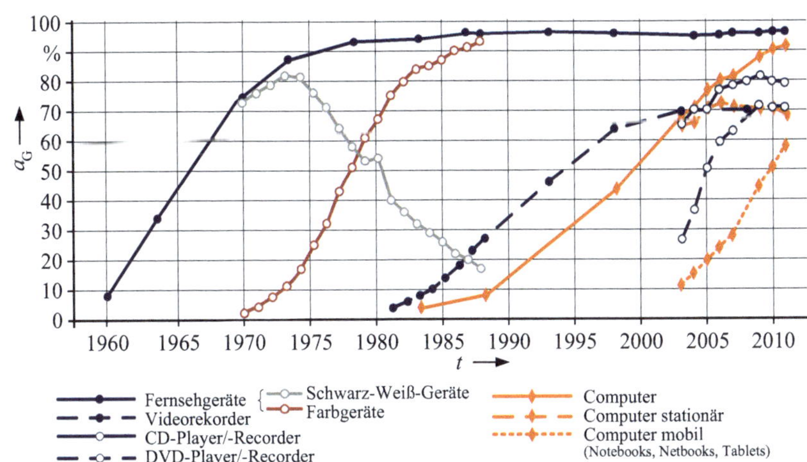

Bild 5-7: **Zeitliche Entwicklung des Ausstattungsgrads: Unterhaltungsgeräte und Computer (Daten aus [105], [145], [205])**

Bisher lassen sich bei der Elektrifizierung von Haushalten in Anlehnung an [145] folgende Trends ableiten:

Produktverbesserungen…
sind die Verbesserungen der Benutzungseigenschaften und die Erhöhung der Umweltverträglichkeit von Geräten. Kochfelder sind beispielhaft für Produktverbesserungen. Die ersten Kochfelder waren massige Gusseisenplatten, welche auch Massenkochplatten genannt wurden. Sie wurden von Glaskeramik-Kochfeldern abgelöst. Bei Glaskeramik-Kochfeldern gibt es mit Kontaktheizkörpern, Strahlungsheizkörpern über Halogenquarzstrahler bis hin zum Induktionsheizsystemen vier Entwicklungsstufen [149].

Ein weiteres Beispiel für Produktverbesserungen sind Fernsehgeräte. Zuerst ermöglichten Fernsehgeräte nur Schwarz-Weiß-Fernsehen. Der erste Innovationssprung ist das Farbfernsehen, wobei weiterhin die klassische Bildröhre verwendet wurde. Mit dem Innovationssprung hin zu Flachbildgeräten verschwanden Geräte mit Bildröhre vollständig vom Markt. Bei Flachbildgeräten gibt es mit LCD-, LCD/IPS-, LCD/LED- oder Plasma-Geräten eine große technologische Vielfalt [206], [207]. Mit hochauflösendem Fernsehen (HDTV) und 3D-Geräten zeichnet sich eine deutliche Professionalisierung ab. Mit der Einführung der *OLED-Technologie* für Fernsehgeräte wird eine weitere Verringerung des Energieverbrauchs gekoppelt mit einem hervorragenden Kontrast erwartet [207].

Professionalisierung…
ist die Steigerung des Anspruchs aufgrund technologischer Fortschritte und somit Erhöhung der Leistungsfähigkeit der Geräte. Die Professionalisierung ist ferner gekoppelt an die Trivialisierung, womit solche Geräte massenmarkttauglich werden.

Trivialisierung…
beschreibt die Vereinfachung hoch anspruchsvoller und komplexer Geräte für den Massenmarkt. Neben den Unterhaltungsgeräten und Geräten für Büro & Kommunikation trifft es beispielsweise auch für Geräte zur Kaffeezubereitung und Elektrowerkzeuge zu. Der Trend der Professionalisierung mit der Trivialisierung geht auch mit der Diversifizierung einher.

Diversifizierung…
ist der vermehrte Einsatz von Spezialgeräten. Beispielsweise stehen den Konsumenten eine Vielzahl verschiedener Geräte für die Kaffeezubereitung, Elektrowerkzeuge oder Küchenkleingeräte zur Verfügung.

Es gibt für die Kaffeezubereitung Espressomaschinen als Vollautomaten oder Siebträger-Kaffeemaschinen sowie Portionskaffeemaschinen als Kaffeepadmaschinen oder Kapselmaschinen, Espressokocher, aber auch klassische Filter-Kaffeemaschinen. Hinzu kommt umfangreiches Zubehör wie elektrische Kaffeemühlen oder Milchaufschäumer.

Bei Elektrowerkzeugen gibt es Bohrschrauber, Bohrhämmer, Kreissägen, Stichsägen, Multi-Cutter, Hobel, Fräsen oder Winkelschleifer.

Auch bei den Küchenkleingeräten ist diese Diversifizierung zu beobachten. So gibt es Waffeleisen, Reiskocher, Raclettes, Getreidemühlen, Fondues, Fritteusen, Dampfgarer, Donut-Maker, Crêpes-Maker oder Entsafter.

Integration…
ist ein gegensätzlicher Trend zur Diversifizierung. Integration ist die Verwendung von einem Gerät für ähnliche technische Prozesse. Dies trifft beispielsweise für Multifunktionsdrucker zu, die neben dem eigentlichen Drucken auch Scannen, Kopieren und Faxen. Auch Kühl-Gefriergeräte sind Multifunktionsgeräte, welche den Kühlschrank und Gefrierschrank miteinander kombinieren.

Mehrfachausstattung…
ist insbesondere in Mehrpersonenhaushalten anzutreffen. Dabei stehen mehrere Geräte eines gleichen Typs zur Verfügung. Dies Betrifft die Unterhaltungsgeräte und Geräte für Büro & Kommunikation. Oftmals geht ein altes Gerät nach der Anschaffung eines neuen Geräts in die Zweitnutzung über. Daher ist der Ausstattungsbestand bei Fernsehgeräten mit 161 % und Computern mit 145 % deutlich höher als 100 % [205].

Dies wird mit berücksichtigt, indem es pro Haushalt zwei Fernsehgeräte geben kann. Hingegen wird bei Computern nur ein Gerät betrachtet. Damit wird dem Trend hin zu Notebooks und Tablets Rechnung getragen. Deren Leistung und Energieverbrauch ist für die Lastgangsynthese vernachlässigbar.

5.3.3 Datenerhebung zum Ausstattungsgrad

Das STATISTISCHE BUNDESAMT (DESTATIS) erfasst und veröffentlicht umfangreiche Daten zum Ausstattungsgrad und Ausstattungsbestand von Gebrauchsgütern unter dem Thema „Laufende Wirtschaftsrechnungen: Allgemeine Angaben" mit dem Statistik-Code 63111 [208]. Die Statistik ist eingeordnet in:

- Code 6: Preise, Verdienste, Einkommen und Verbrauch
- Code 63: Einkommen und Ausgaben privater Haushalte
- Code 631: Laufende Wirtschaftsrechnungen

Gebrauchsgüter beinhalten dabei nicht nur elektrische Haushaltsgeräte, sondern auch Personenkraftwagen, Krafträder und Fahrräder. Die Daten werden jährlich durch ein Stichprobenverfahren anhand von 8.000 Haushalten erhoben. In jedem Quartal eines Jahres führen dafür jeweils ein Viertel dieser Haushalte ein Haushaltsbuch. Die Statistik beinhaltet die folgende regionale Gliederung:

- Deutschland
- früheres Bundesgebiet ohne Berlin-West
- neue Länder und Berlin

Zudem gibt es eine Aufgliederung nach:

- Haushaltsarten (Tabelle A 1-9, Haushaltsart wird bei DESTATIS Haushaltstyp genannt)
- Haushaltsnettoeinkommensklassen (Tabelle A 1-10)
- soziale Stellung der Haupteinkommensperson (Tabelle A 1-11)

Neben dem STATISTISCHEN BUNDESAMT gibt es 14 STATISTISCHE LANDESÄMTER in Deutschland, die Daten zur „Laufenden Wirtschaftsrechnung" auf Landesebene erheben. Somit ist eine feingliedrige Auswertung auf Länderebene und sogar auf Kreisebene möglich.

In Bild 5-8 sind Ausstattungsgrade a_G für vier Geräte für verschiedene Haushaltsarten aufgetragen. Dabei ist festzustellen, dass es eine Abhängigkeit zwischen Haushaltsart und Ausstattungsgrad hinsichtlich der Haushaltsgröße gibt.

Die Untergliederung der Ausstattungsgrade nach Haushaltsgröße ist einzig für Spielkonsolen nicht passend. Bei Spielkonsolen kommt es darauf an, ob Kinder im Haushalt wohnen. Bei Alleinlebenden und (Ehe-) Paaren ohne Kind ist der Ausstattungsgrad deutlich geringer als bei Alleinerziehenden und (Ehe-) Paaren mit Kind(ern).

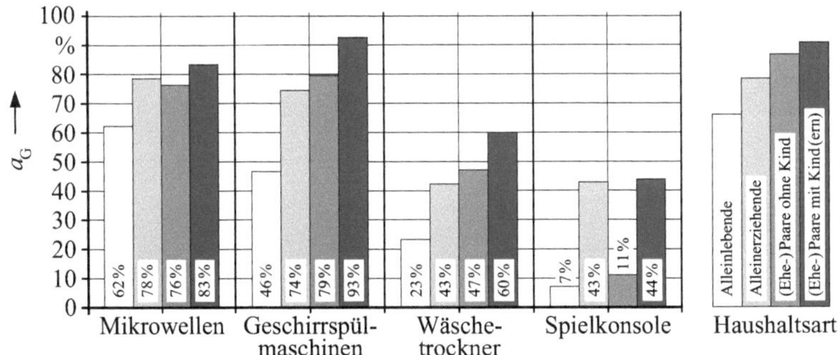

Bild 5-8: Ausstattungsgrade von vier Geräten in Abhängigkeit der Haushaltsart (Daten aus [208])

5.3.4 Daten zum Ausstattungsgrad

In Tabelle 5-2 sind die Ausstattungsgrade a_G aller in Abschnitt 4.5 bereits betrachteten Geräte in Abhängigkeit der Haushaltsgröße zusammengetragen. Dabei dienen [208] und [209] als grundlegende Quellen und [210], [211] als ergänzende Quellen. Die Annahmen zu den Ausstattungsgraden werden einfachheitshalber überwiegend auf den nächst höheren durch fünf teilbaren Prozentwert gerundet. In [208] und [209] werden die Ausstattungsgrade differenziert nach den Haushaltsarten aus Tabelle A 1-9 angegeben. Damit werden die Ausstattungsgrade nach Haushaltsgröße abgeleitet.

Die Reihenfolge der Geräte in den Zeilen der Tabelle 5-2 ist an die Abfolge der Darstellung der Datenerhebung von Leistung und Energieverbrauch in Abschnitt 4.5 angelehnt:

- Küchenkleingeräte .... Mikrowellen, …, Mixer$^+$
- Haushaltshilfen .... Staubsauger, Bügeleisen$^+$
- Geräte zur Körperpflege .... Haartrockner, Haarstyler$^+$
- Büro & Kommunikation .... Computer$^+$
- Unterhaltungsgeräte .... TV$^+$, …, Musikanlagen$^+$
- Kühlgeräte .... Kühlschränke, …, Kühlgeräte$^+$
- Prozessablauf – Küchengroßgeräte .... Backöfen, …, Geschirrspülmaschinen
- Prozessablauf – Wäschepflege .... Waschmaschinen, Wäschetrockner

Tabelle 5-2: Ausstattungsgrade a_G und Annahmen (alle Angaben in %)

Geräte	nach [210]	nach [211]	nach [208] 1	nach [208] 2&3	nach [208] 4+	nach [209] 1	nach [209] 2&3	nach [209] 4+	Annahmen 1	Annahmen 2&3	Annahmen 4+
Mikrowellen	66	73	62	78	83	71	83	85	75	85	90
Wasserkocher									75	85	95
Kaffeemaschinen$^+$		95							80	90	95
Küchenmaschinen									25	60	80
Toaster$^+$		90							70	90	95
Mixer$^+$		92							75	90	95
Staubsauger		96							90	95	100
Bügeleisen$^+$		98							50	75	90
Haartrockner									50	90	100
Haarstyler$^+$									25	50	70
Computer$^+$	60		60	85	100				60	90	100
TV groß$^+$	97		93	96	99			TV$^+$	95	85	95
TV klein$^+$										75	100
Videoprojektoren$^+$						1	3	6	0	5	10
Spielkonsolen$^+$			9	30	60	9	24	50	10	30	60
Musikanlagen$^+$						67	84	89	70	85	95
Kühlschränke	*78*		*99*	*100*	*100*	*47*	*53*	*63*			
Kühl-Gefriergeräte	*35*					*64*	*66*	*65*			
Gefrierschränke/-truhen	*63*	*54*	*38*	*65*	*70*	*27*	*46*	*59*			
Kühlgeräte$^+$		100							100	100	100
Backöfen	89	86				93	95	95	95	100	100
Kochzonen	89	86				93	95	95	95	100	100
Geschirrspülmaschinen	60	67	46	80	90	49	83	94	55	90	100
Waschmaschinen	94	98	92	99	99	96	99	99	95	100	100
Wäschetrockner	40	44	23	45	60	29	56	72	35	65	75
Heizgeräte$^+$	17								5	10	15
Durchlauferhitzer	Allgemeine Aussagen zum Ausstattungsgrad sind nicht möglich. Netzbetreiber sollten detaillierte Informationen zur Warmwasserbereitstellung haben, welche für Berechnungen zu verwenden sind.										
Warmwasserspeicher											

Die Daten für Kühlschränke, Kühl-Gefriergeräte und Gefrierschränke/-truhen werden der Vollständigkeit halber aufgeführt und sind daher kursiv gesetzt. Die Tabelle 5-2 enthält am Ende auch die Heizgeräte.

Bei den meisten Geräten ist die Marktsättigung erreicht und es kann mit einem nahezu konstanten Ausstattungsgrad in den nächsten Jahren gerechnet werden. Bei einigen wenigen Geräten ist ein weiterer Anstieg des Ausstattungsgrads abzusehen [212]. Dies wird in [209] durch Umfragen zum Kaufplan von Geräten bestätigt. Selbst kleine Haushalte ziehen in Erwägung, Wäschetrockner oder Geschirrspülmaschine anzuschaffen.

Des Weiteren bestehen Kaufabsichten für neue Fernsehgeräte und Kaffeevollautomaten. Dies wird nicht weiter berücksichtigt, da es sich meist um Ersatzkäufe handelt. Bei Bügeleisen wird eine Reduzierung des Ausstattungsgrads erwartet, da es einen Trend hin zu bügelfreier Wäsche bzw. ein verringertes Bedürfnis für gebügelte Wäsche gibt [182].

In Bild 5-9 sind die Ausstattungsgrade aufgegliedert nach Haushaltsgröße aus Tabelle 5-2 dargestellt. Es ist zu sehen, dass z.B. Waschmaschinen oder Fernsehgeräte bereits bei 1-Personen-Haushalten zur Grundausstattung gehören, wohingegen die Ausstattungsgrade von anderen Geräten stark von der Haushaltsgröße abhängen. Dies ist insbesondere bei Geschirrspülmaschinen, Wäschetrocknern oder Küchenmaschinen ersichtlich.

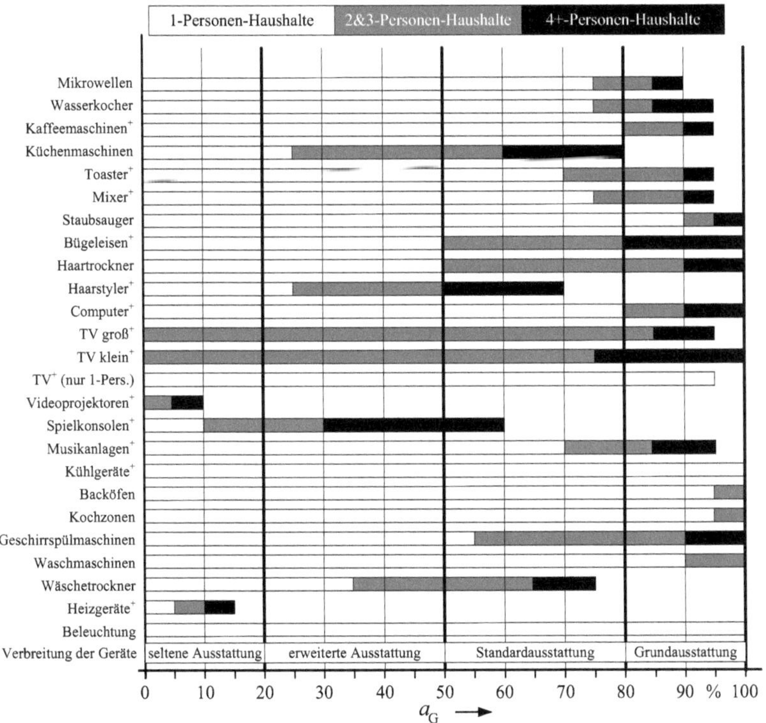

Bild 5-9: Ausstattungsgrade der Geräte aus Tabelle 5-2 als gestapeltes Balkendiagramm

5.4 Alltägliche Benutzung von elektrischen Geräten

5.4.1 Alltägliche Benutzung

Die „Alltägliche Lebensführung“ ist Grundlage für die Beschreibung und Charakterisierung der „Alltäglichen Benutzung“ von elektrischen Geräten. Jedoch liegen für die erforderlichen Größen Benutzungshäufigkeit, Einschaltzeit, Betriebsdauer, Ausschaltzeit und Periodendauer von den Geräten die Daten nicht annähernd im Umfang wie die Daten für den Ausstattungsgrad vor.

Für einige Geräte geben Studien die Jahresenergieverbräuche an. Zielsetzungen der verschiedenen Studien sind dabei beispielsweise die Ermittlung der wesentlichen Struktur des Energieverbrauchs, wozu umfangreiche Ergebnisse in Studien des BUNDESMINISTERIUMS FÜR WIRTSCHAFT UND ENERGIE (BMWi) bzw. bis 2005 des BUNDESMINISTERIUMS FÜR WIRTSCHAFT UND ARBEIT (BMWA) in den Berichten [103], [162], [210], [213], [214] zu finden sind. Weiterhin gibt es Forschungsarbeiten zur Bestimmung von Energieeinsparmaßnahmen an sich [120], zu Einsparpotenzialen und deren Hebung [215] sowie der Erfassung von Arbeitsabläufen im Haushalt für die Haushaltsvernetzung [189]. Aus diesen Informationen kann die Benutzungshäufigkeit bestimmt werden. Für die Einschaltzeit wird das Zeitbudget der Haushalte verwendet. Die Betriebsdauer von diversen Geräten ist zudem aus den technischen Daten bestimmbar. Beispielsweise ist bei Geräten mit Prozessablauf das Programmende vom gewählten Programm abhängig.

5.4.2 Das Haushaltsparadoxon

Für die Beurteilung der zukünftigen „Alltäglichen Benutzung“ von Geräten ist die kritische Betrachtung des Haushaltsparadoxons [216] notwendig. Elektrische Geräte sind z.B. als Haushaltshilfen gedacht, jedoch verändern sich die Bedürfnisse mit den Geräten. Das klassische Beispiel ist die Wäschepflege. Noch in den 1950er Jahren wurde mit der 4-Wochen-Wäsche, der sogenannten „großen Wäsche“, relativ selten gewaschen. Dafür war die Arbeit an den Waschtagen sehr intensiv [182]. Mit Einführung und Verbreitung von Waschmaschinen erhöhte sich die Wäschemengen pro Person in den letzten Jahrzehnten von etwa 120 auf zuletzt 250 kg pro Jahr [217], [218]. Durch die neue Vielfältigkeit der textilen Fasern erfolgt auch eine feinere Sortierung der Wäsche. Waschmaschinen werden dadurch nicht mehr voll beladen und der Energieverbrauch pro kg Wäsche steigt an. Dies wird durch das immer größere Fassungsvermögen der Waschmaschinen nach Tabelle 4-21 noch verstärkt. Der Energieverbrauch sinkt somit nicht in dem erwarteten Maße. Dieses Phänomen wird als Rebound-Effekt [219] bezeichnet. Der Rebound-Effekt wird zum Back-Fire oder Jevons’ Paradoxon, wenn trotz Anschaffung eines effizienteren Geräts mehr Energie benötigt wird als mit dem Altgerät.

5.4.3 Datenerhebung zur Alltäglichen Benutzung

Statistiken zum Zeitbudget und Zeitverwendung

Mithilfe der Statistiken zum Zeitbudget [220], [221], [222] und zur Zeitverwendung [223] können Annahmen zum Tagesverlauf abgeleitet werden. Umfangreiche Übersichten internationaler Studien für verschiedene Länder beinhalten [224] und [225].

Die Angaben zur Zeitverwendung können in Relation zu Benutzungshäufigkeit und Betriebsdauer gesetzt werden. Für die Einschaltzeiten ist die Zeitverwendung im Tagesverlauf von Bedeutung. In der Wissenschaft werden Haushaltsführungsstile analysiert und auf Grundlage empirischer Daten von Gruppen „Modale Tagesverläufe“ erstellt [221], [226]. In Bild 5-10 ist für einen deutschen Durchschnittshaushalt ein „Modaler Tagesverlauf“ mit sieben Aktivitäten gezeigt [225].

In Bild 5-11 wird detailliert die Zeitverwendung für verschiedene Aktivitäten dargestellt. Es ist eine deutliche Differenz zwischen Männern und Frauen bei der Zeitverwendung zu erkennen. Insbesondere bei der Erwerbstätigkeit und unbezahlten Arbeit gibt es große Unterschiede.

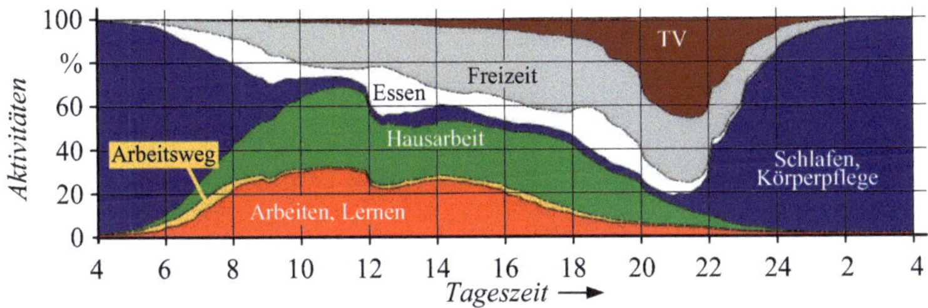

Bild 5-10: „Modaler Tagesverlauf“ mit Aktivitäten nach Tageszeit (eigene Darstellung nach [225])

In Bild 5-12 ist als Ergänzung zu Bild 5-11 die Veränderung der unbezahlten Arbeit innerhalb der Jahre von 1991/92 bis 2001/02 aufgetragen. Dabei enthält es die Änderungen einiger spezieller unbezahlter Arbeiten und die Summe aller unbezahlten Arbeiten. Eine Reduzierung der Zeitdauer für Tätigkeiten kann zum einen für eine erhöhte Produktivität stehen, aber auch ein Indiz für einen Produktionsrückgang bei der Haushaltsproduktion sein.

Die Zusammenlegung der Aktivitäten unterscheidet sich dabei zwischen Bild 5-11 und Bild 5-12, da mit [220] und [221] unterschiedliche Quellen verwendet wurden.

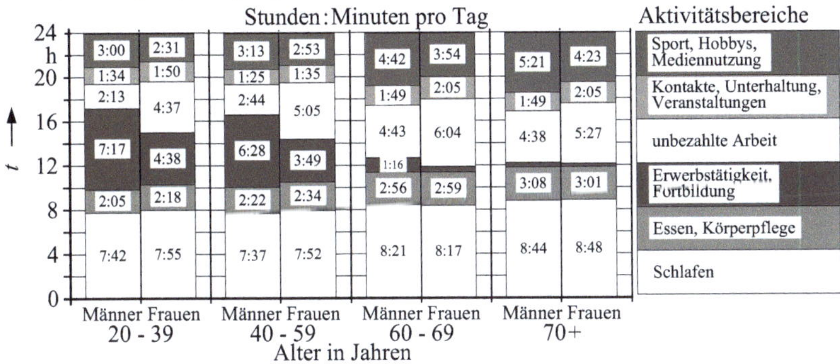

Bild 5-11: Zeitverwendung nach Aktivitätsbereichen von Männern und Frauen unterschiedlichen Alters (Daten aus [220])

Veränderungen beim Reinigen von Geschirr

Der Rückgang des Zeitaufwands für das Reinigen von Geschirr ist mit dem vermehrten Einsatz von Geschirrspülmaschinen zu begründen. Dabei wurde in [221] auch der Unterschied zwischen Haushalten mit und ohne Geschirrspülmaschine untersucht. Der Zeitaufwand für das Reinigen von Geschirr ist bei Haushalten mit Geschirrspülmaschine wesentlich geringer als bei Haushalten ohne Geschirrspülmaschine, womit die Produktivität deutlich erhöht wurde.

Veränderungen bei der Wäschepflege

Im Kontrast zum Reinigen von Geschirr stehen die Erkenntnisse aus der Analyse der Wäschepflege. Auch dort reduzierte sich der Zeitaufwand für alle Haushalte. Zwar hat sich der Ausstattungsgrad an Wäschetrocknern im Betrachtungszeitraum stark erhöht, jedoch zeigen die Auswertungen des Zeitbudgets, dass Haushalte ohne Wäschetrockner auch eine Zeitersparnis hatten. Die Zeitaufwendung für die Wäschepflege bei Haushalten ohne Trockner ist gleich der Zeitaufwendung für Wäschepflege bei Haushalten mit Trockner. Es wird vermutet, dass die Zeitersparnis auf die Zunahme bügelfreier Textilien und somit auf eine Abnahme des Bügelns zurückzuführen ist und nicht auf die Verwendung von Trocknern [221]. Haushalte mit Trockner waschen öfter und benötigen somit annährend so viel Zeit wie Haushalte ohne Trockner. Damit wird das Haushaltsparadoxon untermauert.

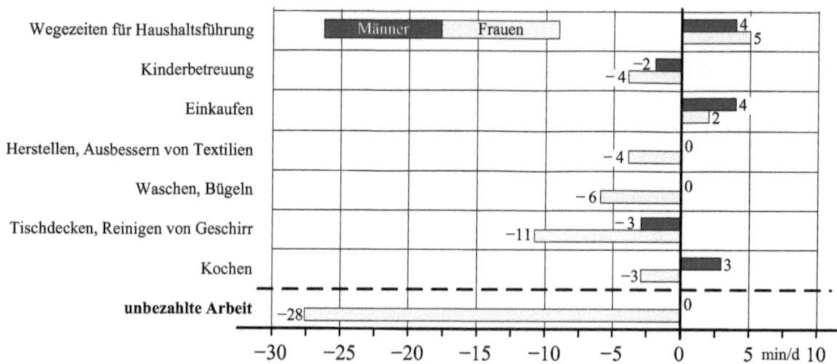

Bild 5-12: Änderung der unbezahlten Arbeit nach Aktivitäten zwischen 1991/92 und 2001/02 in Minuten pro Tag (Daten aus [221])

Erhebung des Energieverbrauchs der privaten Haushalte

Mit den Forschungsberichten zum Stromverbrauch privater Haushalte liegen umfangreiche Angaben zum Energieverbrauch von bestimmten Haushaltsgeräten, aber auch von den Haushalten an sich vor. Daraus lassen sich Werte für die Betriebsdauer und zur Benutzungshäufigkeit nach der Haushaltsgröße und Region ermitteln. Aussagen zu Einschaltzeiten sind daraus nicht ableitbar.

Verwandte Forschungsarbeiten

Die Benutzung von Haushaltsgeräten steht auch im Fokus von diversen Forschungsarbeiten und statistischen Erhebungen, z.B. [100], [110], [189], [227]. Die in dieser Arbeit getroffenen Annahmen werden mit den Angaben aus anderen Forschungsarbeiten abgeglichen und adaptiert. Es ist jedoch darauf hinzuweisen, dass die getroffenen Annahmen sowohl regional, aber auch in Abhängigkeit vom Betrachtungszeitraum stark differieren können.

5.4.4 Daten zur Alltäglichen Benutzung

Die Daten für die „Alltägliche Benutzung" werden mit der Normalverteilung, Gleichverteilung oder Log-Normalverteilung beschrieben. Die Reihenfolge der Geräte in den folgenden Tabellen lehnt sich an Tabelle 5-2 an. Bei den Ein- und Ausschaltungen wird zwischen den Geräteklassen unterschieden, da sie verschiedene Kenndaten für die Nachbildung haben.

- Taktbetrieb .... Periodendauer und Betriebsdauer
- Aktive Ein/Aus und Prozessablauf .... Einschaltzeiten und Betriebsdauer
- Beleuchtung .... Einschaltzeiten und Ausschaltzeiten

Benutzungshäufigkeit

Für die Geräteklassen Aktive Ein/Aus, Prozessablauf und Beleuchtung sind die Benutzungshäufigkeiten in Tabelle 5-3 angeben, wobei ausschließlich die Normalverteilung verwendet wird.

Die Benutzungshäufigkeiten werden als Erwartungswerte μ mit den angenommenen Standardabweichungen σ in Abhängigkeit von der Haushaltsführung nach „tagsüber anwesend" und „tagsüber abwesend" aufgeführt. Es wird davon ausgegangen, dass sich die Benutzungshäufigkeiten bei Geräten für die Speisenzubereitung und bei Computern und TVs bei „tagsüber anwesend" erhöht.

Die Daten sind hauptsächlich aus [210] entnommen und von der „durchschnittlichen Nutzung pro Woche" oder „durchschnittlichen Nutzung pro Monat" auf „Benutzungen pro Jahr" umgerechnet worden.

Tabelle 5-3: Benutzungshäufigkeit n_B (in Benutzungen pro Jahr)

Haushaltsführung:	*tagsüber anwesend*						*tagsüber abwesend*					
Haushaltsgröße:	1-Pers.		2&3-Pers.		4+-Pers.		1-Pers.		2&3-Pers.		4+-Pers.	
Geräte	μ	σ	μ	σ	μ	σ	μ	σ	μ	σ	μ	σ
Mikrowellen	300	120	350	125	400	150	200	100	250	100	300	120
Wasserkocher	300	120	350	125	400	150	200	100	250	100	300	120
Kaffeemaschinen$^+$	300	100	350	100	400	100	250	100	300	100	300	100
Küchenmaschinen	60	20	100	30	150	50	50	20	70	20	90	20
Toaster$^+$	50	50	70	50	90	50	50	50	70	50	90	50
Mixer$^+$	20	10	40	20	60	30	20	10	40	20	60	30
Staubsauger	50	20	70	30	90	40	50	20	70	30	90	40
Bügeleisen$^+$	50	30	50	30	50	30	50	30	50	30	50	30
Haartrockner	150	50	200	75	300	100	150	50	200	75	300	100
Haarstyler$^+$	50	30	70	40	100	60	50	30	70	40	100	60
Computer$^+$	250	100	275	100	300	100	200	100	250	100	300	100
TV$^+$	250	50					200	50				
TV groß$^+$			300	100	350	150			250	100	300	150
TV klein$^+$			250	100	300	150			250	100	300	150
Videoprojektoren$^+$	50	20	70	30	100	40	50	20	70	30	100	40
Spielkonsolen$^+$	150	100	150	100	150	100	150	100	150	100	150	100
Musikanlagen$^+$	200	100	250	100	300	100	150	100	200	100	250	100
Backöfen	40	40	70	45	100	50	20	20	60	45	80	50
Kochzonen	200	100	250	100	300	100	100	80	120	90	150	100
Geschirrspülmaschinen	80	20	170	45	320	70	60	15	110	25	200	50
Waschmaschinen	110	20	150	30	220	40	110	20	150	30	220	40
Wäschetrockner	70	15	110	25	160	35	70	15	110	25	160	35
Heizgeräte$^+$	60	50	60	50	60	50	60	50	60	50	60	50
Beleuchtung	250	50	300	20	340	10	250	50	300	20	340	10

Bei diversen Geräten ist die Standardabweichung fast genauso groß wie der Erwartungswert. Damit wird dem Fakt Rechnung getragen, dass einige Geräte im Haushalt zur Verfügung stehen, jedoch eine Benutzung bei manchen Haushalten sehr selten bis nie vorkommt.

Ein- und Ausschaltungen

Periodendauer und Betriebsdauer für Geräteklasse Taktbetrieb

Bei Geräten mit Taktbetrieb erfolgen die autonomen Ein- und Ausschaltungen kontinuierlich. Da die Ein- und Ausschaltungen voneinander abhängen, werden sie über die Angaben zur Periodendauer T und Betriebsdauer t_B beschrieben, welche bereits in Bild 4-5 gezeigt wurden. Die Parameter werden aus den Energiedaten in Tabelle 4-18, den Anschlussleistungen aus Tabelle 4-19 und eigenen Messungen abgeleitet. Für alle Kühlgeräte wird eine mittlere Periodendauer von 60 min angenommen und die Betriebsdauer wird entsprechend des Energieverbrauchs bestimmt. Die Daten sind als Normalverteilung in Tabelle 5-4 aufgeführt.

Nur für den Taktbetrieb gibt es neben der Individual-Variation σ_i noch eine Initial-Variation σ_a. Mit der Initial-Variation σ_a werden für jedes Gerät aus dem initialen Wert μ_a individuelle Startwerte μ_i für die Lastgangsynthese bestimmt, welche dann mit der Individual-Variation σ_i für jeden Takt verändert werden. Dies dient der Gleichtakt-Unterdrückung, welche in Abschnitt 6.3.2 erklärt ist.

Tabelle 5-4: Betriebsdauer und Periodendauer für Taktbetrieb (μ und σ in min)

Geräte	Notation	Betriebsdauer t_B	Periodendauer T
Kühlschränke ohne Gefrierfach		Ø (11,0±2)±1	Ø (60±10)±3
Kühlschränke mit Gefrierfach		Ø (11,5±2)±1	
Kühl-Gefriergeräte (ohne Side-by-Side)	$\varnothing(\mu_a \pm \sigma_a) \pm \sigma_i$	Ø (12,5±2)±1	
Side-by-Side Kühl-Gefriergeräte	$\varnothing(\mu_i) \pm \sigma_i$	Ø (7,0±1)±1	
Gefrierschränke/-truhen		Ø (13,0±2)±1	
Kühlgeräte+		Ø (11,0±3)±1	

Einschaltzeiten und Betriebsdauer für Geräteklassen Aktive Ein/Aus und Prozessablauf

Für diese Geräteklassen sind die erforderlichen Einschaltzeiten t_{ein} in Tabelle 5-5 und Betriebsdauer t_B in Tabelle 5-6 entscheidend. Die Einschaltzeiten sind in Tageszeiten angegeben und beruhen auf Auswertungen der „Modalen Tagesabläufe" aus Bild 5-10.

Tabelle 5-5: Einschaltzeiten für Aktive Ein/Aus, Prozessablauf (μ in Tageszeit, σ in h)

	Tagesabschnitte						Zeitfenster	
Haushaltsführung:	nur *anwesend*						*abwesend*	*anwesend*
	morgens		(nach)-mittags		abends			
Geräte	μ	σ	μ	σ	μ	σ	von - bis	von - bis
Mikrowellen	07:00	01:00	11:30	01:00	18:00	01:00		
Wasserkocher	07:00	01:00	15:00	01:00	18:00	01:00		
Kaffeemaschinen+	07:00	01:00	15:00	01:00	18:00	01:00		
Küchenmaschinen							16:00-20:00	07:00-20:00
Toaster+	07:00	01:00	15:00	01:00	18:00	01:00		
Mixer+							16:00-20:00	08:00-20:00
Staubsauger							16:00-20:00	08:00-20:00
Bügeleisen+							16:00-20:00	08:00-20:00
Haartrockner	07:00	01:30			18:00	02:00		
Haarstyler+	07:00	01:30			18:00	02:00		
Computer+							15:00-21:00	07:00-21:00
TV+							15:00-21:00	07:00-21:00
TV groß+							15:00-21:00	07:00-21:00
TV klein+							15:00-21:00	07:00-21:00
Videoprojektoren+							17:00-21:00	17:00-21:00
Spielkonsolen+							15:00-21:00	07:00-21:00
Musikanlagen+							15:00-21:00	07:00-21:00
Backöfen	08:00	01:30	11:30	02:00	17:00	02:00		
Kochzonen			11:30	01:00	18:00	01:00		
Geschirrspülmaschinen	08:00	01:00	13:00	01:30	19:00	01:30		
Waschmaschinen							15:00-19:00	07:00-19:00
Wäschetrockner							16:00-20:00	08:00-20:00
Heizgeräte+							15:00-20:00	07:00-19:00

Die Angaben der Einschaltzeiten erfolgen zum einen in Abhängigkeit der Tagesabschnitte morgens, (nach)-mittags sowie abends und zum anderen durch Zeitfenster. Tagesabschnitte werden für Geräte verwendet, deren Einschaltzeiten in Verbindung mit der Speisenzubereitung sowie der morgendlichen und abendlichen Körperpflege stehen. Die Angaben erfolgen durch den Erwartungswert der Einschaltzeiten μ mit der zugehörigen Standardabweichung σ. Für die anderen Geräte werden von-bis Zeitfenster angegeben, in welchen diese eingeschaltet werden können.

Die Einschaltzeiten werden für Arbeitstage nach der Haushaltsführung „tagsüber anwesend" und „tagsüber abwesend" differenziert angenommen. Bei den Tagesabschnitten sind Benutzungen mittags und nachmittags nur bei „tagsüber anwesend" möglich. Die Zeitfenster sind bei „tagsüber anwesend" größer als bei „tagsüber abwesend".

Alle Angaben zu den Einschaltzeiten in Tabelle 5-5 sind für Arbeitstage. Für Wochenenden wird angenommen, dass sich alle sechs Haushaltstypen wie tagsüber anwesend verhalten. Es wird mit einer Verschiebung des Tagesablaufs gerechnet und alle Einschaltzeiten werden um +01:00 verschoben.

Tabelle 5-6: Betriebsdauer für Aktive Ein/Aus und Prozessablauf (μ und σ in min)

Haushaltsgröße:	1-Pers.		2 & 3-Pers.		4+-Pers.	
Geräte	μ	σ	μ	σ	μ	σ
Mikrowellen	2	0,5	4	1	8	3
Wasserkocher	2	0,5	3	1	3	1
Kaffeemaschinen$^+$	3	1	4	1	5	2
Küchenmaschinen	5	1	7	2	9	3
Toaster$^+$	3	1	6	2	9	3
Mixer$^+$	4	1	6	2	8	3
Staubsauger	10	3	15	5	25	8
Bügeleisen$^+$	10	3	15	5	25	8
Haartrockner	8	3	8	3	20	6
Haarstyler$^+$	5	2	5	2	10	4
Computer$^+$	90	45	90	45	120	60
TV groß$^+$	TV$^+$ 180	45	210	60	240	90
TV klein$^+$			180	45	210	60
Videoprojektoren$^+$	150	40	180	45	210	60
Spielkonsolen$^+$	150	40	180	45	210	60
Musikanlagen$^+$	150	40	180	45	210	60
Backöfen *(kein 2. Prozessschritt)*	20	5	25	7	30	10
Kochzonen	10	3	15	5	20	7
Prozessschritt 2	15	10	25	15	30	15
Geschirrspülmaschinen	20	4	20	4	20	4
Prozessschritt 2	130	20	130	20	130	20
Waschmaschinen *Log-Normal*	μ_{LN}=2,7 (15 min)	σ_{LN}=0,35	μ_{LN}=2,7 (15 min)	σ_{LN}=0,35	μ_{LN}=2,7 (15 min)	σ_{LN}=0,35
Prozessschritt 2	100	30	100	30	100	30
Wäschetrockner	75	20	75	20	75	20
Prozessschritt 2	60	20	60	20	60	20
Heizgeräte$^+$ *Log-Normal*	μ_{LN}=2,5 (20 min)	σ_{LN}=1,0	μ_{LN}=2,5 (20 min)	σ_{LN}=1,0	μ_{LN}=2,5 (20 min)	σ_{LN}=1,0

Bei der Betriebsdauer t_B in Tabelle 5-6 sind die Zeiten meist als Normalverteilung mit Erwartungswert und Standardabweichung angegeben. Bei den Geräten mit Prozessablauf gibt es jeweils zwei Werte für Prozessschritt eins und zwei. Diese Werte sind mit den Energiedaten für eine Benutzung aus Tabelle 4-21 und mit den Leistungen aus Tabelle 4-22 abgeglichen und bereits für eine *„leistungs- und energierichtige Synthese"* nach Bild 4-3 angepasst. Die Normalverteilung wird gewählt, da es in der Datenerhebung kaum Ausreißer gab.

Abweichend wird die Log-Normalverteilung beim ersten Prozessschritt von Waschmaschinen und bei Heizgeräten$^+$ verwendet. Bei Waschmaschinen liegt die Begründung für diese Wahl bei den unterschiedlichen Waschprogrammen, welche einen großen Temperaturbereich abdecken. Mit der Log-Normalverteilung wird angenommen, dass meistens 40°C oder 60°C Eco-Programme verwendet werden. Das 90°C Programm wird seltener genutzt, was mit der Log-Normalverteilung passend beschrieben wird. Daneben werden bei Heizgeräten$^+$ Ausreißer nach oben zugelassen. Die Heizgeräte$^+$ werden meist kurz genutzt. Bei Kälteeinbrüchen werden sie selten recht lange betrieben.

Einschaltzeiten und Ausschaltzeiten für Geräteklasse Beleuchtung

Die Beleuchtung erfordert neben der Einschaltzeit t_{ein} ebenso die Ausschaltzeit t_{aus}. Statt der Ausschaltzeit könnte auch eine jahreszeitabhängige Betriebsdauer genutzt werden. Die Verwendung von Ein- und Ausschaltzeiten ist gleichwohl anschaulicher. Die Daten sind in Tabelle 5-7 zusammengetragen.

Die morgendlichen Ausschaltzeiten und abendlichen Einschaltzeiten sind nur bei Arbeitstagen für Haushalte mit der Haushaltsführung tagsüber abwesend von Bedeutung. Sonst wird davon ausgegangen, dass das Schalten tageslichtabhängig, jedoch natürlich von den Benutzern geschieht. Dafür wird bei der Lastgangsynthese bei der Beleuchtung in Abschnitt 6.3.5 zusätzlich der Einfluss des Tageslichts, welcher in Abschnitt 4.3.5 beschrieben wurde, mit berücksichtigt. Da für die Tageslichtabhängigkeit der Sonnenaufgang und -untergang verwendet wird und davon auszugehen ist, dass die Beleuchtung in Räumen morgens erst nach dem Sonnenaufgang und abends bereits vor dem Sonnenuntergang eingeschalten wird (vgl. Anhang 5.7), ist in der Synthese noch eine Verschiebung (Offset) mit Ø(60 ± 30) min für das Tageslicht vorgesehen, sodass die Benutzer die Beleuchtung morgens erst nach dem Sonnenaufgang ausschalten bzw. abends vor dem Sonnenuntergang einschalten.

Tabelle 5-7: Einschalt- und Ausschaltzeiten für Beleuchtung (μ in Tageszeiten, σ in h)

	morgens				abends			
	t_{ein}		t_{aus}		t_{ein}		t_{aus}	
	μ	σ	μ	σ	μ	σ	μ	σ
Arbeitstage - abwesend	06:00	01:30	08:00 oder tageslichtabhängig	01:30	16:00 oder tageslichtabhängig	01:30	22:00	01:30
Arbeitstage - anwesend	06:00	01:30	nur tageslichtabhängig		nur tageslichtabhängig		22:00	01:30
Wochenenden	07:00	01:30	nur tageslichtabhängig		nur tageslichtabhängig		23:00	01:30

Klimatische Abhängigkeiten und die abgeleiteten Jahreszeit-Variationen

In Abschnitt 4.6 wurden mögliche Ursachen für klimatische Abhängigkeiten des Energiebezugs von Haushaltsgeräten aufgelistet. In Tabelle 5-8 sind diese qualitativen Aussagen mit Werten hinterlegt, welche in der Synthese als „Jahreszeit-Variation" Verwendung finden. Positive Werte bedeuten, dass die Geräte im Winter häufiger bzw. länger in Benutzung sind. Negative Werte führen zu einer häufigeren bzw. längeren Benutzung im Sommer. Einzig bei Kühlgeräten wird davon ausgegangen, dass die Periodendauer im Sommer kleiner ist. Dies liegt daran, dass die Umgebungstemperaturen höher sind und somit öfter gekühlt werden muss.

Tabelle 5-8: Jahreszeit-Variationen

Geräte	Benutzungshäufigkeit $n_B^{\%}$	Betriebsdauer $t_B^{\%}$	Periodendauer $T^{\%}$
Mikrowellen	10%	10%	
Wasserkocher	10%	10%	
Kaffeemaschinen⁺		10%	
Bügeleisen⁺		10%	
Haartrockner	10%		
Computer⁺	10%	10%	
TV⁺	10%	10%	
Videoprojektoren⁺	10%	10%	
Spielkonsolen⁺	10%	10%	
Kühlgeräte⁺			−10%
Kochzonen		*Prozessschritt 1:* 10%	
Geschirrspülmaschinen		*Prozessschritt 1:* 20%	
Waschmaschinen	10%	*Prozessschritt 1:* 20%	
Wäschetrockner	20%		
Heizgeräte⁺	70%		

In der Synthese ist für die Geräteklasse Grundlast eine Variation der Leistung mit $p^{\%}$ implementiert. Dies ist für die Grundlast⁺⁺ mit Hocheffizienzpumpen vorgesehen, da die Heizungspumpen im Sommer aus sind.

5.5 Soziale Entwicklungsperspektiven

Die sozialen Entwicklungsperspektiven sind schwieriger als die in Abschnitt 4.7 dargestellten technischen Entwicklungsperspektiven zu bewerten. Zur Struktur der Gesellschaft sind in Hinsicht der Bevölkerungsentwicklung und Erwerbstätigkeit Trends vorhanden [228]. Modelle zum Wandel des Habitus stehen hingegen nicht zur Verfügung. Vielmehr beschränken sich die Sozialwissenschaften auf die empirische Analyse und Beschreibungen des Vergangenen und der Gegenwart. Diese Erkenntnisse können Grundlage für eine Beschreibung der sozialen Entwicklungsperspektive sein.

5.5.1 Entwicklung von Gesellschaft und Gemeinschaft

Wesentliche Erkenntnisse, die aus der Entwicklung von Gesellschaft und Gemeinschaft gezogen werden können, ist die Zusammensetzung der Kundenstruktur.

Dabei kommt es zu regional stark variierenden Trends, wobei zwischen alten Flächenländern, den Stadtstaaten und neuen Ländern zu unterscheiden ist. Die Erfordernisse an die Verteilungsnetze differieren daher in Abhängigkeit von der Region deutlich.

Bevölkerungsentwicklung

Deutschland hat eine der geringsten Geburtenraten in der Welt und daher wird ein enormer demografischer Wandel erwartet. Bild 5-13 stellt die Bevölkerungsentwicklung und die Altersstruktur bis ins Jahr 2060 dar [229], wobei speziell die Zuwanderung nur schwer berücksichtigt werden kann.

Haushaltsgröße

Die Bevölkerungsentwicklung gekoppelt mit der Haushaltsgröße erweitert das Bild für die Erfordernisse an die Infrastruktur. In Bild 5-14 ist die Veränderung der Privathaushalte von 2009 bis 2030 dargestellt. Dabei wird aus [228] die Trendvariante gezeigt, die die Veränderung in der Verteilung der Bevölkerung nach Haushaltsgröße zwischen 1991 und 2009 fortschreibt.

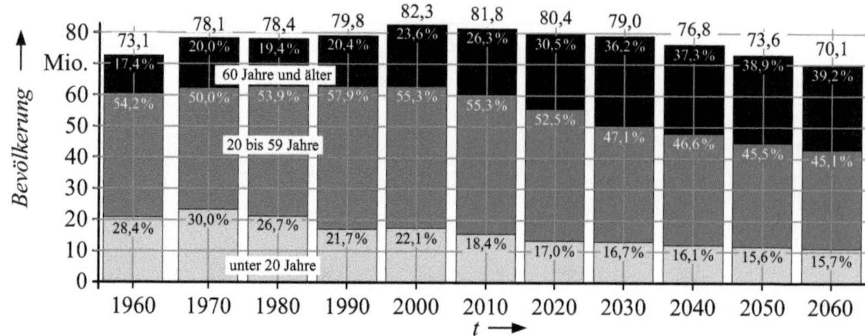

Bild 5-13: Bevölkerungsentwicklung und Altersstruktur in Deutschland (eigene Darstellung nach [229])

Der Trend hin zu kleineren Haushaltsgrößen, der bereits in Tabelle 3-2 aufgezeigt wurde, soll sich in den nächsten Jahrzehnten fortsetzen. Besonders für die neuen Länder verändert sich die Versorgungsaufgabe durch den Bevölkerungsrückgang im wesentlichen Umfang.

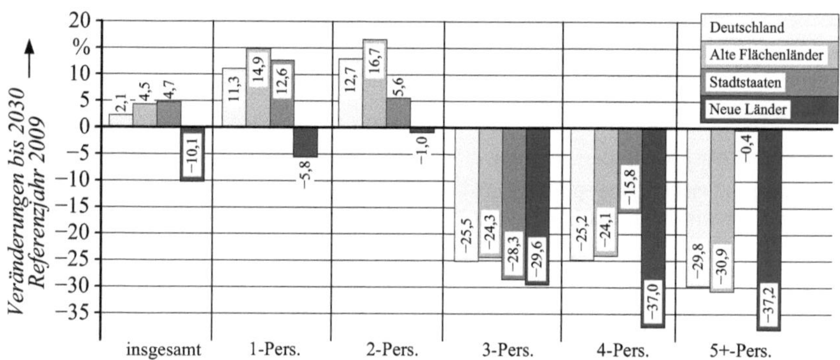

Bild 5-14: Prognose der Veränderung der Anzahl der Privathaushalte nach Haushaltsgröße von 2009 bis 2030 (eigene Darstellung nach [228], Trendvariante)

Erwerbstätigkeit

Die Anzahl der Erwerbstätigen wird sich in den nächsten Jahrzehnten reduzieren und die Anzahl der Rentner sowie Pensionäre stark erhöhen. Daher kann davon ausgegangen werden, dass sich die Nutzung der Geräte während des Tages vergleichmäßigt.

Zudem gab es im letzten Jahrzehnt einen Trend hin zur Flexibilisierung der Arbeitszeiten [230]. Dies hat einen eminenten Einfluss auf das Benutzerverhalten.

5.5.2 Entwicklung der Alltäglichen Lebensführung

Bei der „Alltäglichen Lebensführung" gibt es zwei entscheidende Aspekte. Zum einen sind Menschen an einer ständigen Erhöhung des Komforts interessiert, womit die Technisierung der Haushalte verbunden ist. Zum anderen tritt immer mehr das Bewusstsein zur nachhaltigen Lebensweise in den Fokus der Gesellschaft. Trends können beispielsweise unter Zuhilfenahme des VuMA Online-Navigators [231] quantifiziert werden, in welchem Daten umfangreich miteinander verknüpft und somit Zusammenhänge ermittelbar sind.

Erhöhung des Komforts

Haushaltsgeräte sollen einen möglichst hohen Komfort bringen. Eine Vielzahl von Geräten erfüllt diese Anforderungen bereits im erheblichen Maße. Weitere Automatisierungen können zu Komfortsteigerungen beitragen. Dies kann durch die Vernetzung von unterschiedlichen Geräten, aber auch durch Automatiken in den Geräten geschehen. Speziell für Geräte mit Prozessablauf gibt es noch Entwicklungspotenziale. Bei Waschmaschinen erleichtern Waschmittel- und Mengenautomatik dem Benutzer die Programmwahl. Zudem gibt es Ideen, den Waschprozess vom Waschen über Trocknen bis hin zum Lagern und Bereitstellen der Wäsche in einem Gerät selbsttätig ablaufen zu lassen [232]. Außerdem ist mit den Roboterstaubsaugern ein Trend hin zu Haushalts- bzw. Servicerobotern auszumachen, welche Aufgaben wie Aufräumen oder Putzen übernehmen [233]. Für die Speisenzubereitung gibt es Multi-Cooker, die mehrere Kochsysteme für Reis, Dampf, Suppe, Kuchen, etc. zusammenführen und die Zubereitung erleichtern.

Die selbsttätige Pflege der Geräte ist weiterhin ein wichtiger Bestandteil der Erhöhung des Komforts. Bei Kühl- und Gefriergeräten bieten dies die No-Frost-Funktion oder Abtauautomatik, bei Backöfen die Reinigung durch Einweichprogramm oder die pyrolytische Reinigung und bei Geschirrspülmaschinen gibt es selbstreinigende Filtersysteme.

Bewusstsein zur nachhaltigen Lebensweise

Im Gegensatz zum Komfort wir immer mehr der Gedanke gestärkt, das Konsum nachhaltig sein muss. Dies betrifft bei der Anschaffung von Geräten die Beachtung der Energieverbrauchskennzeichnung [181]. Bei der „Alltäglichen Lebensführung“ ist die entsprechend des Geräts richtige Nutzung wichtig [234], wobei starre Beharrungstendenzen der Benutzer aufgebrochen werden müssen bzw. die richtige Nutzung zielführend zu vermitteln ist [235]. Beispielhaft steht dafür beim Waschen die angemessene Dosierung des Waschmittels sowie die darauf abgestimmte und möglichst niedrige Temperatur bei einer angebrachten Ausnutzung der Waschmaschinenkapazität [182].

5.6 Fazit der sozialen Aspekte

Das Ergebnis dieses Kapitels sind die umfangreichen Kenndaten zum Ausstattungsgrad und zur „Alltäglichen Benutzung“ der Geräte für sechs typische deutsche Haushalte. Viele Daten stehen in Statistiken oder Forschungsberichten zur Verfügung, jedoch müssen die Informationen an die Erfordernisse der Lastgangsynthese angepasst werden. Es wird neben den deutschen Quellen, aus welchen die sozialen Kenndaten abgeleitet wurden, auch noch auf internationale Quellen hingewiesen. Die vielen Kennzahlen aus der Datenerhebung sind die Grundlage für die Lastgangsynthese und werden ohne weitere Anpassungen direkt aus den Tabellen entnommen.

Zudem werden Grundlagen für die Ausarbeitung von Zukunftsszenarien in diesem Kapitel gelegt. Dazu zählt die Bewertung des Ausstattungsgrads. Es wurde gezeigt, dass in den letzten Jahren eine Sättigung bei den meisten Geräten eingesetzt hat. Lediglich bei Wäschetrocknern, bedingt durch die Wärmepumpen-Technologie und bei Geschirrspülmaschinen, aufgrund des erhöhten Komforts, ist mit einem Anstieg des Ausstattungsgrads zu rechnen.

Spannend ist auch die Frage, wie sich die Lebensstile in den nächsten Jahren wandeln. Bereits heute gibt es einen spürbar geringeren „Gleichtakt“ der Gesellschaft. Ein Beispiel sind flexible Arbeitszeiten. Zudem kommt es in den nächsten Jahrzehnten zu einem massiven demografischen Wandel. Dort ist auch die Speisenzubereitung ein wichtiger Aspekt und es ist zu überlegen, ob und wie noch zu Hause gekocht wird. Bereits heute gibt einen erkennbaren Trend hin zu Fertiggerichten [209], [236] verbunden mit ausgeweiteten Zeiträumen für die Speisenzubereitung

6 Umsetzung der Lastgangsynthese

6.1 Begriffsklärung Synthese

Synthese stammt vom altgriechischen Wort *sýnthesis* ab. Synthese steht für den Prozess, etwas künstlich herzustellen, bzw. für Zusammenfassung, Zusammensetzung, Verknüpfung von Teilen zu einem Ganzen. In dieser Arbeit sind beide Bedeutungen passend. Im ersten Schritt werden mit Synthese 1 künstliche Lastverläufe für jedes Gerät für ein Jahr erstellt. Im zweiten Schritt werden diese Lastverläufe mit Synthese 2 zu Lastgängen zusammengesetzt. Zur Unterscheidung wird „synthetisiert" für künstliche Lastverläufe und „synthetisch" für die aus den Lastverläufen zusammengesetzten Lastgängen verwendet. Es sei nochmals auf den Unterschied zwischen *Lastverlauf* und *Lastgang* hingewiesen. Lastverläufe beziehen sich immer auf ein Gerät. Lastgänge sind Zusammensetzungen der Lastverläufe.

6.2 Grundstruktur und konzeptionelles Vorgehen

Die Anforderungen an die Lastgangsynthese wurden in Abschnitt 3.3 für die Anwendungen Energiemanagement, Erstellung von Lastprofilen, Netzplanung und Netzbetrieb beschrieben. Die konkretisierten Anforderungen enthält Tabelle 3-3. Ziel ist es, die Lastgangsynthese so zu gestalten, dass sie möglichst universell bei einem handhabbaren Aufwand einsetzbar ist. Die konzipierte Synthese ist neben der Planung auch für viele weitere Untersuchungen anwendbar und eine Erhöhung des Detaillierungsgrads ist einfach umzusetzen. Die wesentlichen limitierenden Faktoren bei der Lastgangsynthese sind bei den Eingangsdaten die erforderlichen technischen und sozialen Kennzahlen und bei den Referenzdaten die umfangreiche Datenverwaltung und -speicherung. Kapitel 4 und 5 stellen mit umfangreichen Analysen die Eingangsdaten bereit. Das Ergebnis der Synthese 1 sind die Referenzdaten als synthetisierte Lastverläufe je Gerät. Diese werden mit Synthese 2 zu synthetischen Lastgängen je Außenleiter je Haushalt oder zu Summenlastgängen zusammengesetzt und gespeichert.

Bild 6-1 fasst als Blockdiagramm die Arbeitsschritte der Lastgangsynthese zusammen. Im Folgenden werden die Schritte der Lastgangsynthese kurz erklärt.

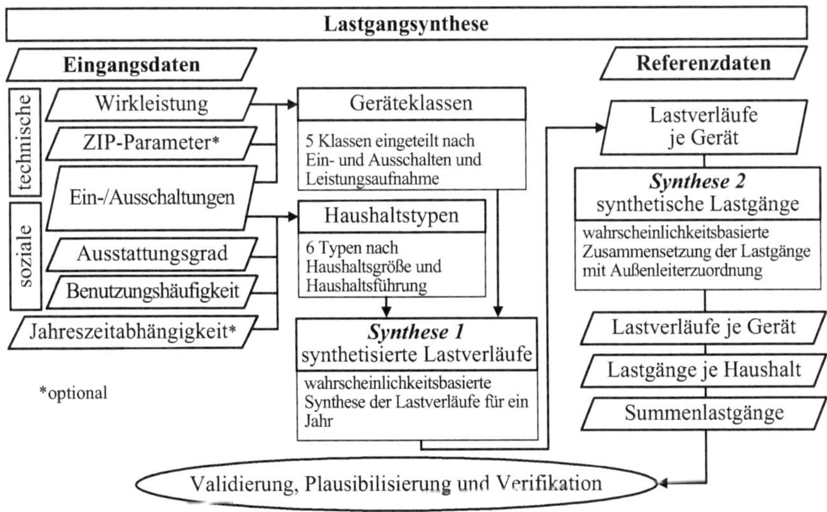

Bild 6-1: Blockdiagramm der Grundstruktur der Lastgangsynthese

Eingangsdaten für die wahrscheinlichkeitsbasierte Synthese

Für die Eingangsdaten werden Wahrscheinlichkeiten verwendet. Bei der Synthese sind die Gleichverteilung, Normalverteilung und Log-Normalverteilung oder Auftrittswahrscheinlichkeit für die Kennzahlen implementiert. Wenn nötig, kann die Lastgangsynthese um weitere Verteilungen erweitert werden. Die Eingangsdaten wurden bereits in den vorigen Kapiteln entsprechend erhoben und angegeben.

Technische Kennzahlen

Die wichtigste technische Kennzahl ist die Wirkleistung P. Die Wirkleistung wird für jedes Gerät im jeweiligen Haushalt bei der entsprechenden Synthese 1 aus den in Abschnitt 4.5 erhobenen Anschlussleistungen oder Leistungsaufnahmen im Ein-Zustand bestimmt und für das gesamte Jahr als fester Wert beibehalten.

Soziale Kennzahlen

Die wesentlichen sozialen Kennzahlen sind Ausstattungsgrad, Benutzungshäufigkeit und die geräteklassenabhängige Angabe zum Ein- und Ausschalten. Für diese Kennzahlen wird zwischen den Benutzungen an den Arbeitstagen von Montag bis Freitag (MoFr) und an den Wochenendtagen Samstag und Sonntag (SaSo) unterschieden. Arbeitstage haben bei der Synthese die Nummern $i \in \{0,1,2,3,4,7,\ldots,361,364\}$ und Wochenendtage die Nummern $i \in \{5,6,12,13,\ldots,362,363\}$.

Geräteklassen

Für die Erstellung der Lastverläufe werden die in Abschnitt 4.3 eingeführten fünf Geräteklassen verwendet. Die Einbeziehung weiterer Geräte in die Synthese ist leicht möglich, wenn das jeweilige Gerät einer Geräteklasse zuzuordnen ist und die Kennzahlen bekannt sind.

Haushaltstypen

Die sozialen Kennzahlen sind vom Lebensstil der Bewohner abhängig. Die Lastgangsynthese wird hier anhand der in Abschnitt 5.1 beschriebenen sechs Haushaltstypen mit den zugehörigen Daten durchgeführt.

Synthese 1: Künstliche Erstellung von synthetisierten Lastverläufen

Mit den technischen und sozialen Kennzahlen erfolgt die Erstellung der synthetisierten Lastverläufe für alle Geräte anhand der fünf Geräteklassen. Grundlage für die wahrscheinlichkeitsbasierte Synthese ist die statistische Beschreibung der Kennzahlen aus den vorigen Kapiteln.

Synthese 2: Zusammensetzung der Lastverläufe zu synthetischen Lastgängen

Nach der Erstellung der synthetisierten Lastverläufe werden diese zu Lastgängen je Außenleiter oder Summenlastgängen zusammengesetzt. Bei der Ermittlung der Lastgänge je Außenleiter findet die Außenleiterzuordnung statt. Die Anschlusswahrscheinlichkeit an einen Außenleiter kann vorgegeben werden. Auch können für einzelne Geräte feste Vorgaben für eine Zuordnung zu einem der drei Außenleitern vorgenommen werden. Dies ist insbesondere bei der Grundlast und der Beleuchtung sowie bei den Kochzonen nützlich.

Bei der Zusammensetzung der Geräte ist es optional möglich, die ZIP-Parameter für jeden Zeitpunkt einer Zeitreihe zu ermitteln und mitzuführen.

Validierung, Plausibilisierung und Verifikation

Validierung

Validierung ist die Kontrolle, ob die Synthese 1 für die jeweilige Geräteklasse richtig umgesetzt wurde. Durchgeführt wurde sie nach der Implementierung der Algorithmen. Aus erstellten Lastverläufen wurden im Nachhinein wieder die Kennzahlen ermittelt, welche für die Synthese verwendet wurden. Eine Synthese gilt als validiert, wenn die derartig ermittelten Kennzahlen im Einklang mit den Eingangsdaten stehen.

Plausibilisierung
Mit der Plausibilisierung wird überprüft, ob die zusammengesetzten synthetischen Lastgänge nachvollziehbare Merkmale haben. Als Merkmale bieten sich die Höchstlast und der Energieverbrauch an. Die Werte werden mit den aus der Praxis bekannten Kenndaten verglichen.

Verifikation
Die Verifikation der Lastgangsynthese ist am schwierigsten, da nachgewiesen werden muss, dass die erstellten Lastgänge „richtig“ sind. Mit der Validierung wird bereits gezeigt, dass die Implementierung einwandfrei ist. Mit der Verifikation muss gezeigt werden, dass die Eingangsdaten und die Umsetzung der Lastgangsynthese geeignet sind. Für die Verifikation wird der Vergleich mit gemessenen Lastgängen vorgeschlagen. Es ist ebenfalls angebracht, die sortierten Dauerlinien miteinander zu vergleichen. Zudem können die Laständerungen zwischen den Zeitschritten ausgewertet werden. Diese sind insbesondere für dynamische Untersuchungen interessant und sollten daher richtig abgebildet sein.

Abstraktion

Vernachlässigung besonderer Zeiten (Feiertage, Krankheitstage, Urlaub, etc.)
Die je nach Bundesland 9 bis 13 Feiertage in einem Jahr finden keine weitere Berücksichtigung bei der Lastgangsynthese. Ebenso werden Schulferien, Krankheitstage und die Abwesenheit der Bewohner während des Urlaubs vernachlässigt.

Sommerzeitumstellung
Für die Lastgangsynthese wird die Umstellung auf Sommerzeit nur für die Geräteklasse Beleuchtung durchgeführt, und da auch nur für das morgendliche Ausschalten und abendliche Einschalten. Im Gegensatz dazu wird beim morgendlichen Einschalten und abendlichen Ausschalten von einer Anpassung der Lebensführung ausgegangen. Dies wird angenommen, da nach einer kurzen Gewöhnung sich die *„Alltägliche Lebensführung“* schnell an die Zeitumstellung anpasst und es wird beispielsweise weiterhin um 7 Uhr aufgestanden oder um 13 Uhr Mittag gegessen. Kurz, der Lebensrhythmus der Bewohner richtet sich nicht nach dem Stand der Sonne, sondern nach der Ortszeit. Für den Sonnenaufgang und -untergang werden die Daten aus Bild 4-8 als Referenz verwendet.

Konzeptionelles Vorgehen für die Lastgangsynthese am Beispiel der Mikrowelle
In Bild 6-2 ist der konzeptionelle Ablauf der Synthese 1 eines Lastverlaufs am Beispiel der Mikrowelle mit den Kenndaten für den Haushaltstyp „4+-Pers. - tagsüber abwesend“ dargestellt. Die Mikrowelle gehört der Geräteklasse *„Aktive Ein/Aus“* an. Die Leistung P ist aus Kapitel 4 und die sozialen Kennzahlen Ausstattungsgrad a_G, Benutzungshäufigkeit n_B, Einschaltzeit t_{ein} und Betriebsdauer t_B aus Kapitel 5 entnommen.

Zuerst werden für alle möglichen Benutzungen im Jahr die individuellen Einschaltzeiten in Abhängigkeit vom Wochentag ermittelt. Allgemein gibt es bei Geräten, welche in Abhängigkeit der Tagesabschnitte genutzt werden, drei Einschaltungen an einem Arbeitstag und weitere drei Einschaltungen an einem Wochenendtag. Die Einschaltzeiten dazu enthält Tabelle 5-5. Im Beispiel sind aufgrund der Haushaltsführung „tagsüber abwesend“ an Arbeitstagen nur zwei und an Wochenendtagen dann drei Einschaltungen möglich. Die Einschaltungen an Wochenenden sind um eine Stunde nach hinten verschoben. Für alle Einschaltzeiten wird mit einer Standardabweichung von 1 h gerechnet. Für ein Jahr ergeben sich für die 261 Arbeitstage 522 und für die 104 Wochenendtage 312 und in Summe 834 Einschaltzeiten.

Die Benutzungshäufigkeit für Mikrowellen ist in Tabelle 5-3 für den genannten Haushaltstyp mit im Mittel 300 Benutzungen im Jahr bei einer Standardabweichung von 120 angegeben. Damit benutzen 68,3 % der Haushalte die Mikrowelle zwischen 180- und 420-mal, was dem Intervall $\mu \pm \sigma$ entspricht und 95,4 % der Haushalte zwischen 60- und 540-mal beim Intervall $\mu \pm 2 \cdot \sigma$. Die Benutzungshäufigkeit kann im Beispiel aufgrund der Darstellung von nur zwei

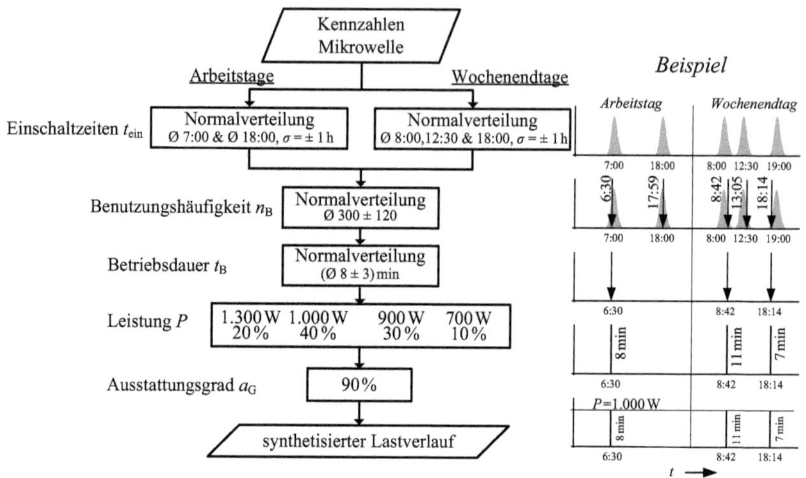

Bild 6-2: Konzeptioneller Ablauf der Synthese 1 am Beispiel der Mikrowelle

Tagen nicht vollwertig gezeigt werden. Es werden 500 Benutzungen ermittelt, womit bei den 834 möglichen Einschaltzeiten es bei 334 nicht zu einer Einschaltung kommt. In der Implementierung werden die nicht erforderlichen Einschaltungen gelöscht, womit im Beispiel zwei Einschaltungen wegfallen.

Darauf folgt die Bestimmung der Betriebsdauer. Die Daten befinden sich in Tabelle 5-6 und die Betriebsdauer beträgt im Mittel 8 min bei einer Standardabweichung von 3 min. Für jede Einschaltung wird eine individuelle Betriebsdauer ermittelt.

Abschließend wird die Leistung bestimmt, welche in diesem Beispiel mit den Daten aus Tabelle 4-10 1.000 W beträgt. Diese Leistung wird für das gesamte Jahr als konstant angenommen. Damit wird aus der Zeitreihe der Benutzungen der synthetisierte Lastverlauf $P(t)$.

Die Synthese der Lastverläufe erfolgt in der Implementierung je Gerät für n Haushalte parallel. Da nicht alle Haushalte eine Mikrowelle haben, werden erst am Ende die nicht erforderlichen Lastverläufe mit dem Ausstattungsgrad a_G aus Tabelle 5-2 bereinigt.

Nach der Erstellung aller synthetisierten Lastverläufe der Geräte wird mit Synthese 2 durch die außenleiterselektive Zusammensetzung der Lastverläufe zu synthetischen Lastgängen je Außenleiter die Lastgangsynthese finalisiert.

6.3 Synthese 1: Künstliche Erstellung von synthetisierten Lastverläufen

Die Erstellung von Lastverläufen kann sehr umfangreich werden. Es ist zum einen darauf zu achten, dass das Vorgehen an sich nicht zu kompliziert wird und zum andern muss die Datenmenge handhabbar bleiben. Für eine effiziente Umsetzung der Synthese werden die Lastverläufe für mehrere Geräte als Matrizen erzeugt. Das Ergebnis einer jeden Synthese ist eine $m \times n$ Matrix $\boldsymbol{P}$ für jedes Gerät, wobei n die Anzahl der Haushalte und sich m aus den Zeitpunkten der Synthese mit $m = 1.051.200$ bei $\Delta t = 30\,\text{s}$ und mit $m = 525.600$ bei $\Delta t = 60\,\text{s}$ ergibt. Mit der Verwendung von Matrizen werden die Vorteile von Matlab genutzt.

Es werden für jedes Geräte für alle Haushalte die synthetisierten Lastverläufe parallel erstellt und die Matrizen erst am Ende in Abhängigkeit des Ausstattungsgrads um nicht erforderliche Lastverläufe bereinigt.

6.3.1 Implementierung Synthese 1 für Geräteklasse Grundlast

Daten für Geräteklasse Grundlast

- Ausstattungsgrad a_G
- Wirkleistung P

Für die optionale Jahreszeitabhängigkeit gibt es den Parameter:

- Jahreszeit-Variation der Leistung $p^{\%}$

Ablauf der Synthese Grundlast

Bild 6-3 enthält den Ablauf der Synthese Grundlast. Es wird lediglich die Leistung bestimmt, welche für ein Jahr als konstant angenommen wird.

Optional ist eine Jahreszeit-Variation der Leistung möglich. Diese erfolgt in Anlehnung des Sinusverlaufs der Erdbodentemperatur in Gl. (4.1). Bei der Berechnung wird jeder Leistungswert des Jahres p_i mit Gl. (6.1) skaliert und das Ergebnis ist die Jahreszeit-Variation der Leistung $\tilde{p}_i$. Der Index i steht für die Zeitpunkte im Jahr und geht bis $m = 525.600$ bei $\Delta t = 60\,\text{s}$. Der Subtrahend t_0 beinhaltet nach Bild 4-16 die Verschiebung der Funktion um 28 Tage.

$$\tilde{p}_i = p_i\left(1 - p^{\%}\cos\left(2\pi\left(\frac{i}{m} - \frac{t_0}{365\,\text{d}}\right)\right)\right) \tag{6.1}$$

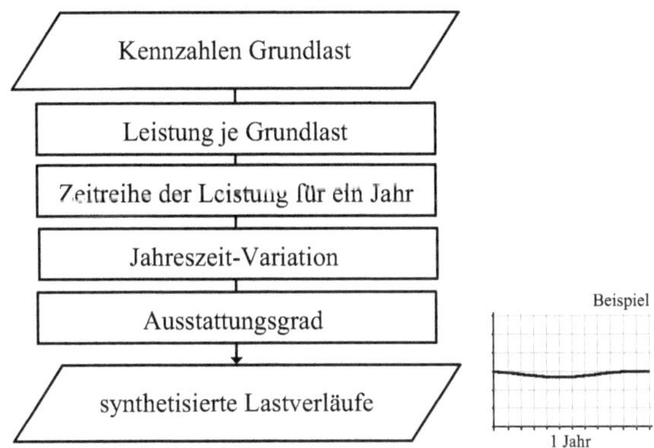

Bild 6-3: Synthese Grundlast: Schematisierter Ablauf

Beispielhafte Lastverläufe der Synthese Grundlast ohne und mit Jahreszeitabhängigkeit

Bild 6-4 zeigt synthetisierte Lastverläufe der Grundlast je Außenleiter und die Summen-Grundlast. Die Jahreszeit-Variation wird nur für die Summen-Grundlast für $p^{\%} = 10\,\%$ dargestellt. Durch den positiven Wert ist die Leistung im Winter größer als im Sommer.

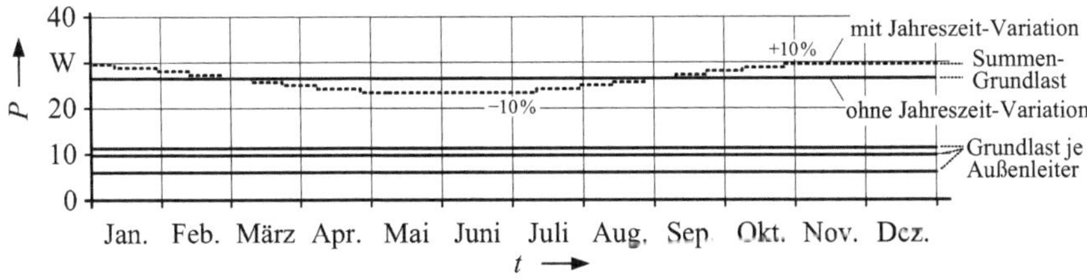

Bild 6-4: Grundlast: Synthetisierte Lastverläufe mit Jahreszeitabhängigkeit

6.3.2 *Implementierung Synthese 1 für Geräteklasse Taktbetrieb*

Daten für Geräteklasse Taktbetrieb

- Ausstattungsgrad a_G
- Wirkleistung P

Das Ein- und Ausschalten erfordert die Kennzahlen:

- Periodendauer T mit Initial- und Individual-Variation
- Betriebsdauer t_B mit Initial- und Individual-Variation

Für die optionale Jahreszeitabhängigkeit gibt es die Parameter:

- Jahreszeit-Variation der Periodendauer $T^{\%}$
- Jahreszeit-Variation der Betriebsdauer $t_B^{\%}$

Ablauf der Synthese Taktbetrieb

Bild 6-5 enthält den Ablauf der Synthese Taktbetrieb. Leistung, Perioden- und Betriebsdauer werden unabhängig voneinander bestimmt. Es wird darauf geachtet, dass mit der Periodendauer eines jeden Geräts ein ganzes Jahr abgedeckt wird.

Die Berechnungen der Perioden- und Betriebsdauer ist zweistufig. Zuerst wird je ein Initialwert für Perioden- und Betriebsdauer mit der Initial-Variation für jedes Gerät bestimmt. Im zweiten Schritt wird darauf beruhend die Perioden- und Betriebsdauer mit für jede Einschaltung individuellen Werten mit der Individual-Variation für ein Jahr ermittelt. Mit diesem Vorgehen wird der im Weiteren erklärte Gleichtakt der Geräte unterdrückt. Bei der Zusammenführung der Perioden- und Betriebsdauer zu Zeitreihen der Benutzungen wird eine Anfangsgleichtakt-Unterdrückung vorgenommen, mit welcher ein Gleichtakt am Anfang der Lastverläufe ausgeschlossen wird. Abschließend werden mit je einem festen Leistungswert je Gerät die synthetisierten Lastverläufe komplettiert.

Die Jahreszeitabhängigkeit von Periodendauer T und Betriebsdauer t_B erfolgt in Anlehnung an Gl. (4.1) durch Gl. (6.2) für die Periodendauer und Gl. (6.3) für die Betriebsdauer.

$$\tilde{T}_i = T_i \left(1 + T^{\%} \cos\left(2\pi\left(\frac{i}{m} - \frac{t_0}{365\,\mathrm{d}}\right)\right)\right) \tag{6.2}$$

$$\tilde{t}_{\mathrm{B}i} = t_{\mathrm{B}i} \left(1 - t_{\mathrm{B}}^{\%} \cos\left(2\pi\left(\frac{i}{m} - \frac{t_0}{365\,\mathrm{d}}\right)\right)\right) \tag{6.3}$$

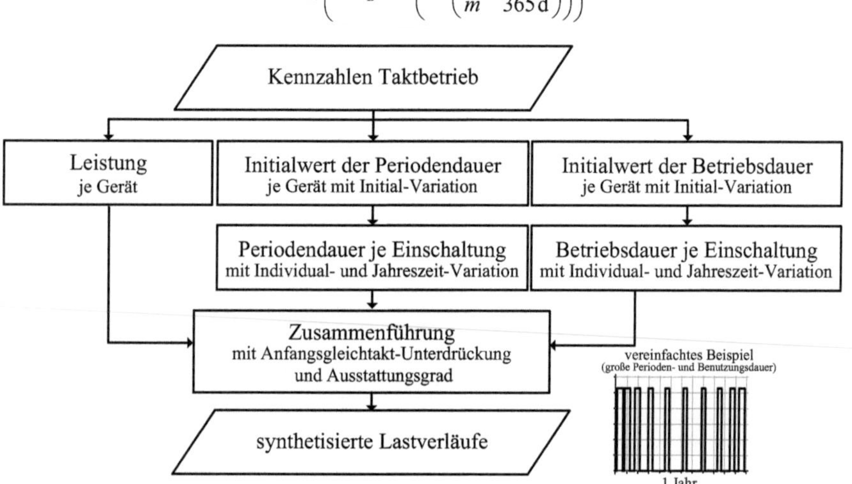

Bild 6-5: Synthese Taktbetrieb: Schematisierter Ablauf

Gleichtakt-Unterdrückung durch Initial- und Individual-Variation

Am Beispiel der Bestimmung der Periodendauer mit $T=(\varnothing(60\pm 10)\pm 3)$ min wird der Ablauf erklärt. Zur besseren Nachvollziehbarkeit wird im Gegensatz zu den normalverteilten Werten aus Tabelle 5-4 eine Gleichverteilung verwendet. Der Erwartungswert beträgt 60 min, die Initial-Variation ± 10 min und die Individual-Variation ± 3 min. Zuerst wird der Initialwert der Periodendauer bestimmt, welcher gleichverteilt im Bereich von (60 ± 10) min liegt. Beispielhaft ergibt sich eine Dauer von 62 min. Da dies für alle Geräte angewendet wird, hat die Periodendauer im Mittel über alle Geräte wieder einen Wert von 60 min.

Dann wird dieser Initialwert von 62 min mit der Individual-Variation für jede Benutzung verändert, sodass jeder Wert der Periodendauer im Bereich von (62 ± 3) min liegt. Analog wird bei der Betriebsdauer vorgegangen.

Bild 6-6 zeigt die Verläufe der Periodendauer T und Betriebsdauer t_B für ein Jahr. Abweichend von Tabelle 5-4 wird auch für die Betriebsdauer wieder eine Gleichverteilung mit $(\varnothing(11\pm 3)\pm 1)$ min verwendet. Bild 6-6 a zeigt nur die Initial- und Individual-Variation und Bild 6-6 b außerdem die Jahreszeitabhängigkeit. Der kleinste Wert der Periodendauer beträgt 53 min im Sommer und der größte Wert 71 min im Winter. Dies kommt durch die Überlagerung der Individual-Variation mit ± 3 min und der Jahreszeit-Variation mit ± 6 min, was in Summe ± 9 min entspricht.

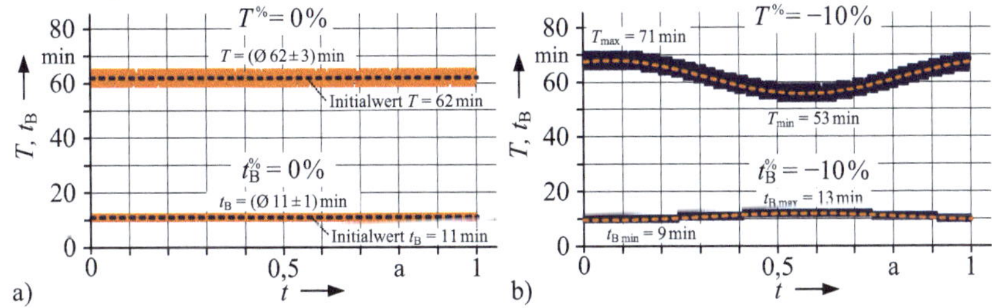

Bild 6-6: Taktbetrieb: Perioden- und Betriebsdauer
a) mit Initial- und Individual-Variation
b) mit zusätzlicher Jahreszeit-Variation

Anfangsgleichtakt-Unterdrückung

Wenn zu Beginn des Jahres alle Geräte zur gleichen Zeit einschalten, kommt es zu einem Anfangsgleichtakt. Durch voneinander unabhängige Verschiebungen eines jeden Lastverlaufs im Bereich von Null bis zur Periodendauer wird dieser Gleichtakt unterdrückt. Somit ist sichergestellt, dass es schon von Beginn an eine korrekte Durchmischung der Lastverläufe gibt.

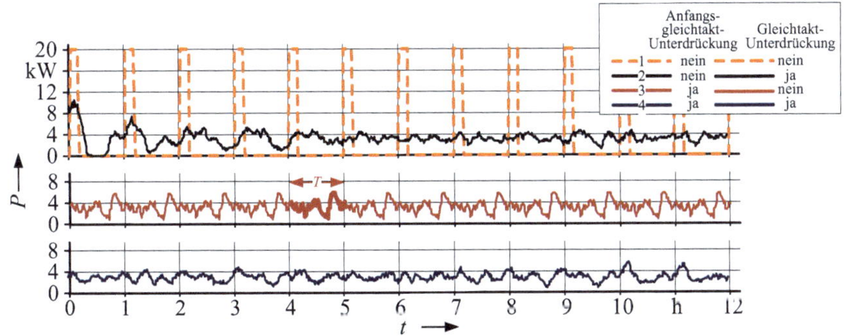

Bild 6-7: Taktbetrieb: Synthetische Summenlastgänge mit und ohne Gleichtakt ($n=100$) für die ersten 12 h im Jahr

Dies zeigt Bild 6-7 anhand von vier Lastverläufen mit jeweils 100 Geräten bei einer identischen Wirkleistung von 200 W bei unterschiedlichen Kombinationen der Unterdrückung. Die Lastverläufe sind für die ersten 12 h im Jahr dargestellt. Verlauf 1 hat keine Unterdrückung und damit kommt es für den gesamten Lastverlauf über das Jahr zum Gleichtakt. Verlauf 2 hat nur die Gleichtakt-Unterdrückung und es ist zu erkennen, dass sich die Lastverläufe nach einigen Stunden durchmischen. Verlauf 3 hat nur die Anfangsgleichtakt-Unterdrückung und es ist eine Periodizität im Verlauf mit der Periodendauer T zu erkennen. Verlauf 4 hat beide und somit ergeben sich Lastverlauf von Anfang an die gewünschte Durchmischung.

Beispielhafte Lastverläufe der Synthese Taktbetrieb mit Jahreszeitabhängigkeit

In Bild 6-8 sind Lastverläufe mit der Jahreszeitabhängigkeit für Taktbetrieb dargestellt. Die Parameter sind ohne Initial- und Individual-Variation mit T=20.000 min und t_B=5.000 min so gewählt, dass die Jahreszeitabhängigkeit gut ersichtlich ist. In Bild 6-8 a wird ein Gerät gezeigt, welches durch $T^{\%}$=50% und $t_B^{\%}$=30% im Winter eine kürzere Periodendauer und eine längere Betriebsdauer hat, wohingegen Bild 6-8 b ein Gerät zeigt, welches durch $T^{\%}$=−50% und $t_B^{\%}$=−30% im Sommer eine kürzere Periodendauer und eine längere Betriebsdauer hat.

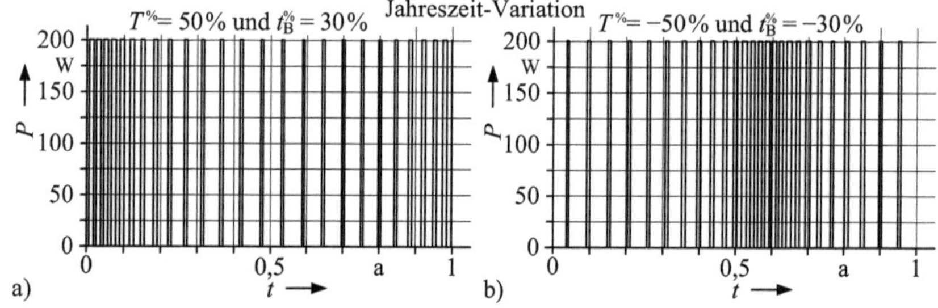

Bild 6-8: Taktbetrieb: Synthetisierte Lastverläufe mit Jahreszeitabhängigkeit
a) kürzere Periodendauer und längere Betriebsdauer im Winter
b) kürzere Periodendauer und längere Betriebsdauer im Sommer

6.3.3 Implementierung Synthese 1 für Geräteklasse Aktive Ein/Aus

Daten für Geräteklasse Aktive Ein/Aus

- Ausstattungsgrad a_G
- Wirkleistung P
- Benutzungshäufigkeit n_B

Das Ein- und Ausschalten erfordert die Kennzahlen:

- Betriebsdauer t_B
- bis zu drei Einschaltzeiten für Arbeitstage $t_{\text{ein MoFr}}$
- bis zu drei Einschaltzeiten für Wochenenden $t_{\text{ein SaSo}}$

Für die optionale Jahreszeitabhängigkeit gibt es die Parameter:

- Jahreszeit-Variation der Benutzungshäufigkeit $n_B^{\%}$
- Jahreszeit-Variation der Betriebsdauer $t_B^{\%}$

Ablauf der Synthese Aktive Ein/Aus

Bild 6-9 enthält den Ablauf der Synthese Aktive Ein/Aus. Leistung, Benutzungshäufigkeit, alle potenziellen Einschaltzeiten für ein Jahr und die Betriebsdauer mit Jahreszeit-Variation nach Gl. (6.3) werden unabhängig voneinander bestimmt. Für die Einschaltzeiten wird zwischen Arbeitstag und Wochenendtag unterschieden. Mit der Benutzungshäufigkeit werden die tatsächlich genutzten Einschaltzeitpunkte festgelegt. Dabei wird die Jahreszeit-Variation der Benutzungshäufigkeit berücksichtigt, sodass es beispielsweise im Sommer mehr Einschaltungen gibt als im Winter. Anschließend findet die Zusammenführung statt, womit sich die synthetisierten Lastverläufe ergeben.

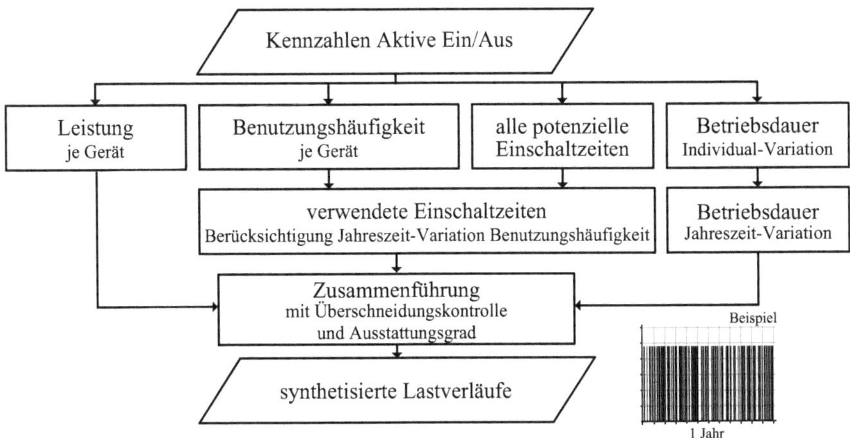

Bild 6-9: **Synthese Aktive Ein /Aus: Schematisierter Ablauf**

Berücksichtigung von Überschneidungen

Bei dieser Synthese ist eine erneute Einschaltung vor dem Ende der vorherigen Benutzung möglich. Dies tritt bei Verwendung von unbeschränkten Verteilungen, wie die Normalverteilung eine ist, auf. Während der Synthese wird kontrolliert, ob es Überschneidungen gibt. Bei einer Überschneidung wird der betroffene Einschaltzeitpunkt nach dem Ende der vorherigen Benutzung verschoben.

Beispielhafte Lastverläufe der Synthese Aktive Ein /Aus mit Jahreszeitabhängigkeit

In Bild 6-10 sind zwei exemplarische Summenlastgänge gezeigt. Diese setzen sich aus 100 Lastverläufen zusammen. Jedes Gerät hat eine Leistung von 1.000 W. Auch die Einschaltzeitpunkte und die Betriebsdauer sind ohne Individual-Variation fest vorgegeben. In Bild 6-10 a finden die 50 Benutzungen nur an Wochenenden statt, wohingegen bei Bild 6-10 b die Benutzungen anteilig zu je 50 % auf Arbeitstage und Wochenenden verteilt sind. Da es weniger Wochenendtage als Arbeitstage gibt, ergeben sich die Spitzen für Samstage und Sonntage.

Zusätzlich ist in Bild 6-10 die Jahreszeitabhängigkeit gezeigt. Im Sommer finden durch $n_B^{\%} = 50\,\%$ weniger Einschaltungen statt und die Betriebsdauer ist durch $t_B^{\%} = 50\,\%$ zudem kürzer.

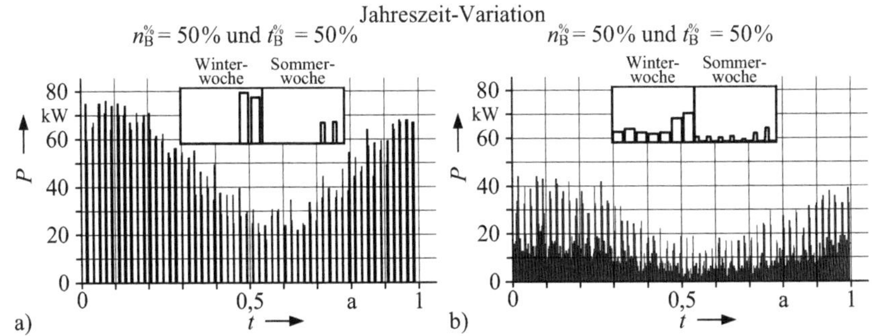

Bild 6-10: **Aktive Ein /Aus: Synthetische Summenlastgänge mit Jahreszeitabhängigkeit für $n = 100$**
a) 50 Benutzung nur an Wochenenden
b) 50 Benutzungen zu je 50 % an Arbeitstagen und Wochenenden

6.3.4 *Implementierung Synthese 1 für Geräteklasse Prozessablauf*

Daten für Geräteklasse Prozessablauf

- Ausstattungsgrad a_G
- Prozessschritt 1: Wirkleistung P
- Prozessschritt 2: Wirkleistung P_2
- Benutzungshäufigkeit n_B

Das Ein- und Ausschalten erfordert die Kennzahlen:

- Prozessschritt 1: Betriebsdauer t_B
- Prozessschritt 2: Betriebsdauer t_{B2}
- bis zu drei Einschaltzeiten für Arbeitstage $t_{ein\,MoFr}$
- bis zu drei Einschaltzeiten für Wochenenden $t_{ein\,SaSo}$

Für die optionale Jahreszeitabhängigkeit gibt es die Parameter:

- Jahreszeit-Variation der Benutzungshäufigkeit $n_B^{\%}$
- Prozessschritt 1: Jahreszeit-Variation der Betriebsdauer $t_B^{\%}$
- Prozessschritt 2: Jahreszeit-Variation der Betriebsdauer $t_{B2}^{\%}$

Ablauf der Synthese Prozessablauf

Bild 6-11 enthält den Ablauf der Synthese Prozessablauf. Diese ist eine Erweiterung der Synthese Aktive Ein/Aus nach Bild 6-9 um den zweiten Prozessschritt. Nach dem ersten Prozessschritt folgt direkt der zweite Prozessschritt. Bei Überschneidungen wird wie bei der Synthese Aktive Ein/Aus verfahren.

Bild 6-11: Synthese Prozessablauf: Schematisierter Ablauf

6.3.5 *Implementierung Synthese 1 für Geräteklasse Beleuchtung*

Daten für die Synthese Beleuchtung

- Ausstattungsgrad a_G
- Wirkleistung P
- Benutzungshäufigkeit n_B

Das Ein- und Ausschalten erfordert die Kennzahlen:

- Arbeitstage Einschaltzeit morgens $t_{ein\,MoFr}$
- Arbeitstage Ausschaltzeit morgens $t_{aus\,MoFr}$ (Haushaltsführung tagsüber abwesend)
- Arbeitstage Einschaltzeit abends $t_{ein\,MoFr}$ (Haushaltsführung tagsüber abwesend)
- Arbeitstage Ausschaltzeit abends $t_{aus\,MoFr}$
- Wochenendtage Einschaltzeit morgens $t_{ein\,SaSo}$
- Wochenendtage Ausschaltzeit abends $t_{aus\,SaSo}$

Für das Tageslicht werden die Sonnenaufgangs- und Sonnenuntergangszeiten aus Bild 4-8 verwendet. Zusätzlich gibt es die Verschiebung der Zeit des Sonnenaufgangs und -untergangs mit:

- morgens: t_{OffsetM}
- abends: t_{OffsetA}

Damit schalten die Benutzer die Beleuchtung morgens erst nach dem Sonnenaufgang aus bzw. abends vor dem Sonnenuntergang ein.

Ablauf der Synthese Beleuchtung

Bild 6-12 enthält den Ablauf der Synthese Beleuchtung. Es wird zwischen morgens und abends unterschieden. Für morgens werden für jeden Tag im Jahr die

- Einschaltzeit durch den Benutzer
- Ausschaltzeit durch den Benutzer bei Verlassen der Wohnung (wenn angegeben)
- Ausschaltzeit bedingt durch das Tageslicht

und für abends die:

- Einschaltzeit durch den Benutzer bei Heimkehr zur Wohnung (wenn angegeben)
- Einschaltzeit bedingt durch das Tageslicht
- Ausschaltzeit durch den Benutzer

bestimmt. Beim Zusammenführen wird zuerst untersucht, ob das Schalten durch den Benutzer oder bedingt durch das Tageslicht geschieht. Im zweiten Schritt wird geprüft, ob es überhaupt zum Einschalen kommt. Zu keiner Einschaltung kommt es, wenn morgens die Ausschaltzeit vor der Einschaltzeit bzw. abends die Einschaltzeit nach der Ausschaltzeit liegt.

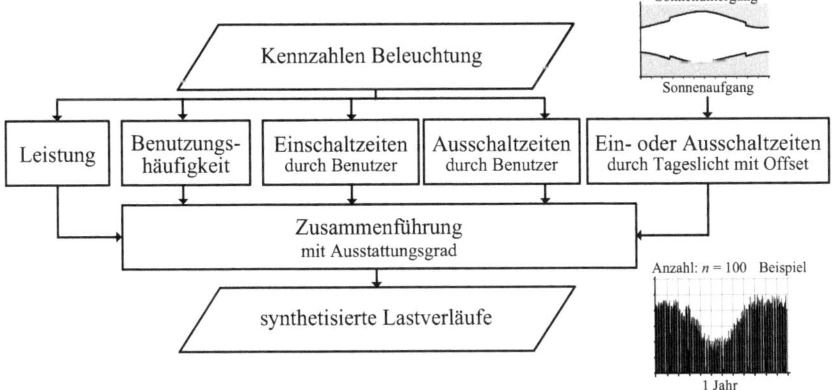

Bild 6-12: Synthese Beleuchtung: Schematisierter Ablauf

Beispielhafte Lastverläufe der Synthese Beleuchtung

In Bild 6-13 sind Lastgänge für 100 Haushalte für die morgendliche Beleuchtung in Bild 6-13 a und abendliche Beleuchtung in Bild 6-13 b gezeigt. Die Wirkleistung wird mit 120 W je Haushalt angenommen. In Bild 6-13 a ist die Tageslichtabhängigkeit der Einschaltungen ersichtlich. Insbesondere an Wochenenden kommt es im Sommer nur zu wenigen morgendlichen Benutzungen der Beleuchtung. Bei Bild 6-13 b gibt es hingegen für Wochenenden immer Einschaltungen, da das Ausschalten um 23:00 Uhr offenkundig nach dem spätesten Sonnenuntergang um 21:24, welcher nochmals mit dem Offset im Mittel um eine Stunde nach vorn auf 20:24 verschoben wird, stattfindet. Schließlich ist insbesondere in Bild 6-13 a die Sommerzeitumstellung kenntlich gemacht.

Zusätzlich ist je eine Winter- und Sommerwoche vergrößert dargestellt. Dabei wird deutlich, dass die Zeitspannen zwischen Ein- und Ausschalten im Winter länger als im Sommer sind.

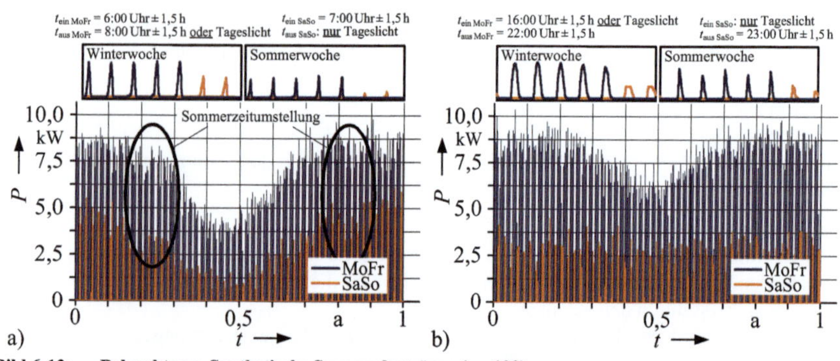

Bild 6-13: Beleuchtung: Synthetische Summenlastgänge (n = 100)
a) morgendliche Beleuchtung, Wahrscheinlichkeit: MoFr: 100 %, Wochenende: 50 %
b) abendliche Beleuchtung, Wahrscheinlichkeit: MoFr: 75 %, Wochenende: 25 %

6.4 Synthese 2: Zusammensetzung der Lastverläufe zu synthetischen Lastgängen

Nachdem mit den implementierten Synthesen 1 für die fünf Geräteklassen synthetisierte Lastverläufe erstellt wurden, kann nun die in Bild 6-1 gezeigte Synthese 2, die Zusammensetzung zu weiteren Referenzdaten, stattfinden. Die Zusammensetzung zu den synthetischen Lastgängen erfolgt dabei außenleiterselektiv.

Außenleiterzuordnung

Alle Lastverläufe erhalten bereits während der Synthese wahrscheinlichkeitsbasiert eine Außenleiterzuordnung für L1, L2 oder L3. Dies ermöglicht es, die synthetischen Lastgänge je Außenleiter rasch zu erstellen. Die Außenleiter können dabei entweder gerätebezogen oder haushaltsbezogen zugeordnet werden. Bei der gerätebezogenen Zuordnung wird für jedes Gerät ein Außenleiter festgelegt. Bei der haushaltsbezogenen Zuordnung ist jeder Haushalt nur an einem Außenleiter angeschlossen, wobei alle Geräte des Haushalts diesem Außenleiter zugeordnet sind.

Es ist möglich, von der gleichmäßigen Aufteilung auf die Außenleiter (L1: ⅓, L2: ⅓, L3: ⅓) durch Vorgabe einer Auftrittswahrscheinlichkeit (z.B. L1: 40%, L2: 30%, L3: 30%) abzuweichen. Es kann für Geräte auch der Außenleiter fest vorgegeben werden, welches beispielsweise für die Grundlast, die Beleuchtung oder die Kochzonen zweckmäßig ist.

Aus den Summen der in der Synthese erzeugten Lastverläufe $P_{\text{L1}\,\text{G}k}$, $P_{\text{L2}\,\text{G}k}$ und $P_{\text{L3}\,\text{G}k}$ der angeschlossenen Geräte in Gl. (6.4) ergeben sich die Lastgänge P_{L1}, P_{L2} und P_{L3}. Demgemäß stehen n_1, n_2 und n_3 für die für jeden Haushalt individuelle Anzahl der Geräte je Außenleiter. Die Summe der drei Lastgänge P_{L1}, P_{L2} und P_{L3} ergibt den Summenlastgang P_{sum} nach Gl. (3.1).

$$P_{\text{L1}}(t)=\sum_{k=1}^{n_1} P_{\text{L1}\,\text{G}k}(t) \qquad P_{\text{L2}}(t)=\sum_{k=1}^{n_2} P_{\text{L2}\,\text{G}k}(t) \qquad P_{\text{L3}}(t)=\sum_{k=1}^{n_3} P_{\text{L3}\,\text{G}k}(t) \tag{6.4}$$

Ergebnisse

Die Möglichkeiten der Verwendung der synthetischen Lastgänge sind sehr vielfältig. Sie können für unzählige Untersuchungen genutzt werden und eröffnen oftmals neue Perspektiven. Die Vorstellung der Ergebnisse kann hier nur anhand weniger Beispiele erfolgen.

Es werden im Weiteren Ergebnisse von Haushalten mit dem *Elektrifizierungsgrad* „teilelektrisch“ mit den in Tabelle 6-1 enthaltenen 30 bzw. 31 Geräten gezeigt. Es wird die Lastgangsynthese für je 1.000 Haushalte je Haushaltstyp durchgeführt und so stehen in Summe Referenzdaten für 6.000 Haushalte zur Auswertung zur Verfügung.

Tabelle 6-1: Gerätezusammenstellung für Haushalte

Synthese	Geräte und Gerätegruppen		
Grundlast	3 × Grundlast⁺ mit fester Außenleiterzuordnung		
Taktbetrieb	Kühlgeräte⁺		
Aktive Ein/Aus	Mikrowellen Wasserkocher Kaffeemaschinen⁺ Küchenmaschinen Toaster⁺ Mixer⁺ Staubsauger Bügeleisen⁺	Haartrockner Haarstyler⁺ Computer⁺ TV⁺ (nur für 1-Pers.-HH) TV groß⁺ (nicht für 1-Pers.-HH) TV klein⁺ (nicht für 1-Pers.-HH) Videoprojektoren⁺	Musikanlagen⁺ Spielkonsolen⁺ Backöfen Heizgeräte⁺
Prozessablauf	große Kochzonen (an Außenleiter L1) mittlere Kochzonen (an Außenleiter L2) kleine Kochzonen (an Außenleiter L3)		Geschirrspülmaschinen Waschmaschinen Wäschetrockner
Beleuchtung	3 × gemischte Leuchtmittelausstattung mit fester Außenleiterzuordnung		

6.4.1 *Plausibilisierung des Jahresenergieverbrauchs und der Jahreshöchstlast*

Für die Plausibilisierung werden die Merkmale Jahresenergieverbrauch und die Jahreshöchstlast für die 6.000 Lastgänge ausgewertet und in Bild 6-14 mit Box-Whisker-Plots grafisch dargestellt. Die Werte dazu befinden sich in Tabelle 6-2 und Tabelle 6-4.

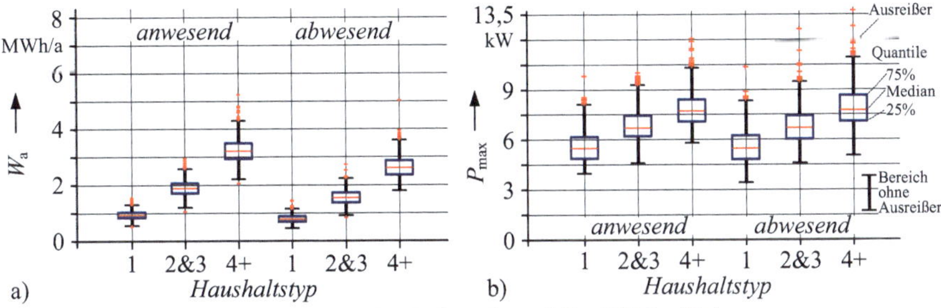

Bild 6-14: Plausibilisierung von Merkmalen der Lastgänge mit Box-Whisker-Plots
a) Jahresenergieverbrauch
b) Jahreshöchstlast

Jahresenergieverbrauch

Der durchschnittliche Jahresenergieverbrauch aller 6.000 Haushalte liegt bei 1.862 kWh/a. Die Ergebnisse der Synthese sind mit den Werten der „Wohnung im Mehrfamilienhaus" aus Bild 5-3 zu verglichen, da in der Synthese keine Umwälzpumpen, Zirkulationspumpen und Mehrbedarf für die Haustechnik berücksichtigt wurden. Sie sind in Tabelle 6-3 nochmals gemittelt für die Haushaltstypen der Synthese angegeben. Die Jahresenergieverbräuche der synthetischen Lastgänge sind in Tabelle 6-2 mit Quantile angegeben und liegen unter den Werten in Tabelle 6-3. Die leichten Unterschreitungen sind damit begründbar, da für die Lastgangsynthese ausschließlich aktuelle Geräte verwendet wurden.

Erwartungsgemäß liegen bei der Synthese die Jahresenergieverbräuche bei Haushaltsführung „tagsüber abwesend" unter denen bei „tagsüber anwesend", da bei tagsüber abwesend einige Geräte seltener benutzt werden. Die Gegenüberstellungen der Jahresenergieverbräuche zwischen der Synthese und den Daten des Stromspiegels aus [201] zeigen, dass die Ergebnisse in dieser Hinsicht plausibel und nachvollziehbar sind.

Jahreshöchstlast

Die durchschnittliche Jahreshöchstlast aller 6.000 Haushalte beträgt 6,83 kW. Beim Vergleich der Höchstlasten in Tabelle 6-4 fällt auf, dass hier bei „tagsüber abwesend“ teilweise größere Werte auftreten als bei „tagsüber anwesend“. Dies wurde auch erwartet, da bei „tagsüber abwesend“ weniger Zeit im Haushalt verbracht wird und somit die Hausarbeit in kürzerer Zeit verrichtet werden muss. So ist die Wahrscheinlichkeit größer, dass Geräte gleichzeitig genutzt werden.

Die maximalen Werte liegen ebenso in den Bereichen, welche nach Tabelle A 4-3 für den Elektrifizierungsgrad „teil-elektrisch“ heutzutage für die Planung genutzt werden. Hier handelt sich um 1-Minuten-Werte. Da nicht bekannt ist, auf welche Zeitbereiche sich die Werte in Tabelle A 4-3 beziehen, sind keine weiteren Bewertungen angebracht.

Die Möglichkeiten bei der Auswertung der Ergebnisse der Lastgangsynthese veranschaulicht Tabelle 6-5. In ihr ist das 99,9 %-Quantil der Jahreshöchstlast für die jeweils 1.000 Haushalte angegeben. Dabei werden 0,1 % der größten Leistungswerte vernachlässigt. Die deutlichen Reduzierungen im Vergleich mit Tabelle 6-4 um etwa 50 % zeigen, dass Haushaltsabnehmer nur sehr selten im Jahr große Leistungen beziehen.

Tabelle 6-2: Jahresenergieverbräuche der synthetischen Lastgänge (in kWh/a)

Haushaltsführung:	*tagsüber anwesend*			*tagsüber abwesend*		
Haushaltsgröße:	1-Pers.	2&3-Pers.	4+-Pers.	1-Pers.	2&3-Pers.	4+-Pers.
Maximum	1.566	2.964	5.247	1.457	2.745	5.036
75%-Quantil	1.053	2.083	3.507	897	1.742	2.881
Mittelwert	966	1.922	3.247	813	1.576	2.645
Median	947	1.908	3.230	797	1.566	2.619
25%-Quantil	865	1.733	2.959	713	1.396	2.377
Minimum	540	1.082	2.077	486	863	1.824

Tabelle 6-3: Jahresenergieverbräuche aus [201] zum Vergleich mit Tabelle 6-2 (in kWh/a)

Haushaltsführung:	*Wohnung im Mehrfamilienhaus*			*Ein- oder Zweifamilienhaus*		
Haushaltsgröße:	1-Pers.	2&3-Pers.	4+-Pers.	1-Pers.	2&3-Pers.	4+-Pers.
hoch	>1.700	>2.900	>4.250	>3.200	>3.950	>5.500
Mittelwert	1.500	2.600	3.750	2.700	3.600	4.950
niedrig	<1.300	<2.300	<3.300	<2.200	<3.250	<4.450
gering	<800	<1.600	<2.150	<1.500	<2.400	<3.250

Tabelle 6-4: Jahreshöchstlasten der synthetischen Lastgänge (in kW)

Haushaltsführung:	*tagsüber anwesend*			*tagsüber abwesend*		
Haushaltsgröße:	1-Pers.	2&3-Pers.	4+-Pers.	1-Pers.	2&3-Pers.	4+-Pers.
Maximum	9,92	10,11	12,15	10,44	12,73	13,87
75%-Quantil	6,23	7,51	8,46	6,29	7,49	8,71
Mittelwert	5,68	6,91	7,91	5,67	6,84	7,99
Median	5,53	6,75	7,78	5,52	6,74	7,83
25%-Quantil	4,92	6,26	7,15	4,85	6,08	7,15
Minimum	4,01	4,64	5,85	3,46	4,65	5,09

Tabelle 6-5: 99,9 %-Quantil der Jahreshöchstlasten der synthetischen Lastgänge (in kW)

Haushaltsführung:	*tagsüber anwesend*			*tagsüber abwesend*		
Haushaltsgröße:	1-Pers.	2&3-Pers.	4+-Pers.	1-Pers.	2&3-Pers.	4+-Pers.
Maximum	4,20	5,59	6,65	4,55	5,92	6,72
75%-Quantil	3,12	4,24	5,20	3,05	4,08	5,12
Mittelwert	2,85	3,93	4,86	2,80	3,70	4,71
Median	2,63	3,84	4,68	2,59	3,58	4,60
25%-Quantil	2,52	3,53	4,54	2,46	3,27	4,36
Minimum	2,15	2,63	3,74	1,97	2,44	3,05

6.4.2 Summenlastgänge und Lastprofile

Vergleich zwischen den Haushaltstypen

Der Summenlastgang stellt ein anschauliches Ergebnis der Lastgangsynthese dar. Als Beispiel ist in Bild 6-15 ein Summenlastgang für den Haushaltstyp „1-Pers. - tagsüber abwesend" für 1.000 Haushalte dargestellt. Auch ist die *Dauerlinie* für den Summenlastgang gezeigt. Es ergibt sich eine Gesamthöchstlast P_{max} von 472 kW. Der Höchstlastanteil je Haushalt P^{*}_{HAmax} an der Gesamthöchstlast beträgt damit nur 0,47 kW/HH.

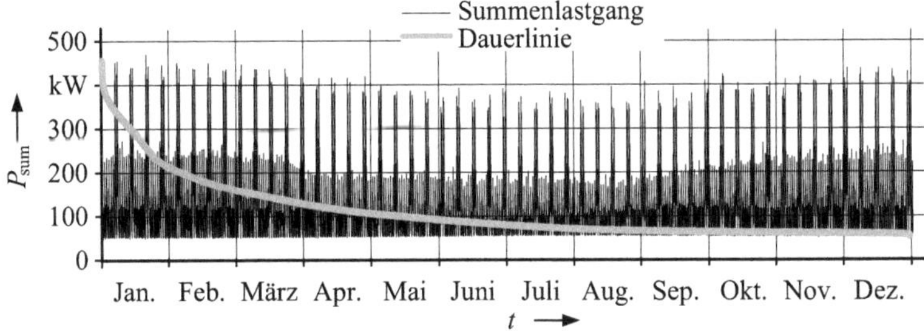

Bild 6-15: Synthetischer Summenlastgang und Dauerlinie für 1.000 Haushalte

Tabelle 6-6 enthält für die Summenlastgänge der sechs Haushaltstypen die jeweilige Gesamthöchstlast P_{max}. Mit dem Mittelwert der Jahreshöchstlast wird der Gleichzeitigkeitsfaktor für jeden Haushaltstyp berechnet. Es zeigt sich, dass der Gleichzeitigkeitsfaktor stark von der Haushaltsgröße abhängt. Die ermittelten Gleichzeitigkeitsfaktoren liegen im Bereich der Annahmen nach Tabelle A 4-3.

Die Gesamthöchstlast für die 6.000 Lastgänge beträgt 4.837 kW. Sie ist damit etwas kleiner als die Summe der einzelnen Gesamthöchstlasten in Tabelle 6-6, welche sich zu 5.418 aufsummieren.

Tabelle 6-6: Gesamthöchstlasten und Gleichzeitigkeitsfaktoren (Leistung in kW)

Haushaltsführung:	*tagsüber anwesend*			*tagsüber abwesend*		
Haushaltsgröße:	1-Pers.	2&3-Pers.	4+-Pers.	1-Pers.	2&3-Pers.	4+-Pers.
P_{max}(1.000)	466	857	1.318	472	902	1.403
P_{HAmax} (Mittelwert)	5,68	6,91	7,91	5,67	6,84	7,99
g(1.000)	0,082	0,124	0,167	0,083	0,132	0,176

Vergleich eines synthetischen Lastprofils mit einem Standardlastprofil

In Bild 6-16 wird ein Standardlastprofil H0 für Haushalt aus [237] mit einem aus der Synthese ermittelten Lastprofil verglichen. Dafür wurden für die 6.000 Lastgänge die Mittelwerte für 52 Wochen berechnet und dann zum Lastprofil zusammengefügt. Damit wird das synthetische Lastprofil aus mehr als 312.000 Wochengängen bestimmt.

Die vermeintlichen Abweichungen sind nicht als Mangel der Lastgangsynthese zu interpretieren, sondern sie stellen ein wichtiges Qualitätsmerkmal dar. Das zum Vergleich herangezogene Standardlastprofil ist mehr als 15 Jahre alt und basiert auf Messungen zwischen 1981 und 1998 [237]. Es wird trotzdem noch als „Stand der Technik" angesehen und somit häufig verwendet. Daher ist es eher verständlich, dass sie unterschiedlich sind, da sich die Lebensstile gewandelt haben. Zudem beinhaltet das Standardlastprofil die Haustechnik und es sind auch Endabnehmer mit „geringfügigen gewerblichen Verbrauch" enthalten [237].

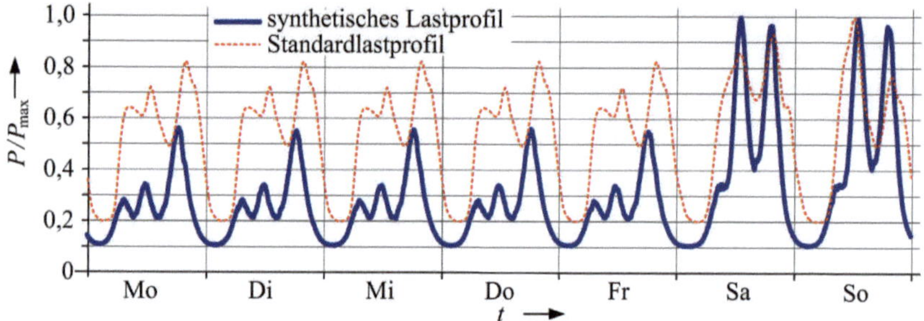

Bild 6-16: Vergleich des synthetischen Lastprofils mit dem Standardlastprofil Haushalt H0 aus [237]

Vergleich synthetischer Lastprofile bei unterschiedlicher Haushaltsführung

Bild 6-17 zeigt den Vergleich zwischen der Haushaltsführung „tagsüber abwesend" und „tagsüber anwesend" als Lastprofil. Für die Profile wurden die 3.000 Lastgänge nach dem oben beschrieben Vorgehen zu Lastprofilen zusammengefasst. Wie zu erwarten war, fehlt die Mittagsspitze bei tagsüber abwesend.

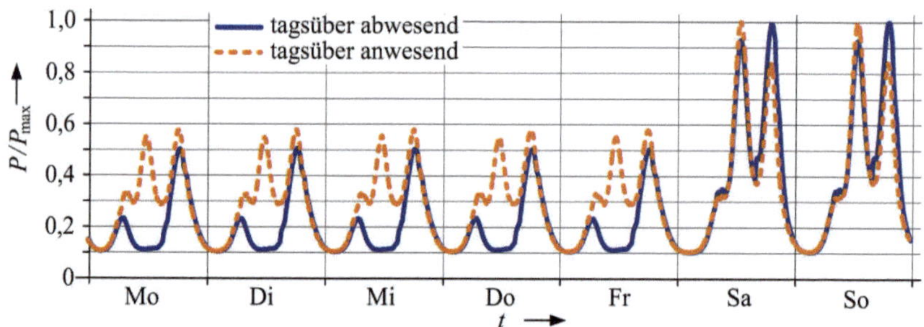

Bild 6-17: Vergleich der synthetischen Lastprofile für tagsüber abwesend und tagsüber anwesend

6.4.3 Summenlastgänge und Lastgänge je Außenleiter

Mit den Ergebnissen kann auch die Zusammensetzung der Lastgänge je Außenleiter analysiert werden. In Bild 3-3 wurde dies beispielhaft für Messungen gezeigt. Bild 6-18 enthält die Leistungen P_{L1}, P_{L2} und P_{L3} für je eine Winter- und Sommerwoche für 1.000 Haushalte vom Haushaltstyp „2&3-Pers. - tagsüber anwesend". Bei der Synthese wurde Außenleiter L1 bevorzugt. Aufgrund der großen Anzahl von Haushaltsabnehmern gibt es bereits eine gute

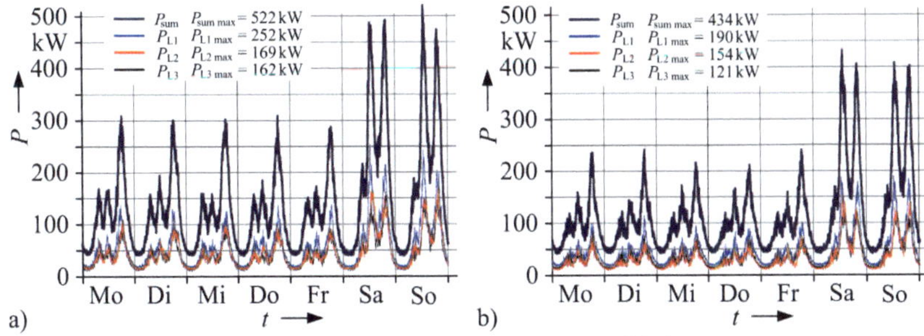

Bild 6-18: Summenlastgang und Lastgang je Außenleiter für je eine Woche
a) Winterwoche
b) Sommerwoche

Vergleichmäßigung, wobei Außenleiter L1 jeweils den größten Anteil zu den Lastspitzen beiträgt. Zudem sind die Summenlastgänge P_{sum} gezeigt. Die Gesamthöchstlast P_{max} beträgt in der Winterwoche 522 kW und in der Sommerwoche 434 kW.

6.4.4 Dauerlinien

Dauerlinien sind eine sehr gute Möglichkeit, um die Zeitreihen von Lasten zu analysieren. Es ist zweckmäßig, die Dauerlinien halblogarithmisch aufzutragen, wie in Bild 6-19Bild 6-22 gezeigt ist. Es werden die Dauerlinien für zwei verschiedene Haushaltstypen bei variierender Anzahl von Haushalten abgebildet. Nur mit der halblogarithmischen Darstellung sind Aussagen zur Höchstlast und deren Dauer möglich. Es ist zu erkennen, dass es diskrete Laststufen gibt. Dies steht im Einklang mit der durchgeführten Synthese, da die Leistungen der Geräte für das ganze Jahr als konstant angenommen werden. Bei Verwendung von Messungen zur Erstellung der Lastgänge würden sich leichte Veränderungen in der Leistungsaufnahme zeigen, welche meist auf Spannungsänderungen während der Messung oder Temperaturabhängigkeiten der Lasten zurückzuführen sind.

Für die Verifikation von synthetischen Lastgängen mit gemessenen Lastgängen bietet sich die Bewertung mit Dauerlinien an. Aufgrund des Fehlens von Vergleichsdaten konnte dies nicht durchgeführt werden.

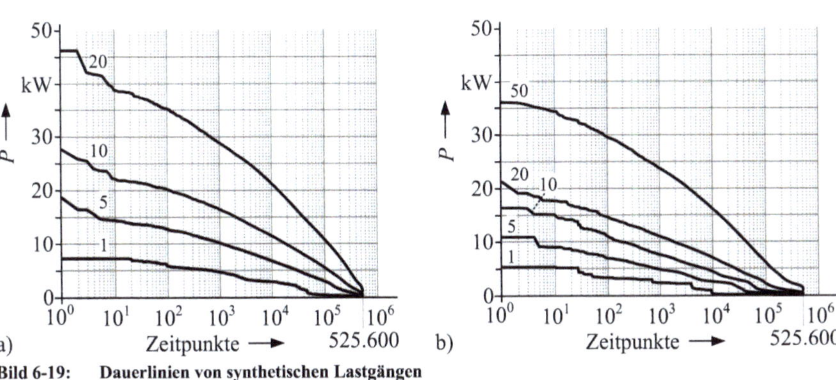

Bild 6-19: Dauerlinien von synthetischen Lastgängen
a) 4+-Pers. - tagsüber anwesend
b) 1-Pers. - tagsüber abwesend

6.4.5 *Zusammenhang der Jahreshöchstlast zum Jahresenergieverbrauch*

Eine sehr interessante Untersuchung ist die Bestimmung der Abhängigkeit der Jahreshöchstlast zum Jahresenergieverbrauch. Dafür ist in Bild 6-20 die Höchstlast über den Jahresverbrauch für alle 6.000 Haushalte aufgetragen. Es werden die Aussagen von Abschnitt 6.4.2. bestätigt. Haushalte, an denen tagsüber ein Bewohner anwesend ist, haben tendenziell einen höheren Verbrauch, ihre Höchstlast ist jedoch geringer als bei Haushalten, in welchen die Bewohner tagsüber abwesend sind.

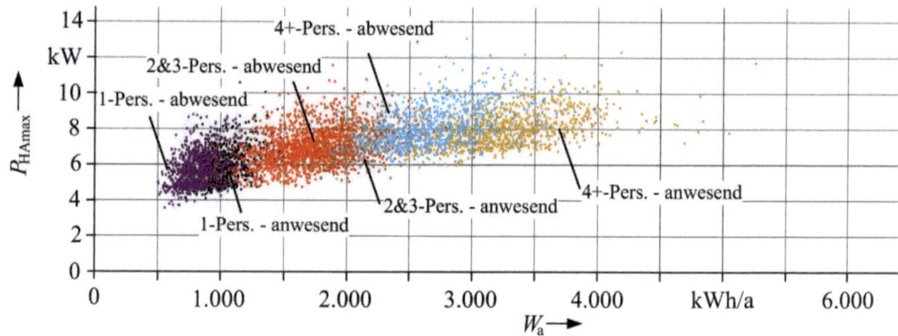

Bild 6-20: Jahreshöchstlast über Jahresenergieverbrauch für 6.000 Haushalte

Diese Beispiele plausibilisieren die implementierte Lastgangsynthese. Sie zeigen ebenfalls die vielfältigen Möglichkeiten für ihre Anwendung. Mit einer Erhöhung des Detaillierungsgrads, welcher im nächsten Abschnitt vorgestellt wird, erweitern sich nochmals die Einsatzgebiete.

6.5 Erhöhung des Detaillierungsgrads

Durch geringfügige Anpassungen kann der Detaillierungsgrad der erstellten Lastverläufe erhöht werden. Eine Option ist die Erhöhung der Zeitauflösung. Ab einer Zeitauflösung von $\Delta t \leq 1\,\mathrm{s}$ können als zusätzliche Option noch Einschaltströme mit berücksichtigt werden. Dabei sind immer die synthetisierten Lastverläufe zu verwenden und nicht die Lastgänge. Als Betrachtungszeitraum sollte allerdings nicht mehr ein Jahr verwendet, sondern je nach Anwendung dieser bis auf maximal eine Woche herabgesetzt werden.

6.5.1 *Erhöhung der Zeitauflösung*

Zur Erhöhung der Zeitauflösung gibt es mit der initialen Verschiebung und der individuellen Verschiebung zwei Varianten. Beide werden am Beispiel der Erhöhung der Zeitauflösung von $\Delta t = 30\,\mathrm{s}$ auf $\Delta t = 10\,\mathrm{s}$ erklärt. Zuerst wird ein kleiner Zeitabschnitt aus dem Jahresverlauf entnommen. Im Beispiel sind es fünf Minuten.

Initiale Verschiebung

Die initiale Verschiebung ist nur anwendbar, wenn eine Vielzahl modifizierter Lastverläufe für weitere Untersuchungen eingesetzt werden soll. Bei der in Bild 6-21 gezeigten Verschiebung werden alle Punkte eines jeden Lastverlaufs um 0 s, 10 s oder 20 s bewegt. Es ist entsprechend eine kurvenweise Verschiebung.

Individuelle Verschiebung

Die individuelle Verbschiebung sollte gewählt werden, wenn nur wenige modifizierte Lastverläufe für weitere Untersuchungen eingesetzt werden. Bei der individuellen Verschiebung wird jeder Punkt eines Lastverlaufs um 0 s, 10 s oder 20 s bewegt. Es ist somit eine punktweise Verschiebung, welche in Bild 6-22 gezeigt ist. Damit erhalten die synthetischen Lastgänge häufigere Lastwechsel als mit der der initialen Verschiebung.

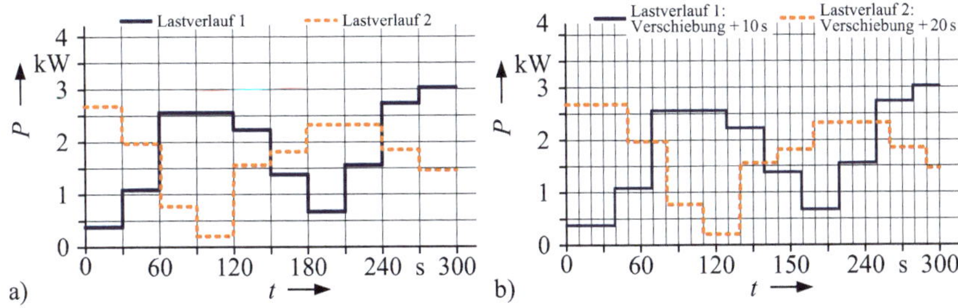

Bild 6-21: Initiale Verschiebung von Lastverläufen
a) ursprüngliche Verläufe
b) Verläufe mit initialer Verschiebung

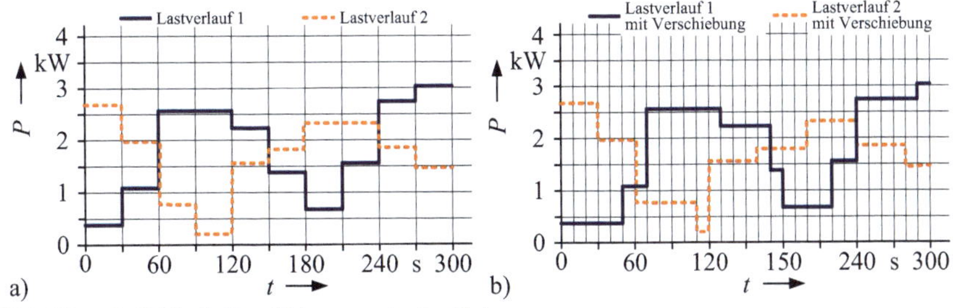

Bild 6-22: Individuelle Verschiebung von Lastverläufen
a) ursprüngliche Verläufe
b) Verläufe mit individueller Verschiebung

6.5.2 Erweiterung um Einschaltströme

Einschaltströme konnten bei der Lastgangsynthese in dieser Arbeit aufgrund der Zeitauflösung nicht berücksichtigt werden. Bei einer Erhöhung der Zeitauflösung auf $\Delta t \leq 1$ s ist die Erweiterung der Lastverläufe um Einschaltströme möglich. Dies wird in Anlehnung an Bild 4-5 b gezeigt, in welchem ein gemessener Lastverlauf eines Kühlschranks mit einer Zeitauflösung von $\Delta t = 1$ s dargestellt ist. Bild 6-23 a zeigt einen Ausschnitt dieses Lastverlaufs und den vereinfachten synthetisierten Lastverlauf ohne Einschaltstrom. In Bild 6-23 b wird dieser synthetisierte Lastverlauf um den Einschaltstrom erweitert. Der Vergleich des gemessenen Lastverlaufs in Bild 6-23 a und des um den Einschaltstrom erweiterten synthetisierten Lastverlaufs in Bild 6-23 b zeigt die gute Umsetzbarkeit.

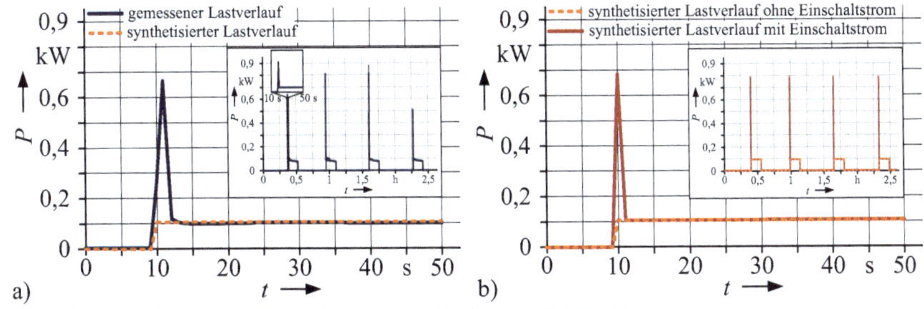

Bild 6-23: Erweiterung mit Einschaltstrom am Beispiel eines Kühlgeräts
a) gemessener Lastverlauf mit und synthetisierter Lastverlauf ohne Einschaltstrom
b) synthetisierte Lastverläufe ohne und mit Einschaltstrom

6.6 Fazit zur implementierten Lastgangsynthese

In Anlehnung an die Erkenntnisse aus der MoSCoW-Priorisierung aus Tabelle 3-4 wurde die vorgestellte Lastgangsynthese ausgearbeitet. Das Resultat ist die Möglichkeit, Lastgänge nicht nur für die Netzplanung, sondern auch für viele neue Aufgaben im Zusammenhang mit aktiven Verteilungsnetzen zu erstellen. Die Lastgänge sind ebenso für Untersuchungen zum Energiemanagement, zur Erstellung von Lastprofilen und teilweise auch für den Netzbetrieb verwendbar. Die implementierte Synthese erfüllt die Anforderungen aus Abschnitt 3.3.3. Die Berechnung der synthetisierten Lastverläufe erfolgt parallel, sodass bis zu 100 Geräte gleichzeitig verarbeitet werden können. Wenn nötig, kann die Synthese automatisch wiederholt werden und die Ergebnisse werden sequenziell gespeichert. Der Engpass ist das Handling und die Speicherung der vielen Referenzdaten. Der Zeitbedarf der Synthese 1 bei der Erstellung von mehr als 30.000 synthetisierten Lastverläufen für 1.000 Haushalte beträgt 30 Minuten und die Synthese 2 mit der Zusammensetzung dieser Lastverläufe zu den synthetischen Lastgängen benötigt 40 Minuten. Die Datengröße aller Referenzdaten für 1.000 Haushalte beträgt gut 700 MB.

Abschließend bleibt festzuhalten, dass mit der vorgestellten Lastgangsynthese außenleiterselektive Lastgänge schnell erstellt werden können. Der Betrachtungszeitraum von einem Jahr ermöglicht die Einbeziehung von Jahreszeitabhängigkeiten. Ein wichtiges Merkmal der Umgesetzten Implementierung ist ihre Erweiterungsfähigkeit. Es ist davon auszugehen, dass viele neuartige Geräte von einer der fünf Geräteklassen ausreichend genau nachgebildet werden kann. Zur Bestimmung der Kennzahlen für weitere Geräte können das gezeigte Vorgehen mit den aufgeführten nationalen und internationalen Statistiken genutzt werden. Für die synthetischen Lastgänge wurde eine Plausibilisierung durchgeführt und gezeigt, dass die erwarteten Werte für die Merkmale Jahresenergieverbrauch und Jahreshöchstlast annehmbar und nachvollziehbar sind.

Die Spannungsabhängigkeit kann bei der Zusammensetzung der Lastverläufe zu Lastgängen mit berücksichtigt werden. Die erforderlichen Daten dafür wurden in Kapitel 4 beschrieben und für die Geräte mit angegeben. Es muss für jeden Zeitpunkt die Lastzusammensetzung bestimmt werden und entweder der Exponent für die Exponentialfunktion oder die zwei Faktoren für den Anteil der Lasten für die ZIP-Funktion gespeichert werden.

Die Einbeziehung der Blindleistung ist schwierig, da keine allgemeinen Aussagen zum Blindleistungsbezug der Haushaltsgeräte gemacht werden können. Mit dem vermehrten Einsatz von Schaltnetzteilen mit unterschiedlichen Leistungsfaktorkorrekturen sollte mit der Blindleistung auch die Power Quality in die Lastgangsynthese mit aufgenommen werden.

7 Zusammenfassung und Ausblick

Diese Arbeit beschreibt die Synthese von Zeitreihen elektrischer Lasten für die Berechnung von aktiven Verteilungsnetzen. Zuerst wurden Auslegungskriterien und Annahmen zur Berechnung von Verteilungsnetzen kompakt beschrieben und mit einem Ausblick der weiteren Entwicklungen hin zu aktiven Verteilungsnetzen abgerundet. Anschließend wurden gesondert die Lasten von Haushalten fundiert beschrieben und die bisherigen Methoden zur Abschätzung der Gesamthöchstlast mit Vorgehen und Kennzahlen angegeben. Nach einem kurzen Abriss der bisherigen Arbeiten zur Lastgangsynthese wurden die Anforderungen an die zu entwickelnde Synthese erstellt.

Voraussetzung für die Lastgangsynthese sind die technischen und sozialen Kennzahlen. Diese wurden vertiefend beschrieben und für die Synthese quantifiziert. Dabei wurde ein ausführlicher Einblick in die Elektrifizierung der Haushalte gegeben und die Einteilung der Geräte in Geräteklassen vorgenommen. Das Vorgehen ist weiterführend auf Gewerbe, öffentliche Gebäude und kleine Industriebetriebe übertragbar. Zur Quantifizierung des Benutzerverhaltens wurden Haushaltstypen festgelegt und für diese die sozialen Kennzahlen aus Statistiken erhoben. Eingangsdaten für die Synthese sind dann die Leistungen der Geräte aus technischer Sicht und Ausstattungsgrade sowie die Kennzahlen der „Alltäglichen Benutzung“ aus sozialer Sicht.

Im Weiteren wurden für die fünf Geräteklassen die Implementierungen der Synthese erarbeitet und anhand schematisierter Abläufe erklärt. Dies ist die erste Synthese, nämlich die Synthese künstlicher Zeitreihen der Lastverläufe je Gerät. Als zweite Synthese wurde die Zusammensetzung dieser Lastverläufe zu Lastgängen durchgeführt. Für einen Haushalt ergeben sich drei außenleiterselektive Zeitreihen, womit unsymmetrische Lastflussrechnungen realisierbar sind. Die Ergebnisse der Synthese ermöglichen erweiterte Untersuchungen in Bezug auf Planung, Betrieb und Simulation von heutigen Netzen, und können durch Zukunftsszenarien für die Entwicklung hin zu aktiven Verteilungsnetzen eingesetzt werden. Neuartige Verbraucher können in die Synthese integriert werden, wenn sie mit einer der beschriebenen Gerätklassen ausreichend nachbildbar sind.

7.1 Beschreibung der Untersuchungen und Ergebnisse

Die Synthese von Zeitreihen elektrischer Lasten ist eine wesentliche Voraussetzung für die Berechnung von aktiven Verteilungsnetzen. Im Vergleich zu den dezentralen Erzeugern, deren meist fluktuierende Einspeisung gut beschreibbar ist, setzen sich Zeitreihen von Lasten aus der Benutzung von vielen Geräten mit unterschiedlichsten Eigenschaften zusammen. Als Methode für eine fundierte Beschreibung und Nachbildung wurde der Bottom-Up-Ansatz gewählt, da dieser flexibel mit weiteren Geräten erweiterbar ist und außerdem die technischen sowie sozialen Kennzahlen für Zukunftsszenarien adaptierbar sind.

Die umfangreichen Beschreibungen der Geräte aus technischer Sicht und der Gerätenutzungen aus sozialer Sicht ermöglichen völlig neue Untersuchungen. Es ist dabei herauszustellen, dass Kennzahlen regional stark variieren können. Die in dieser Arbeit mit den angegebenen Kennzahlen für Deutschland erstellten Lastgänge sind gleichwohl bereits adäquat für viele Anwendungsfelder verwertbar. Die erhobenen Kennzahlen sind eine hilfreiche Grundlage für die Ausarbeitung von Kennzahlen für andere Regionen oder Haushaltstypen. Diese können beruhend auf der Vielzahl der angegebenen Quellen aus Statistiken abgeleitet werden.

Das beschriebene konzeptionelle Vorgehen der entwickelten Lastgangsynthese mit der Einteilung der Geräte in fünf Geräteklassen und die darauf beruhende Implementierung ist ein neuartiges Vorgehen. Es wird gezeigt, dass die Kennzahlen aus verfügbaren Statistiken ableitbar sind. Ein wesentlicher Vorteil der umgesetzten Lastgangsynthese ist die hohe Zeitauflösung. Die Flexibilität des Vorgehens ist besonders hervorzuheben. Zum einen können neue Geräte integriert, ein verändertes Benutzerverhalten berücksichtigt oder Lastverschiebungen eingearbeitet werden. Zum anderen kann der Detaillierungsgrad der erstellten Lastverläufe durch eine Erhöhung der Zeitauflösung sowie der Einbeziehung von Einschaltströmen verbessert werden. Damit sind die Ergebnisse der vorgestellten Lastgangsynthese vielseitig für Berechnungen von aktiven Verteilungsnetzen einsetzbar.

7.2 Aspekte für weiterführende Arbeiten

Gewiss ist die bisherige Berechnung von Verteilungsnetzen anhand einiger weniger Leistungsannahmen sehr einfach handhabbar. Mithilfe von synthetischen Lastgängen kann indessen die Bewertung von Verteilungsnetzen umfassender erfolgen. Der Einsatz der Lastgänge wird in der Forschung und bei Netzbetreibern gesehen. Die Anwendungsfelder reichen von der Ausarbeitung von Strategien und Ableitung neuer Kenndaten für die Grundsatzplanung bis hin zur Bewertung neuartiger Betriebsmittel und Betriebsführungskonzepte.

Für die Planung von Verteilungsnetzen werden auch in Zukunft hauptsächlich wenige diskrete Werte für die Leistung Anwendung finden. Synthetische Lastgänge ermöglichen es, nicht nur beruhend auf den Gleichzeitigkeitsfaktor mit einer Lastannahme zu planen, sondern repräsentative Varianten mit zu verwenden, bei welchen zudem eine Auftrittswahrscheinlichkeit hinterlegt ist. In einem weiteren Schritt können auch gegenseitige Abhängigkeiten zwischen verschiedenen Typen von Abnehmern beleuchtet werden.

Dies ist bereits der erste Schritt hin zur probabilistischen Netzberechnung von Verteilungsnetzen, welche propagiert wird, aber deren Umsetzung zumeist am Fehlen von Lastgängen als Eingangsgröße scheiterte. Diese Beeinträchtigung wird mit der unbeschränkten Zurverfügungsstellung von Zeitreihen durch die Synthese beseitigt. Somit können neue Vorgehen und Algorithmen für die probabilistische Netzberechnung ausgearbeitet werden.

Eine weitere wichtige Frage bei vielen Untersuchungen in Verteilungsnetzen ist, bis wohin mit einphasigen Lasten und unsymmetrischen Netzzuständen respektive ab wann mit dreiphasigen Lasten und symmetrischen Netzzuständen gerechnet werden kann. Aufgrund der Konzeption der entwickelten Lastgangsynthese stehen die Zeitreihen je Außenleiter zur Verfügung, womit diese Untersuchungen ermöglicht werden.

Aktive Verteilungsnetze erfordern Prognosen für die zukünftigen Anforderungen. Diese Arbeit erläutert verschiedene technische und soziale Entwicklungen. Bild 7-1 beinhaltet die wesentlichen Trends. Mit diesen können Zukunftsszenarien erarbeitet und für die Berechnung von Verteilungsnetzen verwendet werden.

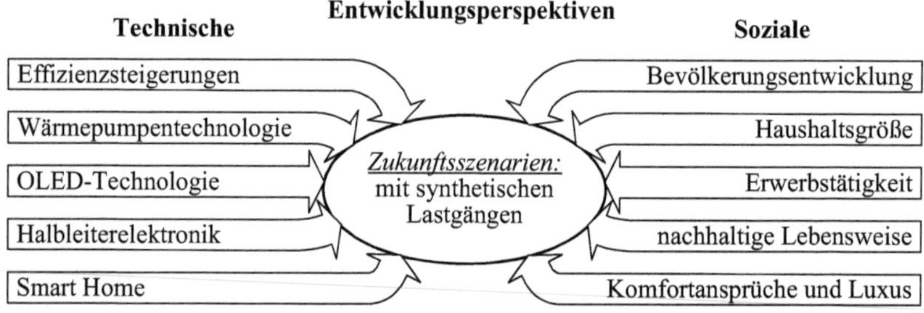

Bild 7-1: Technische und soziale Entwicklungsperspektiven für Zukunftsszenarien

Literaturverzeichnis

[1] Bundesgesetzblatt: EnWG (Energiewirtschaftsgesetz): Gesetz über die Elektrizitäts- und Gasversorgung, 2009.

[2] DIN EN 50160: 2011-02 Merkmale der Spannung in öffentlichen Elektrizitätsversorgungsnetzen.

[3] Bundeskartellamt | Bundesnetzagentur: "Monitoringbericht 2014," Bonn, 2014.

[4] Bundesnetzagentur: "Bericht der Bundesnetzagentur nach § 112a EnWG zur Einführung der Anreizregulierung nach § 21a EnWG," Berlin, 2006.

[5] Hinz, F.; Iglhaut, D.; Frevel, T. und Möst, D.: "Abschätzung der Entwicklung der Netznutzungsentgelte in Deutschland," Erschienen in: Schriften des Lehrstuhls für Energiewirtschaft Band 3, TU Dresden, Forschungsbericht 2014.

[6] Kerber, G.: "Aufnahmefähigkeit von Niederspannungsverteilnetzen für die Einspeisung aus Photovoltaikkleinanlagen," Technische Universität München, Dissertation 2011.

[7] Scheffler, J.: "Bestimmung der maximal zulässigen Netzanschlussleistung photovoltaischer Energiewandlungsanlagen in Wohnsiedlungsgebieten," Technische Universität Chemnitz, Dissertation 2002.

[8] Moreno, P.: "Integrationsanalyse netzgekoppelter dezentraler Elektroenergieerzeugungsanlagen in städtischen Verteilernetzen auf Basis von Referenzszenarien," Technische Universität Ilmenau, Dissertation 2009.

[9] Friedrich, R.: "Integration von Brennstoffzellen-BHKW in elektrische Verteilnetze," Universität des Saarlandes, Saarbrücken, Dissertation 2003.

[10] Nykamp, S. et al.: "Integration of Heat Pumps in Distribution Grids: Economic Motivation for Grid Control," in *IEEE Innovative Smart Grid Technologies (ISGT) Europe*, Berlin, 2012.

[11] Fairley, P.: "Speed Bumps Ahead for Electric-Vehicle Charging," *IEEE Spectrum*, Band 47, Heft 1, 2010, Seiten 13-14.

[12] Amin, M.: "Energy: The Smart-Grid Solution," *Nature*, Band 499, Heft 7457, 2013, Seiten 145-147.

[13] International Electrotechnical Commission (IEC 60050): (2015) Electropedia: The World's Online Electrotechnical Vocabulary - International Electrotechnical Vocabulary (IEV). [Online]. www.electropedia.org

[14] Pilo, F. et al.: "Planning and Optimization Methods for Active Distribution Systems (591)," CIGRÈ Working Group C6.19, Paris, 2014.

[15] D'Adamo, C. et al.: "Development and Operation of Active Distribution Networks (457)," CIGRÈ Working Group C6.11, Paris, 2011.

[16] Schnelle, T.; Schmidt, M. und Schegner, P.: "Power Converters in Distribution Grids - New Alternatives for Grid Planning and Operation," in *IEEE PowerTech*, Eindhoven, 2015.

[17] Momoh, J. A.: *Electric Power System Applications of Optimization*, 2. Auflage. Boca Raton, Florida: CRC Press, 2009.

[18] Khator, S. K. und Leung, L. C.: "Power Distribution Planning: A Review of Models and Issues," *IEEE Transactions on Power Systems*, Band 12, Heft 3, 1997, Seiten 1151-1159.

[19] Vaziri, M.; Tomsovic, K. und Gönen, T.: "Distribution Expansion Problem Revisited Part 1: Categorical Analysis and Future Directions," in *Proc 4th IASTED Power and Energy Systems*, Marbella, 2000, Seiten 283-290.

[20] Fletcher, R. H. und Strunz, K.: "Optimal Distribution System Horizon Planning - Part I: Formulation," *IEEE Transactions on Power Systems*, Band 22, Heft 2, 2007, Seiten 791-799.

[21] Richtlinie der Europäischen Gemeinschaft: Haftung für fehlerhafte Produkte: 85/374/EWG, 1985.

[22] Bundesgesetzblatt: NAV (Niederspannungsanschlussverordnung): Verordnung über Allgemeine Bedingungen für den Netzanschluss und dessen Nutzung für die Elektrizitätsversorgung in Niederspannung, 2006.

[23] DIN EN 60038: 2012-04 (VDE 0175-1) CENELEC-Normspannungen.

[24] DIN IEC 60038: 2002-11 (VDE 0175) IEC Standard Voltages (IEC-Normspannungen).

[25] DIN EN 60034-1: 2011-02 (VDE 0530-1) Drehende elektrische Maschinen - Teil 1: Bemessung und Betriebsverhalten.

[26] U.S. Department of Commerce: International Trade Administration: "Electric Current Abroad," 2002.

[27] DIN EN 61000-2-2: 2003-02 (VDE 0839 Teil 2-2) Elektromagnetische Verträglichkeit (EMV) - Teil 2-2: Umgebungsbedingungen - Verträglichkeitspegel für niederfrequente leitungsgeführte Störgrößen und Signalübertragung in öffentlichen Niederspannungsnetzen.

[28] DIN 18015-1: 2007-09 Elektrische Anlagen in Wohngebäuden - Teil 1: Planungsgrundlagen.

[29] DIN VDE 0100-520: 2003-06 Errichten von Niederspannungsanlagen - Auswahl und Errichtung elektrischer Betriebsmittel - Teil 520: Kabel- und Leitungsanlagen.

[30] DIN EN 61000-4-30: 2009-09 (VDE 0847-4-30) Elektromagnetische Verträglichkeit (EMV) - Teil 4-30: Prüf- und Messverfahren - Verfahren zur Messung der Spannungsqualität.

[31] Bundesverband der Energie- und Wasserwirtschaft e.V. (BDEW): "Technische Richtlinie Erzeugungsanlagen am Mittelspannungsnetz (Richtlinie für Anschluss und Parallelbetrieb von Erzeugungsanlagen am Mittelspannungsnetz)," Berlin, 2008.

[32] VDE-AR-N 4105 Anwendungsregel: Erzeugungsanlagen am Niederspannungsnetz - Technische Mindestanforderungen für Anschluss und Parallelbetrieb von Erzeugungsanlagen am Niederspannungsnetz, 2011-08.

[33] Kiank, H. und Fruth, W.: *Planungsleitfaden für Energieverteilungsanlagen: Konzeption, Umsetzung und Betrieb von Industrienetzen*, Siemens, (Hrsg.). Erlangen: Publicis Publishing, 2011.

[34] Bundesverband der Energie- und Wasserwirtschaft e.V. (BDEW): "Technische Anschlussbedingungen TAB 2007 für den Anschluss an das Niederspannungsnetz (Stand: Juli 2007)," Bundesverband der Energie- und Wasserwirtschaft, Berlin, Ausgabe 2011.

[35] Nagel, H.: "Ein System von Planungsgrundsätzen als Fundament einer systematischen Netzplanung," *Elektrizitätswirtschaft*, Band 93, Heft 22, 1994, Seiten 1365-1370.

[36] Klockhaus, H.: "Planungskriterien für Verteilungsnetze," *Energiewirtschaftliche Tagesfragen*, Band 47, Heft 1/2, 1997, Seiten 48-57.

[37] Kämpfer, S. und Kopatsch, G., (Hrsg.): *Schaltanlagen-Handbuch*, 12., neubearb. Auflage. Berlin: Cornelsen, 2011.

[38] Zebisch, M.: *Netzverluste: Die Verluste in elektrischen Versorgungsnetzen, ihre Ursachen und Ermittlung*. Berlin: VEB Verlag Technik, 1959.

[39] Vereinigung Deutscher Elektrizitätswerke e.V. (VDEW): *Netzverluste: Eine Richtlinie für ihre Bewertung und ihre Vermeidung*, 3. Auflage. Frankfurt am Main: Verlags- und Wirtschaftsgesellschaft d. Elektrizitätswerke, 1978.

[40] Dickert, J.; Hable, M. und Schegner, P.: "Energy Loss Estimation in Distribution Networks for Planning Purposes," in *IEEE PowerTech*, Bucharest, 2009, Seiten 1-6.

[41] Spitzl, W.: "Verbraucherstrukturabhängige Lastmodellierung für die Planung, Betriebsführung und Schaltzustandsoptimierung elektrischer Verteilernetze," Technische Universität Graz, Dissertation 2002.

[42] Wieben, E.: "Multivariantes Zeitreihenmodell des aggregierten elektrischen Leistungsbedarfs von Standardverbrauchern für die probabilistische Lastflussrechnung," Technische Universität Clausthal, Dissertation 2008.

[43] Provoost, F.: "Intelligent Distribution Network Design," Technische Universiteit Eindhoven, Dissertation 2009.

[44] Pöppl, G.: "Planung und Optimierung von Niederspannungsnetzen bei dezentraler Stromerzeugung," Technische Universität Wien, Dissertation 2004.

[45] Stetz, T. et al.: "Stochastische Analyse von Smart-Meter Messdaten," in *VDE Kongress*, Stuttgart, 2012.

[46] Probst, A.; Braun, M. und Tenbohlen, S.: "Erstellung und Simulation probabilistischer Lastmodelle von Haushalten und Elektrofahrzeugen zur Spannungsbandanalyse," in *Internationaler ETG-Kongress*, Würzburg, 2011.

[47] Wagner, R.: "Elektrischer Leistungsbedarf in Wohngebieten," *Elektro-Praktiker*, Band 34, Heft 7, 1980, Seiten 220-223.

[48] Heueck, R.: "Stromverbrauch und Leistungsbedarf in Wohnsiedlungen mit unterschiedlichem Elektrifizierungsgrad," *Elektrizitätswirtschaft*, Band 70, Heft 8, 1971, Seiten 190-197.

[49] Bochanky, L.: *Planung öffentlicher Elektroenergieverteilungsnetze: Gestaltung, Bemessung, Betriebsweise, Netzrückwirkungen*, 1. Auflage. Leipzig: VEB Deutscher Verlag für Grundstoffindustrie, 1985.

[50] Leder, U.: "Planung von Niederspannungsnetzen," *BBC-Nachrichten*, Band 46, Heft 11, 1964, Seiten 577-583.

[51] Kaufmann, W.: *Planung öffentlicher Elektrizitätsverteilungs-Systeme*, 1. Auflage. Frankfurt am Main: VWEW-Verlag, 1995.

[52] Nagel, H.: *Systematische Netzplanung*, 2. Auflage, Cichowski, Rolf R., (Hrsg.). Frankfurt am Main: VWEW-Verlag, 2008.

[53] Wieland, T. et al.: "Gleichzeitigkeitsfaktoren in der elektrischen Energieversorgung – Konventioneller und probabilistischer Ansatz," *e & i Elektrotechnik und Informationstechnik*, Band 131, Heft 8, 2014, Seiten 249-255.

[54] Bundesgesetzblatt: AnlRegV (Anlagenregisterverordnung): Verordnung über ein Register für Anlagen zur Erzeugung von Strom aus erneuerbaren Energien und Grubengas, 2014.

[55] 50Hertz Transmission GmbH, Amprion GmbH, TransnetBW GmbH, TenneT TSO GmbH: (2015) EEG-Anlagenstammdaten. [Online]. https://www.netztransparenz.de/de/Anlagenstammdaten.htm

[56] Schufft, W.; Göhlich, A. und Gürlek, A.: "Optimale Netzanschlussleistung bei kombinierter Photovoltaik und Windeinspeisung," *ew - Elektrizitätswirtschaft*, Band 113, Heft 3, 2014, Seiten 42-45.

[57] Vereinigung Deutscher Elektrizitätswerke e.V. (VDEW): *Planung und Betrieb städtischer Niederspannungsnetze.* Frankfurt am Main: Verlags- und Wirtschaftsgesellschaft der Elektrizitätswerke mbH, 1984.

[58] Heuck, K.; Dettmann, K.-D. und Schulz, D.: *Elektrische Energieversorgung*, 8., überarb. und aktual. Auflage. Wiesbaden: Vieweg & Sohn Verlag, 2010.

[59] Dohnal, D.: "On-Load Tap-Changers for Power Transformers: A Technical Digest," Maschinenfabrik Reinhausen, Regensburg, 2006.

[60] Oeding, D. und Oswald, B. R.: *Elektrische Kraftwerke und Netze*, 7. Auflage. Berlin, Heidelberg, New York: Springer, 2011.

[61] Crastan, V.: *Elektrische Energieversorgung 1: Netzelemente, Modellierung, stationäres Verhalten, Bemessung, Schalt- und Schutztechnik*, 3., bearb. Auflage. Berlin, Heidelberg: Springer, 2012.

[62] Crastan, V. und Westermann, D.: *Elektrische Energieversorgung 3: Dynamik, Regelung und Stabilität sowie die Betriebsplanung und -führung*, 3., bearb. Auflage. Berlin, Heidelberg: Springer, 2012.

[63] Schröder, D.: *Leistungselektronische Schaltungen: Funktion, Auslegung und Anwendung*, 3., überarb. und erw. Auflage. Berlin, Heidelberg: Springer Vieweg, 2012.

[64] Dollinger, J.: "Die Frequenz- und Spannungsabhängigkeit des Leistungsbedarfs elektrischer Verbraucher und Netze," *Elektrizitätswirtschaft*, Band 86, Heft 6, 1987, Seiten 228-232.

[65] Laible, T.: "Abhängigkeit der Wirk- und Blindleistungsaufnahme passiver Netze von Spannungs- und Frequenzschwankungen," *Bulletin ASE*, Band 59, Heft 2, 1968, Seiten 49-65.

[66] Nelles, D.: "Bedeutung der Spanungs- und Frequenzabhängigkeiten von Lasten in Netzplanung und Netzbetrieb," *etz Archiv*, Band 7, Heft 1, 1985, Seiten 11-15.

[67] Concordia, C. und Ihara, S.: "Load Representation in Power System Stability Studies," *IEEE Power Engineering Review*, Band PER-2, Heft 4, 1982, Seiten 41-42.

[68] Electric Power Research Institute: "EPRI EL-5003, Vol. 3: Load Modeling for Power Flow and Transient Stability Computer Studies, Volume 3: LOADSYN Code Users Manual," 1987.

[69] Price, W. W. et al.: "Load Modeling for Power Flow and Transient Stability Computer Studies," *IEEE Transactions on Power Systems*, Band 3, Heft 1, 1988, Seiten 180-187.

[70] Willis, H. L.: *Power Distribution Planning Reference Book*, 2., überarb. und erw. Auflage. New York, Basel: Marcel Dekker, 2004.

[71] Bendrat, M.: "Analyse der Spannungsqualität in Verteilnetzen auf der Niederspannungsebene sowie Realisierung geeigneter Kompensationsmaßnahmen," Fernuniversität Hagen, Dissertation 2010.

[72] Schulz, G.; Christ, T. und Heinz, M.: "Erfahrungen beim Einsatz eines elektronisch regelbaren 10 kV-Verteilungsnetztransformators in Ortsnetzen mit dezentraler Einspeisung aus Solaranlagen," in *VDE Kongress*, Leipzig, 2010, Seiten 1-5.

[73] Wanner, U.; Aigner, A. und Finkel, M.: "Technische und wirtschaftliche Betrachtung eines Netzregelgerätes im Vergleich zu einem Netzausbau aufgrund EEG," in *ETG-Kongress*, Würzbrug, 2011, Seiten 1-7.

[74] Brooks, A.; Lu, E.; Reicher, D.; Spirakis, C. und Weihl, B.: "Demand Dispatch," *IEEE Power and Energy Magazine*, Band 8, Heft 3, 2010, Seiten 20-29.

[75] VDE-Studie: "Demand Side Integration: Lastverschiebungspotenzial in Deutschland," VDE, Frankfurt am Main, 2012.

[76] Bukvić-Schäfer, A. S.: "Lastmanagement: Nutzung der thermischen Kapazität von Gebäuden als nichtelektrischer Energiespeicher in elektrischen Versorgungsnetzen," Universität Kassel, Dissertation 2007.

[77] Bodach, M.: "Energiespeicher im Niederspannungsnetz zur Integration dezentraler, fluktuierender Energiequellen," Technische Universität Chemnitz, Dissertation 2006.

[78] Braun, M.: "Provision of Ancillary Services by Distributed Generators," Universität Kassel, Dissertation 2008.

[79] Pillay, P. und Manyage, M.: "Definitions of Voltage Unbalance," *IEEE Power Engineering Review*, Band 21, Heft 5, 2001, Seiten 50-51.

[80] Lackie, W.: "The Influence of Load and Diversity Factors on Methods of Charging for Electrical Energy," *Journal of the Institution of Electrical Engineers*, Band 42, Heft 193, 1909, Seiten 100-114.

[81] Gear, H.: "Diversity Factor," *Transactions of the American Institute of Electrical Engineers*, Band XXIX, Heft 1, 1910, Seiten 375-384.

[82] Newton, G.: "Underground Distribution Systems," *Transactions of the American Institute of Electrical Engineers*, Band XXXV, Heft 2, 1916, Seiten 1207-1235.

[83] Arvidson, C. E.: "Diversified Demand Method of Estimating Residential Distribution Transformer Loads," *Edison Electric Institute Bulletin*, Band 8, Heft 10, 1940, Seiten 469-473, 496-499.

[84] Blug, C.: "Rechneroptimierte Niederspannungsnetze: Algorithmen, Implementierung, Graphik, erste Erfahrungen," Universität des Saarlandes, Saarbrücken, Dissertation 1997.

[85] Bary, C.: "Coincidence-Factor Relationships of Electric-Service-Load Characteristics," *Transactions of the American Institute of Electrical Engineers*, Band 64, Heft 9, 1945, Seiten 623-629.

[86] Hamilton, R. F.: "The Summation of Load Curves," *Transactions of the American Institute of Electrical Engineers*, Band 63, Heft 10, 1944, Seiten 729-735.

[87] Velander, S.: "Methods of Operational Analysis Applied to Distribution of Electric Power," *Teknisk-Tidskrift*, Band 82, Heft 4, 1952, Seiten 293-299.

[88] Rusck, S.: "The Simultaneous Demand in Distribution Network Supplying Domestic Consumers," *ASEA Journal*, Band 10, Heft 11, 1956, Seiten 59-61.

[89] Dickert, J. und Schegner, P.: "Residential Load Models for Network Planning Purposes," in *Modern Electric Power Systems (MEPS)*, Breslau, 2010, Seiten 1-6.

[90] Stromnetz Berlin: "Erläuterungen zu den TAB NS Nord," Netzanschluss Berlin, Berlin, 2012.

[91] Axelsson, B. und Strand, C.: "Computer as Controller and Surveyor of Electrical Distribution Systems for 20, 10, 6 and 0.4 kV," in *2nd International Conference on Electricity Distribution (CIRED)*, Liege, 1975, Seiten 1-7.

[92] Haggis, T.: "Network Design Manual (Version 7.7)," e.on UK Central Networks, 2006.

[93] McQueen, D. H.; Hyland, P. R. und Watson, S. J.: "Monte Carlo Simulation of Residential Electricity Demand for Forecasting Maximum Demand on Distribution Networks," *IEEE Transactions on Power Systems*, Band 19, Heft 3, 2004, Seiten 1685-1689.

[94] Heunis, S. W. und Herman, R.: "A Thermal Loading Guide for Residential Distribution Transformers Based on Time-variant Current Load Models," *IEEE Transactions on Power Systems*, Band 19, Heft 3, 2004, Seiten 1294-1298.

[95] Nickel, D. L. und Braunstein, H. R.: "Distribution Transformer Loss Evaluation: II - Load Characteristics and System Cost Parameters," *IEEE Transactions on Power Apparatus and Systems*, Band PAS-100, Heft 2, 1981, Seiten 798-811.

[96] Rouvel, L.: "Leistungs- und Strombedarf von voll- und allelektrisch versorgten Wohnungen," *Brennstoff-Wärme-Kraft*, Band 23, Heft 2, 1971, Seiten 74-80.

[97] Baedeker, H.: "Leitbild und Netzwerk: Techniksoziologische Überlegungen zur Entwicklung des Stromverbundsystems," Friedrich Alexander Universität Erlangen-Nürnberg, Dissertation 2002.

[98] Hartig, R.: "Untersuchungen zur Optimierung des Energiemanagements im Privatkundenbereich," Technische Universität Chemnitz, Dissertation 2001.

[99] Bundesverband der Energie- und Wasserwirtschaft e.V. (BDEW): (2013) Durchschnittlicher Jahresverbrauch der privaten Haushalte in Deutschland. [Online] http://bdew.de/internet.nsf/id/DE_Energiedaten

[100] Vereinigung Deutscher Elektrizitätswerke e.V. (VDEW): "Analyse und Prognose des Stromverbrauchs der privaten Haushalte 1970 - 1990 - 2005 - 2010: Auswertungsbericht alte Bundesländer," ausgearb. vom VDEW-Arbeitsausschuß Marktforschung Elektrizitätsanwendung, Frankfurt am Main, 1993.

[101] Statistisches Bundesamt (Hrsg.): "Bevölkerung und Erwerbstätigkeit: Haushalte und Familien, Ergebnisse des Mikrozensus 2011," Wiesbaden, 2012.

[102] Bundesverband der Energie- und Wasserwirtschaft e.V. (BDEW): "Energieverbrauch im Haushalt: BDEW-Datenkatalog," Berlin, Ausgabe 2010.

[103] Frondel, M. et al.: "Erhebung des Energieverbrauchs der privaten Haushalte für die Jahre 2009-2010: Teilbericht für das Projekt Erhebung des Energieverbrauchs der privaten Haushalte für die Jahre 2006-2010 (Forschungsprojekt Nr. 54/09, BMWi)," RWI, forsa, 2013.

[104] Linde, F.; Mandel, K.; Nitschke, P.; Steckler, C. und Wagner, L. D.: "Stromverbrauchsanalyse im Haushaltsbereich für das Versorgungsgebiet der Esag," *Elektrizitätswirtschaft*, Band 91, Heft 22, 1992, Seiten 1417-1423.

[105] Kott, K. und Behrends, S.: "Ausstattung mit Gebrauchsgütern und Wohnsituation privater Haushalte in Deutschland," *Wirtschaft und Statistik*, Heft 5, 2009, Seiten 449-473.

[106] Dickert, J. und Schegner, P.: "Neue Ansätze der Modellierung synthetischer Lastgänge für Planung und Betrieb von Smart Grids," in *Internationaler ETG-Kongress*, Würzburg, 2011, Seiten 1-6.

[107] Lisovich, M. und Wicker, S.: "Privacy Concerns in Upcoming Residential and Commercial Demand-response Systems," in *Proc of the Clemson University Power Systems Conference*, Clemson, SC, 2008.

[108] Beyea, J.: "Science and Society. The Smart Electricity Grid and Scientific Research," *Science (New York, N.Y.)*, Band 328, Heft 5981, 2010, Seiten 979-980.

[109] Bundesministerium für Wirtschaft und Technologie: (2013) E-Energy - IKT-basiertes Energiesystem der Zukunft. [Online]. www.e-energy.de

[110] Piller, W.: "Lastgangsimulation und -synthese des Stromverbrauchs von Haushalten unter Beruecksichtigung der Ausgleichsprobleme," Technische Universität München, Dissertation 1980.

[111] Gellings, C. und Taylor, R.: "Electric Load Curve Synthesis - A Computer Simulation of an Electric Utility Load Shape," *IEEE Transactions on Power Apparatus and Systems*, Band PAS-100, Heft 1, 1981, Seiten 60-65.

[112] Walker, C. F.: "A Residential Electrical Load Model," University of New Hampshire, Durham, NH, Dissertation 1982.

[113] Capasso, A.; Grattieri, W.; Lamedica, R. und Prudenzi, A.: "A Bottom-up Approach to Residential Load Modeling," *IEEE Transactions on Power Systems*, Band 9, Heft 2, 1994, Seiten 957-964.

[114] Walker, C. F. und Pokoski, J. L.: "Residential Load Shape Modelling Based on Customer Behavior," *IEEE Transactions on Power Apparatus and Systems*, Band PAS-104, 1985, Seiten 1703-1711.

[115] Paatero, J. V. und Lund, P. D.: "A Model for Generating Household Electricity Load Profiles," *International Journal of Energy Research*, Band 30, Heft 5, 2006, Seiten 273-290.

[116] Grandjean, A.; Adnot, J. und Binet, G.: "A Review and an Analysis of the Residential Electric Load Curve Models," *Renewable and Sustainable Energy Reviews*, Band 16, Heft 9, 2012, Seiten 6539-6565.

[117] Dickert, J. und Schegner, P.: "Lastgänge als Grundlage für die Analyse von Smart Grids – Anforderungen und Vergleich von Lastgangsynthesen," in *VDE Kongress*, Stuttgart, 2012, Seiten 1-6.

[118] Dörnemann, C.: "Betriebsmittelbezogene Lastmodellierung für die Berechnung in Verteilungsnetzen," Universität Dortmund, Dissertation 1990.

[119] Brunner, D. J.: "Lastmodellierung und Zustandschätzung als Basis für Planung und Betrieb des Verteilnetzes," Eidgenössische Technische Hochschule Zürich, Dissertation 1995.

[120] Prior, D.: "Nachbildung der Energiebedarfsstruktur der privaten Hauhalte: Werkzeug zur Bewertung von Energieeinpsparmaßnahmen," Universität Paderborn, Dissertation 1997.

[121] Teupen, J.: "Lastmodellierung zur optimalen Betriebsführung von Verteilungsnetzen," Technische Universität Dortmund, Dissertation 1999.

[122] Stokes, M.: "Removing Barriers to Embedded Generation: A Fine-grained Load Model to Support Low Voltage Network Performance Analysis," De Montfort University, Leicester, Dissertation 2005.

[123] Baranski, M.: "Energie-Monitoring im privaten Haushalt," Universität Paderborn, Dissertation 2006.

[124] Richardson, I.: "Integrated High-resolution Modelling of Domestic Electricity Demand and Low Voltage Electricity Distribution Networks," Loughborough University, Dissertation 2011.

[125] Collin, A. J.: "Advanced Load Modelling for Power System Studies," The University of Edinburgh, Dissertation 2013.

[126] Wilke, U.: "Probabilistic Bottom-up Modelling of Occupancy and Activities to Predict Electricity Demand in Residential Buildings," École Polytechnique Fédérale de Lausanne (EPFL), Dissertation 2013.

[127] Richardson, I. und Thomson, M.: (2010) Domestic Electricity Demand Model - Simulation Example. [Online]. https://dspace.lboro.ac.uk/2134/5786

[128] Borg, S. P.: (2014) Power Converter and Appliance Power Profile Simulator Version 9. [Online]. https://www.researchgate.net/publication/263849489

[129] Pflugradt, N.: (2015) Load Profile Generator V 4.1.0. [Online]. http://loadprofilegenerator.de/

[130] Frauenhofer ISE: (2015) synPRO - Das Tool für synthetische elektrische und thermische Lastprofile im Haushaltsbereich. [Online]. https://www.elink.tools/elink-tools/synpro/synpro-demo

[131] Fischer, D.; Härtl, A. und Wille-Haussmann, B.: "Model for Electric Load Profiles With High Time Resolution for German Households," *Energy and Buildings*, Band 92, 2015, Seiten 170-179.

[132] The MathWorks, Inc.: (2015) "Matlab®,". [Online]. www.mathworks.de

[133] Cowan, R. S.: "The "Industrial Revolution" in the Home: Household Technology and Social Change in the 20th Century," *Technology and Culture*, Band 17, Heft 1, 1976, Seiten 1-23.

[134] Sackmann, R. und Weymann, A.: *Die Technisierung des Alltags: Generationen und technische Innovationen*, 1. Auflage. Frankfurt am Main, New York: Campus Verlag, 1994.

[135] Gräbe, S., (Hrsg.): *Vernetzte Technik für private Haushalte: Intelligente Haussysteme und interaktive Dienste aus Nutzersicht*. Frankfurt am Main, New York: Campus Verlag, 1996.

[136] Meyer-Haagen, E.: *Das elektrische Kochen*, 1. Auflage. Berlin: Zander, 1936.

[137] Sangani, K.: "E-bikes Take off," *Engineering & Technology*, Band 4, Heft 10, 2009.

[138] Treuz, J.: *Pedelecs, E-Bikes selber bauen*. Haar bei München: Franzis Verlag, 2011.

[139] Bundesregierung: Nationaler Entwicklungsplan Elektromobilität der Bundesregierung, 2009.

[140] Leggewie, C.; Ruppert, W.; Schwedes, O.; Wallentowitz, H. und Ahrend, C.: *Das Elektroauto: Mobilität im Umbruch*, Keichel, M. und Schwedes, O., (Hrsg.). Wiesbaden: Springer Vieweg, 2013.

[141] Zweirad-Industrie-Verband (ZIV): Zahlen-Daten-Fakten zum Fahrradmarkt 2014 (Pressemitteilung), 18.03.2015.

[142] Dratwa, F. A. et al., (Hrsg.): *Energiewirtschaft in Europa: Im Spannungsfeld zwischen Klimapolitik, Wettbewerb und Versorgungssicherheit*. Berlin, Heidelberg: Springer, 2010.

[143] Wegner, G. E.: *Elektrische Haushaltsgeräte: Technik und Service*, 3., neu bearb. und erw. Auflage. München, Heidelberg: Hüthig & Pflaum, 2008.

[144] Cowan, R. S.: *More Work for Mother: The Ironies of Household Technology from the Open Hearth to the Microwave*. New York: Basic Books, 1985.

[145] Glatzer, W.: *Haushaltstechnisierung und gesellschaftliche Arbeitsteilung*. Frankfurt am Main, New York: Campus-Verlag, 1991.

[146] Lichtenberg, W. und Hloch, H.: *Technik im Haushalt*, Busse, B., (Hrsg.). Hamburg: Dr. Felix Büchner / Handwerk und Technik, 1994.

[147] Kutsch, T.; Piorkowsky, M.-B. und Schätzke, M.: *Einführung in die Haushaltswissenschaft: Haushaltsökonomie, Haushaltssoziologie, Haushaltstechnik*. Stuttgart: Ulmer, 1997.

[148] Pehnt, M.: *Energieeffizienz: Ein Lehr- und Handbuch*. Berlin, Heidelberg: Springer, 2010.

[149] Pichert, H.: *Haushalttechnik: Verfahren und Geräte*, 2. Auflage. Stuttgart: Ulmer, 2001.

[150] Delegierte Verordnung (EU) Nr. 1060/2010 vom 28. September 2010: Kennzeichnung von Haushaltskühlgeräten in Bezug auf den Energieverbrauch.

[151] Rudolph, M. und Wagner, U.: *Energieanwendungstechnik: Wege und Techniken zur effizienteren Energienutzung*. Berlin, Heidelberg: Springer, 2008.

[152] Samal, E. und Becker, W.: *Grundriß der praktischen Regelungstechnik*. München: Oldenbourg Wissenschaftsverlag, 2004.

[153] Astronomical Applications Department of the U.S. Naval Observatory: (2015) Rise | Set | Twilight Table for One Year. [Online]. http://aa.usno.navy.mil/data/docs/RS_OneYear.php

[154] Fuest, K. und Döring, P.: *Elektrische Maschinen und Antriebe*. Wiesbaden: Friedr. Vieweg & Sohn Verlag | GWV Fachverlag, 2007.

[155] Plaßmann, W. und Schulz, D., (Hrsg.): *Handbuch Elektrotechnik: Grundlagen und Anwendungen für Elektrotechniker*. Wiesbaden: Vieweg+Teubner, 2009.

[156] Verordnung (EU) Nr. 801/2013 vom 22. August 2013: Festlegung von Ökodesign-Anforderungen an den Stromverbrauch elektrischer und elektronischer Haushalts- und Bürogeräte im Bereitschafts- und im Aus-Zustand und die umweltgerechte Gestaltung von TV.

[157] DigitalEurope TV Manufacturers: IEC 62087 Ed2 Energy Efficiency Labelling for Televisions: A Guide to the Commission Delegated Regulation (EU) 1062/2010, 2012.

[158] TU Darmstadt: Multimedia Communications Lab (KOM) | Secure Mobile Communications Lab (SEEMOO): (2015) tracebase. [Online]. https://www.tracebase.org/traces

[159] Saker, D.; Millward, S.; Vahdati, M. und Essah, E.: "Characterising and Managing Domestic Electrical Demand: A Literature Review," in *TSBE Engineering Doctorate Conference*, Henley-on-Thames, 2012.

[160] Andreß, H.-J.; Hagenaars, J. A. und Kühnel, S.: *Analyse von Tabellen und kategorialen Daten: Log-lineare Modelle, latente Klassenanalyse, logistische Regression und GSK-Ansatz*. Berlin: Springer, 1997.

[161] Seppälä, A.: "Load Research and Load Estimation in Electricity Distribution," Helsinki University of Technology, Dissertation 1996.

[162] Frondel, M. et al.: "Erhebung des Energieverbrauchs der privaten Haushalte für das Jahr 2003: Endbericht (Forschungsprojekt Nr. 61/04, BMWi)," RWI, forsa, 2005.

[163] Raisz, D.: "Selected Extreme Value Problems in Electric Power Engineering," Budapest University of Technology and Economics, Dissertation 2010.

[164] Verordnung (EG) Nr. 1275/2008 vom 17. Dezember 2008: Festlegung von Ökodesign-Anforderungen an den Stromverbrauch elektrischer und elektronischer Haushalts- und Bürogeräte im Bereitschafts- und im Aus-Zustand.

[165] Verordnung (EU) Nr. 666/2013 vom 08. Juli 2013: Festlegung von Anforderungen an die umweltgerechte Gestaltung von Staubsaugern.

[166] Mohrmann, M.; Reese, C.; Hofmann, L. und Schmiesing, J.: "Untersuchung von Niederspannungsverteilnetzen anhand von synthetischen Netzstrukturen," in *VDE Kongress*, Stuttgart, 2012.

[167] Delegierte Verordnung (EU) Nr. 65/2014 vom 1. Oktober 2013: Energieverbrauchskennzeichnung von Haushaltsbacköfen und - dunstabzugshauben.

[168] Potsdam-Institut für Klimafolgenforschung (PIK) e.V.: (2013) Klima & Wetter Potsdam - Klimazeitreihen - Bodentemperatur. [Online]. https://www.pik-potsdam.de/services/klima-wetter-potsdam/klimazeitreihen/bodentemperatur

[169] Stoy, B. und Kionka, U.: "Senkung des Stromverbrauchs von Elektro-Großgeräten im Haushalt," *Energiewirtschaftliche Tagesfragen*, Band 27, Heft 7, 1977, Seiten 487-504.

[170] Lotz, H.: "Energieverbrauch bei Haushaltsgeräten: Erreichte Einsparungen und weitere Potentiale," in *Haushalte an der Schwelle zum nächsten Jahrtausend: Aspekte haushaltswissenschaftlicher Forschung - gestern, heute, morgen*, Oltersdorf, U. und Preuß, T., (Hrsg.). Frankfurt am Main, New York: Campus-Verlag, 1996, Seiten 227-233.

[171] Bullinger, H.-J., (Hrsg.): *Technologieführer: Grundlagen, Anwendungen, Trends*. Berlin, Heidelberg, New York: Springer, 2007.

[172] BSH Bosch und Siemens Hausgeräte GmbH: (2014) Wofür wir stehen | Umwelt | Energieeffizienz: Ressourceneffizienz nach Produktbereichen. [Online]. https://www.bsh-group.de/

[173] Öko-Institut e.V.: (2014) EcoTopTen: Die Plattform für ökologische Spitzenprodukte. [Online]. http://www.ecotopten.de/

[174] Mottschall, M.; Bleher, D. und Quack, D.: "PROSA Elektroherde und elektrische Kochstellen: Entwicklung der Vergabekriterien für ein klimaschutzbezogenes Umweltzeichen," Öko-Institut e.V., Freiburg, Studie im Rahmen des Projekts "Top 100 - Umweltzeichen für klimarelevante Produkte" 2013.

[175] Verordnung (EU) Nr. 66/2014 vom 14. Januar 2014: Festlegung von Anforderungen an die umweltgerechte Gestaltung von Haushaltsbacköfen, -kochmulden und -dunstabzugshauben.

[176] Bansal, P.; Vineyard, E. und Abdelaziz, O.: "Advances in Household Appliances: A Review," *Applied Thermal Engineering*, Band 31, Heft 17-18, 2011, Seiten 3748-3760.

[177] Ris, H. R.: "Energieeffizienz im Haushalt: Gerätetechnik richtig handhaben (Teil 1)," *Elektrotechnik ET*, Band 64, Heft 1, 2013, Seiten 40-44.

[178] Ris, H. R.: "Energieeffizienz im Haushalt: Gerätetechnik richtig handhaben (Teil 2)," *Elektrotechnik ET*, Band 64, Heft 2, 2013, Seiten 40-45.

[179] Verordnung (EU) Nr. 1194/2012 vom 12. Dezember 2012: Festlegung von Anforderungen an die umweltgerechte Gestaltung von Lampen mit gebündeltem Licht, LED-Lampen und dazugehörigen Geräten.

[180] Verordnung (EG) Nr. 641/2009 vom 22. Juli 2009: Festlegung von Anforderungen an die umweltgerechte Gestaltung von externen Nassläufer-Umwälzpumpen und in Produkte integrierten Nassläufer-Umwälzpumpen.

[181] European Committee of Domestic Equipment Manufacturers: (2014) Neue EU Energielabel. [Online]. http://www.newenergylabel.com

[182] Wagner, G.: *Waschmittel: Chemie, Umwelt, Nachhaltigkeit*, 4., vollst. überarb. Auflage. Weinheim: Wiley-VCH Verlag, 2010.

[183] Tura, A. und Rowe, A.: "Permanent magnet magnetic refrigerator design and experimental characterization," *International Journal of Refrigeration*, Band 34, Heft 3, 2011, Seiten 628-639.

[184] Industrieverband Körperpflege- und Waschmittel: (2014) Forum Waschen. [Online]. http://forum-waschen.de/

[185] Bengtsson, P.; Berghel, J. und Renström, R.: "A Household Dishwasher Heated by a Heat Pump System using an Energy Storage Unit with Water as the Heat Source," *International Journal of Refrigeration*, Band 49, 2015, Seiten 19-27.

[186] Werner, J. und Dober, E.: "Haushalt-Waschmaschine mit Wärmepumpe," Europäische Patentanmeldung EP2096203 A1, September 2009.

[187] Cremer, C. et al.: "Der Einfluss moderner Gerätegenerationen der Informations- und Kommunikationstechnik auf den Energieverbrauch in Deutschland bis zum Jahr 2010: Möglichkeiten zur Erhöhung der Energieeffizienz und zur Energieeinsparung in diesen Bereichen," Fraunhofer-Institut für Systemtechnik und Innovationsforschung (ISI) und Centre for Energy Policy and Economics (CEPE), Karlsruhe, Zürich, Projektnummer 28/01, Abschlussbericht an das Bundesministerium für Wirtschaft und Arbeit (BMWA) 2003.

[188] Goette, T. und Böcker, J.: "Digital Natives zeigen Zahlungsbereitschaft: Smart-Home-Studie," *ew - Elektrizitätswirtschaft*, Band 112, Heft 9, 2013, Seiten 36-39.

[189] Gabler, C.: "Analyse von Arbeitsprozessen in Privathaushalten im Hinblick auf die Hausgerätevernetzung,"
Justus-Liebig-Universität Gießen, Dissertation 2007.

[190] B.A.U.M. Consult: "E-Energy Abschlussbericht: Ergebnisse und Erkenntnisse aus der Evaluation der sechs Leuchtturmprojekte," München, Berlin, Abschlussbericht im Auftrag des Bundesministeriums für Wirtschaft und Technologie (BMWi) 2014.

[191] Dickert, J.; Panitz, F. und Schegner, P.: "Lastverschiebungspotenzial von Haushaltsgeräten unter Berücksichtigung von Effizienzsteigerungen und Komfortansprüchen," in *Nachhaltige Energieversorgung und Integration von Speichern (NEIS Konferenz)*, Hamburg, 2014.

[192] International Technology Roadmap for Semiconductors (ITRS): (2013) ITRS Report 2013 Edition. [Online]. http://www.itrs.net/reports.html

[193] Ellinger, F.; Mikolajick, T.; Fettweis, G. und Hentschel, D.: "Energy Efficiency Enhancements for Semiconductors, Communications, Sensors and Software Achieved in Cool Silicon Cluster Project," *The European Physical Journal Applied Physics*, Band 63, Heft 1, Juli 2013.

[194] Leo, K.; Lüssem, B.; Reineke, S. und Polte, A.: "Leuchtende Zukunft für effiziente weiße OLEDs: Hohe Lichtausbeute durch innovative Konzepte," *Optik & Photonik*, Heft 1, 2010, Seiten 32-35.

[195] Lenger, A.; Schneickert, C. und Schumacher, F., (Hrsg.): *Pierre Bourdieus Konzeption des Habitus: Grundlagen, Zugänge, Forschungsperspektiven*. Wiesbaden: Springer VS, 2013.

[196] Multrus, F.: "Fachkulturen: Begriffsbestimmung, Herleitung und Analysen," Universität Konstanz, Dissertation 2004.

[197] Prechtl, P. und Burkard, F.-P., (Hrsg.): *Metzler-Lexikon Philosophie: Begriffe und Definitionen*, 3., erw. und aktualisierte Auflage. Stuttgart, Weimar: Metzler, 2008.

[198] Engelhard, P.: *Paradigmata des Konsumentenverhaltens: Die Rolle der Nachfrage im Innovationsprozeß*. Berlin: Duncker & Humblot, 1999.

[199] Vlek, C.: "Essential Psychology for Environmental Policy Making," *International Journal of Psychology*, Band 35, Heft 2, 2000, Seiten 153-167.

[200] Gatersleben, B. und Vlek, C.: "Household Consumption, Quality of Life, and Environmental Impacts: A Psychological Perspective and Empirical Study," in *Green Households? Domestic Consumers, Environment, and Sustainability*, Noorman, K. J. und Uiterkamp, T. S., (Hrsg.). London: Earthscan, 1998, Kapitel 7, Seiten 141-183.

[201] Bundesministerium für Umwelt, Naturschutz, Bau und Reaktorsicherheit (BMUB): (2015) Stromspiegel für Deutschland 2014: Vergleichswerte für Ihren Stromverbrauch. [Online].
http://www.bmub.bund.de/themen/klima-energie/energieeffizienz/haushalt/stromspiegel/

[202] Sonderforschungsbereich Entwicklungsperspektiven von Arbeit (München): *Alltägliche Lebensführung: Arrangements zwischen Traditionalität und Modernisierung*. Projektgruppe "Alltägliche Lebensführung" (Hrsg.), Opladen: Lesek + Budrich, 1995.

[203] Voß, G. G.: *tagaus - tagein: Neue Beiträge zur Soziologie Alltäglicher Lebensführung*, Voß, G. G. und Weihrich, M., (Hrsg.). München, Mering: Rainer Hampp Verlag, 2001.

[204] Balderjahn, I. und Scholderer, J.: *Konsumentenverhalten und Marketing: Grundlagen für Strategien und Maßnahmen*. Stuttgart: Schäffer-Poeschel Verlag Stuttgart, 2007.

[205] Statistisches Bundesamt (Hrsg.): "Wirtschaftsrechnungen: Laufende Wirtschaftsrechnungen Ausstattung privater Haushalte mit ausgewählten Gebrauchsgütern (Fachserie 15, Reihe 2)," Wiesbaden, 2012.

[206] Zangl, S.; Brommer, E.; Grießhammer, R. und Gröger, J.: "PROSA Fernsehgeräte: Entwicklung der Vergabekriterien für ein klimaschutzbezogenes Umweltzeichen," Öko-Institut e.V., Freiburg, 2009.

[207] Park, W. Y.; Phadke, A.; Shah, N. und Letschert, V.: "Efficiency Improvement Opportunities in TVs: Implications for Market Transformation Programs," *Energy Policy*, Band 59, 2013, Seiten 361-372.

[208] Statistisches Bundesamt: (2015) GENESIS-Online Datenbank: Einkommen und Ausgaben privater Haushalte: Laufende Wirtschaftsrechnungen: Allgemeine Angaben. [Online]. www-genesis.destatis.de

[209] VuMA Arbeitsgemeinschaft (ARD-Werbung SALES & SERVICES GmbH): "Was konsumierst Du? Basisinformationen für fundierte Mediaentscheidungen VuMA 2015," Frankfurt am Main, 2014.

[210] Schlomann, B. et al.: "Energieverbrauch der privaten Haushalte und des Sektors Gewerbe, Handel, Dienstleistungen (GHD): Abschlussbericht (Projektnummer 17/02, BMWA)," Fraunhofer ISI, DIW Berlin, GfK, TU München, 2004.

[211] Zentralverband Elektrotechnik und Elektronikindustrie e.V. (ZVEI): "Zahlenspiegel 2011 des deutschen Elektro-Hausgerätemarktes," ZVEI mit GfK Retail and Technology GmbH, Frankfurt am Main, 2011.

[212] IER, RWI, ZEW: "Die Entwicklung der Energiemärkte bis 2030: Energieprognose 2009, Untersuchung im Auftrag des Bundesministeriums für Wirtschaft und Technologie (BMWi)," Institut für Energiewirtschaft und Rationelle Energieanwendung (IER); Rheinisch-Westfälisches Institut für Wirtschaftsforschung e.V. (RWI); Zentrum für Europäische Wirtschaftsforschung GmbH (ZEW), Stuttgart, Essen, Mannheim, 2010.

[213] Frondel, M. et al.: "Erhebung des Energieverbrauchs der privaten Haushalte für das Jahr 2005: Endbericht (Forschungsprojekt Nr. 15/06, BMWi)," RWI, forsa, 2008.

[214] Frondel, M. et al.: "Erhebung des Energieverbrauchs der privaten Haushalte für die Jahre 2006-2008: Teilbericht für das Projekt Erhebung des Energieverbrauchs der privaten Haushalte für die Jahre 2006-2010 (Forschungsprojekt Nr. 54/09, BMWi)," RWI, forsa, 2011.

[215] Fuchs, D. und Tews, K.: (Verbundkoordination): Transpose - TRANSfer von POlitikinstrumenten zur StromEinsparung (www.uni-muenster.de/Transpose), Projektlaufzeit: 2008-2011.

[216] Kuller, C.: *Familienpolitik im föderativen Sozialstaat: die Formierung eines Politikfeldes in der Bundesrepublik 1949-1975*, 1. Auflage. München: Oldenbourg Verlag, 2004, Band 67.

[217] Geiger, B. und Kleeberger, H.: "Strukturenwicklung des Haushaltsstromverbrauchs: Methodik und praktische Ergebnisse," *Energiewirtschaftliche Tagesfragen*, Band 42, Heft 1/2, 1992, Seiten 24-30.

[218] Rüdenauer, I.; Greißhammer, R.; Götz, K. und Birzle-Harder, B.: "PROSA Waschmaschinen: Produkt-Nachhaltigkeitsanalyse von Waschmaschinen und Waschprozessen," Öko-Institut e.V., Freiburg, 2004.

[219] Sorrell, S.: "The Rebound Effect: An Assessment of the Evidence for Economy-wide Energy Savings from Improved Energy Efficiency," Sussex Energy Group for the UK Energy Research Centre, London, 2007.

[220] Statistisches Bundesamt (Hrsg.): *Zeitbudget in Deutschland: Erfahrungsberichte der Wissenschaft*. Wiesbaden (Spektrum Bundesstatistik, Band 17): Metzler-Poeschel, 2001.

[221] Statistisches Bundesamt (Hrsg.): "Alltag in Deutschland: Analysen zur Zeitverwendung (Band 34)," in *Ergebniskonferenz der Zeitbudgeterhebung 2001/02*, Wiesbaden, 2004.

[222] Statistisches Bundesamt (Hrsg.): "Tabellenband I zur Zeitbudgeterhebung 2001/02. Aktivitäten in Stunden und Minuten nach Geschlecht, Alter und Haushaltstyp," Wiesbaden, 2006.

[223] Statistisches Bundesamt (Hrsg.): "Zeitverwendungserhebung: Aktivitäten in Stunden und Minuten für ausgewählte Personengruppen (ZVE 2012/2013)," Wiesbaden, 2015.

[224] Centre for Time Use Research, University of Oxford: (2015) Access Time Use Data. [Online]. http://www.timeuse.org/information/access-data

[225] Statistics Sweden: Population and Welfare Statistics: (2015) Harmonised European Time Use Survey (HETUS). [Online]. https://www.h5.scb.se/tus/tus/

[226] Grossmann, S.: "Empirische Ermittlung von Haushaltsführungsstilen mit Daten der Zeitbudgeterhebung 1991/92," WWU Münster, 2007.

[227] Geiger, B. und Kleeberger, H.: "Analyse, Synthese und Entwicklung des Stromverbrauchs und Leistungsbedarfes im Sektor Haushalte der BRD," *VDI-Berichte: Energiebewusstes Handeln und nutzergerechte Technik*, Band 1190, 1995, Seiten 59-77.

[228] Statistisches Bundesamt (Hrsg.): "Bevölkerung und Erwerbstätigkeit: Entwicklung der Privathaushalte bis 2030. Ergebnisse der Haushaltsvorausberechnung," Wiesbaden, 2011.

[229] Statistisches Bundesamt (Hrsg.): "Bevölkerung Deutschlands bis 2060: 12. koordinierte Bevölkerungsvorausberechnung," „Demografische Modellrechnungen", Wiesbaden, 2009.

[230] Egbringhoff, J.: *Ständig selbst: Eine Untersuchung der alltäglichen Lebensführung von Ein-Personen-Selbständigen*, Voß, G. G., (Hrsg.). München, Mering: Rainer Hampp Verlag, 2007.

[231] VuMA Arbeitsgemeinschaft (ARD-Werbung SALES & SERVICES GmbH): (2015) VuMA Online-Navigator. [Online]. http://www.vumaonline.de/

[232] General Electric Company: (2013) Home 2025: GE Envisions Home of the Future. [Online]. http://www.geappliances.com/home2025/

[233] Hess, J. M.: "Efficient Approaches to Cleaning with Mobile Robots," Albert-Ludwigs-Universität, Freiburg im Breisgau, Dissertation 2015.

[234] Hirschl, B.; Konrad, W.; Scholl, G. U. und Zundel, S.: *Nachhaltige Produktnutzung: sozial-ökonomische Bedingungen und ökologische Vorteile alternativer Konsumformen*. Berlin: edition sigma, 2001.

[235] Weller, I.: "Konsum im Wandel in Richtung Nachhaltigkeit? Forschungsergebnisse und Perspektiven," in *Nachhaltigkeit als radikaler Wandel: Die Quadratur des Kreises?*, Lange, H., (Hrsg.). Wiesbaden: VS Verlag für Sozialwissenschaften, 2008, Seiten 43-69.

[236] Beer, M. et al.: "Energiezukunft 2050," Forschungsstelle für Energiewirtschaft e.V. (FfE), München, 2009.

[237] Meier, H.; Fünfgeld, C.; Adam, T. und Schieferdecker, B.: "Repräsentative VDEW-Lastprofile," VDEW, BTU Cottbus: Lehrstuhl für Energiewirtschaft, Frankfurt am Main, Bericht 1999.

[238] Kiefer, G. und Schmolke, H.: *VDE 0100 und die Praxis: Wegweiser für Anfänger und Profis*, 15., vollständig überarb. Auflage. Berlin, Offenbach: VDE-Verlag, 2014.

[239] DIN EN 50464-1: 2012-06 (VDE 532-221) Ölgefüllte Drehstrom-Verteilungstransformatoren 50 Hz, 50 kVA bis 2500 kVA mit einer höchsten Spannung für Betriebsmittel bis 36 kV - Teil 1: Allgemeine Anforderungen.

[240] Abts, H. J.: *Verteil-Transformatoren - Distribution-Transformers*. Heidelberg: Hüthig, 2006.

[241] Knies, W. und Schierack, K.: *Elektrische Anlagentechnik: Kraftwerke, Netze, Schaltanlagen, Schutzeinrichtungen*, 6., aktualisierte Auflage. München, Wien: Hanser Verlag, 2012.

[242] Verordnung (EU) Nr. 548/2014 vom 21. Mai 2014: Kleinleistungs-, Mittelleistungs- und Großleistungstransformatoren.

[243] Biewald, H.; Henschel, M. und Ringler, J.: "Übertragungsfähigkeit von Kabeln in Standardtrassen der Bewag," *Elektrizitätswirtschaft*, Band 94, Heft 8, 1995, Seiten 450-454.

[244] Müller, L.: *Handbuch der Elektrizitätswirtschaft: Technische, wirtschaftliche und rechtliche Grundlagen*, 2. Auflage. Berlin, Heidelberg, New York: Springer, 2001.

[245] Speck, D.: *Energiekabel im EVU: Entwicklung, Technik, Anwendung, Prüfung und Betriebserfahrung der Energiekabel vom Niederspannungs- bis zum Höchstspannungsnetz*, 1. Auflage. Renningen-Malmsheim: expert-Verlag, 1994.

[246] Heinhold, L. und Stubbe, R., (Hrsg.): *Kabel und Leitungen für Starkstrom: Grundlagen und Produkt-Know-how für das Projektieren von Kabelanlagen*, 5., wesentlich überarb. und erw. Auflage. Erlangen: Publicis-MCD-Verlag, 1999.

[247] DIN VDE 0276-1000: 1995-06 Starkstromkabel - Teil 1000: Strombelastbarkeit, Allgemeines, Umrechnungsfaktoren.

[248] DIN VDE 0276-620: 2010-11 Starkstromkabel - Teil 620: Energieverteilungskabel mit extrudierter Isolierung für Nennspannungen von 3,6/6 (7,2) kV bis einschließlich 20,8/36 (42) kV.

[249] DIN VDE 0276-603: 2010-03 Starkstromkabel - Teil 603: Energieverteilungskabel mit Nennspannung 0,6/1 kV.

[250] DIN EN 60228: 2005-09 (VDE 0295, IEC 60228:2004) Leiter für Kabel und isolierte Leitungen.

[251] DIN EN 50182: 2001-12: Leiter für Freileitungen - Leiter aus konzentrisch verseilten runden Drähten.

[252] DIN VDE 0276-626: 1997-01 Starkstromkabel - Teil 626: Isolierte Freileitungsseile für oberirdische Verteilungsnetze mit Nennspannungen 0,6/1 (1,2) kV.

[253] Kießling, F.; Netzger, P. und Kaintzyk, U.: *Freileitungen: Planung, Berechnung, Ausführung*, 5., vollst. neu bearb. Auflage. Berlin, Heidelberg, New York: Springer, 2001.

[254] Kosse, E. und Radtke, H.-J.: "Planungsrichtlinie für Verteilungsnetze," Institut für Energieversorgung, Dresden, 1979.

[255] Neimane, V.: "On Development Planning of Electricity Distribution Networks," Royal Institute of Technology Stockholm, Dissertation 2001.

[256] Livik, K.; Feilberg, N. und Foosnaes, J. A.: "Estimation of Annual Coincident Peak Demand and Load Curves Based on Statistical Analysis and Typical Load Data," in *12th International Conference on Electricity Distribution (CIRED)*, Birmingham, UK, 1993, Seiten 1-6.

[257] Brännlund, G.: "Evaluation of Two Peak Load Forecasting Methods Used at Fortum," KTH Royal Institute of Technology, Stockholm, Master 2001.

[258] Lakervi, E. und Holmes, E. J.: *Electricity Distribution Network Design*, 2. Auflage.: The Institution of Engineering and Technology IET, 1995.

[259] Elektro-Gerätebau GmbH (E.G.O.): HOT Kochen und Backen, 2003.

[260] HEA-Fachgemeinschaft für effiziente Energieanwendung e.V.: (2015) HEA Service, Fachwissen, Haushalttechnik, Waschmaschinen. [Online]. http://hea.de/service/fachwissen/waschmaschinen/index.php

[261] Homann, M. et al.: *Lehrbuch der Bauphysik: Schall - Wärme - Feuchte - Licht - Brand - Klima*, 7., vollst. überarb. und aktualisierte Auflage, Häupl, P. und Willems, W., (Hrsg.). Wiesbaden: Springer Vieweg, 2013.

[262] Hill, S. I.; Desobry, F.; Garnsey, E. W. und Chong, Y.: "The Impact on Energy Consumption of Daylight Saving Clock Changes," *Energy Policy*, Band 38, Heft 9, 2010, Seiten 4955-4965.

[263] Philips Lighting Academy: *Grundlagen von Licht und Beleuchtung*. Eindhoven: Koninklijke Philips Electronics N.V, 2008.

[264] Illuminating Engineering Society (IES): *The Lighting Handbook: Reference & Application*, 9. Auflage, Rea, M. S. et al., (Hrsg.). New York: Iluminating Engineering Society of North Amercia, 2000.

[265] Kitsinelis, S.: *Light Sources: Technologies and Applications*. Boca Raton, FL: Taylor & Francis, 2010.

[266] Philips Lighting Academy: (2014) LED & OLED 2013 (Online-Schulung). [Online]. http://www.lighting.philips.de/connect/pla/downloads.wpd

[267] Schlienz, U.: *Schaltnetzteile und ihre Peripherie: Dimensionierung, Einsatz, EMV*, 5., aktualisierte und verb. Auflage. Wiesbaden: Springer Vieweg, 2012.

[268] Wagner, U.: "Elektrische Antriebe für Haushaltsgeräte: Studie zu technischen Effizienzsteigerungsmaßnahmen," Lehrstuhl für Energiewirtschaft und Anwendungstechnik, TU München, BINE Projektinfo 12/01 2001.

[269] Müller, G. und Ponick, B.: *Grundlagen elektrischer Maschinen*, 9., völlig neu bearb. Auflage. Weinheim: Wiley-VCH Verlag, 2006.

[270] Langgaßner, W.: "Energieeffizienz elektrischer Antriebe in Haushaltsgeräten," Technische Universität München, Dissertation 2001.

[271] Stölting, H.-D. und Kallenbach, E.: *Handbuch Elektrische Kleinantriebe*, 4., neu bearb. Auflage. München: Carl Hanser Verlag, 2011.

[272] Hepp, A.; Krotz, F. und Thomas, T., (Hrsg.): *Schlüsselwerke der Cultural Studies*, 1. Auflage. Wiesbaden: VS Verlag für Sozialwissenschaften, 2009.

[273] Kroeber, A. L. und Kluckhohn, C.: *Culture: A Critical Review of Concepts and Definitions*. Cambridge: Cambridge University Press, 1952.

[274] Wohlrab-Sahr, M., (Hrsg.): *Kultursoziologie: Paradigmen - Methoden - Fragestellungen*, 1. Auflage. Wiesbaden: VS Verlag für Sozialwissenschaften, 2010.

[275] Moebius, S. und Quadflieg, D., (Hrsg.): *Kultur: Theorien der Gegenwart*, 2., erw. und aktualisierte Auflage. Wiesbaden: VS Verlag für Sozialwissenschaften, 2011.

[276] Stephenson, J. et al.: "Energy Cultures: A framework for understanding energy behaviours," *Energy Policy*, Band 38, Heft 10, 2010, Seiten 6120-6129.

[277] Töpper, V.: Ingenieure als Wasch-Experten. Spiegel Online (16.10.2013).

[278] Aschenbrenner, E.: "Kultur - Kolonialismus - kreative Verweigerung: Elemente einer antikolonialistischen Kulturtheorie," Universität Regenburg, Dissertation 1990.

[279] Howaldt, J. und Jacobsen, H., (Hrsg.): *Soziale Innovation: Auf dem Weg zu einem postindustriellen Innovationsparadigma*, 1. Auflage. Wiesbaden: VS Verlag für Sozialwissenschaften, 2010.

[280] Rückert-John, J., (Hrsg.): *Soziale Innovation und Nachhaltigkeit: Perspektiven sozialen Wandels*. Wiesbaden: Springer Fachmedien, 2013.

[281] Schubert, K. und Klein, M.: *Das Politiklexikon: Begriffe, Fakten, Zusammenhänge*, 5., aktualisierte und erw. Auflage. Bonn: Bundeszentrale für politische Bildung, 2011.

[282] Tönnies, F.: *Studien zu Gemeinschaft und Gesellschaft*, 1. Auflage, Lichtblau, K., (Hrsg.). Wiesbaden: Springer VS, 2012.

[283] Elias, N.: *Die Gesellschaft der Individuen*, 3. Auflage. Frankfurt am Main: Suhrkamp, 1988.

[284] Sinus-Institut Heidelberg, 2011: (2013) Sinus-Mileus®. [Online]. www.sinus-institut.de

[285] Müller, H.-P.: *Sozialstruktur und Lebensstile: Der neuere theoretische Diskurs über soziale Ungleichheit*, 1. Auflage. Frankfurt am Main: Suhrkamp, 1992.

[286] Reusswig, F.; Gerlinger, K. und Edenhofer, O.: "Lebensstile und globaler Energieverbrauch: Analyse und Strategieansätze zu einer nachhaltigen Energiestruktur," Potsdam-Institut für Klimaforschung (PIK), Potsdam, PIK Report No. 90: 2004.

Abbildungsverzeichnis

Tabellenverzeichnis

Anhang

Anhang 1 Definitionen und Begriffsbestimmungen

Anhang 1.1 Allgemeine Definitionen

Tabelle A 1-1: Definitionen und Einteilung der Nutzer von NS-Netzen

Nutzer des Versorgungsnetzes (IEV: 617-02-07)	*(power) system user / (power) network user* (IEV: 617-02-07)
Partei, die elektrische Leistung und elektrische Energie an ein Übertragungsnetz oder ein Verteilnetz liefert oder von ihm bezieht	party supplying electric power and energy to, or being supplied with electric power and energy from, a transmission system or a distribution system
Endabnehmer / Endverbraucher (IEV: 617-02-04)	*final customer / end-use customer* (IEV: 617-02-04)
Partei, die für ein gegebenes Zeitintervall elektrische Leistung und elektrische Energie zum eigenen Verbrauch kauft	party purchasing electric power for a given interval and energy for its own use
Letztverbraucher (EnWG [1])	
Natürliche oder juristische Personen, die Energie für den eigenen Verbrauch kaufen	
Haushaltsabnehmer / Privatverbraucher (IEV: 617-02-05)	*residential customer / domestic customer* (IEV: 617-02-05)
Partei, die elektrische Energie zum Verbrauch im eigenen Haushalt ohne kommerziellen oder beruflichen Hintergrund kauft	party purchasing electric energy for his own household consumption, excluding commercial or professional activities
Haushaltskunden (EnWG [1])	
sind *Letztverbraucher*, die die Energie überwiegend für den Eigenverbrauch im Haushalt oder die einen Jahresverbrauch von 10.000 Kilowattstunden nicht übersteigenden Eigenverbrauch für berufliche, landwirtschaftliche oder gewerbliche Zwecke kaufen	

Tabelle A 1-2: Definitionen zu Erzeugungsanlagen

dezentralisierte Elektrizitätserzeugung (IEV: 617-04-09)	*embedded generation / distributed generation / dispersed generation* (IEV: 617-04-09)
Erzeugung von elektrischer Energie durch eine Vielzahl von Quellen, die an das Verteilungsnetz angeschlossen sind	generation of electric energy by multiple sources which are connected to the power distribution system
Mikrogenerator (IEV: 617-04-10)	*small scale embedded generator SSEG / micro-generator* (IEV: 617-04-10)
Quelle elektrischer Energie mit allen zugehörigen Schnittstellen, die mit einem regulären Stromkreis in einer Niederspannungsanlage verbunden werden kann und so ausgelegt ist, dass sie parallel zu einem öffentlichen Niederspannungsnetz betrieben werden kann *Anmerkung:* Üblicherweise ist ein Mikrogenerator an ein Niederspannungsnetz angeschlossen und bis zu 16A je Phase bemessen.	source of electric energy and all associated interface equipment able to be connected to a regular electric circuit in a low-voltage electrical installation and designed to operate in parallel with a public low-voltage distribution network *Note:* Typically, a SSEG is connected at low voltage and rated up to and including 16A per phase.

Tabelle A 1-3: Definitionen zu Lasten und Leistungen

Last (IEV: 151-15-15)	*load (1)* (IEV: 151-15-15)
Einrichtung, die zur Aufnahme von Leistung aus einer anderen Einrichtung oder einem Elektrizitätsversorgungssystem vorgesehen ist	device intended to absorb power supplied by another device or an electric power system
Lastleistung (IEV: 151-15-16)	*load (2)* (IEV: 151-15-16)
Leistung, die von einer Last aufgenommen wird	power absorbed by a load
einphasige Last	*single-phase load*
Last, die zwischen einem *Außenleiter* und Neutralleiter angeschlossen ist	load connected between one line conductor and the neutral conductor
zweiphasige Last	*two-phase load*
Last, die zwischen zwei *Außenleitern* angeschlossen ist	load connected between two line conductor
dreiphasige Last / Last mit Drehstromanschluss	*three-phase load*
Last, die an die drei *Außenleiter* angeschlossen ist und von jedem den gleichen Strom bezieht	load connected to all three line conductors and all line conductors are loaded with same current by the load
Anschlussleistung P_{an} / Nennleistung	*connected load / wattage*
Einzelanschlussleistung eines Geräts, Typenschildangabe	nameplate ratings of the electrical apparatus
Leistungsaufnahme im Ein-Zustand	*on-mode power consumption*
gewöhnliche Leistung während des normalen Betriebs nach dem Hochfahren / Starten des Geräts	common power consumption during normal operation after the initialization of the appliance
installierte Leistung P_i [34] / *Anschlusswert* [49]	*installed load* (IEV: 691-02-03)
die Summe der Einzelanschlussleistungen mehrerer Anlagen (Typenschild) ohne Berücksichtigung eines Gleichzeitigkeitsfaktors	the sum of the nameplate ratings of the electrical apparatus installed on the consumer's premises
Gesamthöchstlast P_{max} / Jahreshöchstlast	*peak demand / simultaneous maximum demand*
maximale Leistung für ein festgelegtes Netzgebiet	maximum load for a defined part of the supply system
Höchstlast $P_{HA\,max}$	*connected load* (IEV: 691-02-04)
maximale Leistung eines Kunden, die vom Netz bereitgestellt werden muss	that part of the installed load of the consumer that may be supplied by the supply undertaking
Höchstlastanteil $P^*_{HA\,max}$ [7], [47]	*effective demand* (IEV: 691-02-03) *after diversity maximum demand (ADMD)*
die Höhe der Last von einem Kunden, Kundengruppe oder Lasttyp zum Zeitpunkt der *Gesamthöchstlast* im Netz des Elektrizitätsversorgungunternehmens oder während einer Höchstlastperiode	the magnitude of the demand set up by a consumer, consumer class, or type of load, at the time of peak demand on the supply system or during a given potential peak demand period *Note:* In using this term, it is necessary to specify to which level of the system it relates.

Leistungsfaktor λ (IEV: 131-11-46)	*power factor* (IEV: 131-11-46)
bei periodischen Bedingungen Verhältnis des Betrags der Wirkleistung P zu Scheinleistung S $\lambda = \frac{\lvert P \rvert}{S}$ *Anmerkung:* Bei Sinusvorgängen entspricht der Leistungsfaktor dem Betrag des *Wirkfaktors.*	under periodic conditions, ratio of the absolute value of the active power P to the apparent power S $\lambda = \frac{\lvert P \rvert}{S}$ *Note:* Under sinusoidal conditions, the power factor is the absolute value of the active factor.
Wirkfaktor $\cos\varphi$ (IEV: 131-11-49)	*active factor* (IEV: 131-11-49)
für ein zweipoliges Netzwerkelement oder einen Zweipol bei Sinusvorgängen das Verhältnis der Wirkleistung zur Scheinleistung *Anmerkung:* Der Wirkfaktor ist gleich dem Kosinus des Phasenverschiebungswinkels.	for a two-terminal element or a two-terminal circuit under sinusoidal conditions, ratio of the active power to the apparent power *Note:* The active factor is equal to the cosine of the displacement angle.
Verbrauchsmanagement / Demand-Side-Management DSM (IEV: 617-04-15)	*demand side management DSM* (IEV: 617-04-15)
Prozess, der die Menge oder das Verbrauchsmuster der durch die Endverbraucher konsumierten elektrischen Energie beeinflussen soll	process that is intended to influence the quantity or patterns of use of electric energy consumed by end-use customers
Lastmanagement / Demand Response DR (IEV: 617-04-16)	*demand response DR* (IEV: 617-04-16)
Aktivität, die sich aus dem *Verbrauchsmanagement* als Reaktion auf die Versorgungssituation ergibt	action resulting from management of the electricity demand in response to supply conditions

Tabelle A 1-4: Definitionen zum Zeitverlauf von Lasten

Lastverlauf	*load pattern*
graphische Darstellung der beobachteten oder erwarteten Last eines Geräts in ihrem zeitlichen Ablauf	graphical representation of the observed or expected variation of one appliance as a function of time
Lastganglinie (IEV: 617-04-17) *Lastgang / Belastungskurve*	*load curve* (IEV: 617-04-17)
graphische Darstellung der beobachteten oder erwarteten Last in ihrem zeitlichen Ablauf	graphical representation of the observed or expected variation of load as a function of time
Lastprofil (IEV: 617-04-05)	*load profile* (IEV: 617-04-05)
Kurvendarstellung der gelieferten elektrischen Leistung als Funktion der Zeit zur Illustration der Lastschwankungen während eines gegebenen Zeitintervalls	curve representing supplied electric power against time of occurrence to illustrate the variance in a load during a given time interval
Lastdauerlinie (IEV: 617-04-18)	*load duration curve* (IEV: 617-04-18)
graphische Darstellung, in der die während eines festgelegten Zeitintervalls auftretenden Lasten nach der Dauer geordnet sind, für die sie einen gegebenen Wert erreichen oder überschreiten	a curve showing the duration, within a specified period of time, when the load equaled or exceeded a given value

Tabelle A 1-5: Definitionen von Faktoren

Gleichzeitigkeitsfaktor g	*coincidence factor / simultaneity factor* (IEV: 691-10-03)
das Verhältnis, ausgedrückt als Zahlenwert oder Prozentanteil, der *Höchstlast* einer Gruppe von elektrischen Geräten oder *Endabnehmern* innerhalb einer spezifizierten Periode zur Summe der individuellen maximalen Leistungen in der gleichen Periode *Anmerkung:* Bei der Verwendung des Begriffs ist die Angabe notwendig, auf welche Systemgröße er sich bezieht.	the ratio, expressed as a numerical value or as a percentage, of the simultaneous maximum demand of a group of electrical appliances or consumers within a specified period, to the sum of their individual maximum demands within the same period *Note:* In using this term, it is necessary to specify to which level of the system it relates.
Verschiedenheitsfaktor	*diversity factor* (IEV: 691-10-04)
der Kehrwert des *Gleichzeitigkeitsfaktors*	the reciprocal of the coincidence factor
Bedarfsfaktor a_P [37] / *Ausnutzungsgrad* [49]	*demand factor* (IEV: 691-10-05)
das Verhältnis, ausgedrückt als Zahlenwert oder Prozentanteil, der maximalen Leistung eines *Endabnehmers* innerhalb einer spezifizierten Periode zur *installierten Leistung* *Anmerkung:* Bei der Verwendung des Begriffs ist die Angabe notwendig, auf welche Systemgröße er sich bezieht.	the ratio, expressed as a numerical value or as a percentage, of the maximum demand of an installation or a group of installations within a specified period, to the corresponding total installed load of the installation(s) *Note:* In using this term, it is necessary to specify to which level of the system it relates.
Belastungsgrad m	*load factor* (IEV: 691-10-02)
das Verhältnis des Mittelwerts der Belastung zur maximalen Belastung innerhalb einer spezifizierten Periode *Anmerkung:* Für die Kabelauslegung wird eine EVU-Last ($m = 0{,}7$) auf Grundlage eines Tageslastspiels angenommen	ratio of average load to the peak load during a specific period of time *Note:* For the dimensioning of cable a load factor of 0,7 is used based on a daily load cycle
Hinweis zu Teil 691: *Tariffs for electricity* der Electropedia ist nicht in Deutsch erhältlich	

Tabelle A 1-6: Definitionen zur Haushaltsausstattung

Elektrifizierungsgrad [57], [48] / *Verbraucherklasse* [84] / *Versorgungsgrad* [7]	*consumer class*
Einteilung von Kunden in Abhängigkeit der Anwendungsgebiete von Elektrizität	classification of customers, depending on their applications of electricity
Ausstattungsgrad a_G [105] / *Durchdringung* / *Anteil der Haushalte mit ...*	*appliance penetration rate*
statistisches Maß für den Besitz von Geräten Beispielsweise bedeutet ein Ausstattungsgrad von 85% TVs, dass 85 von 100 Haushalten mindestens ein TV haben.	statistical measure of the ownership of appliances For example, a penetration rate of 85% of TVs means that 85 out of 100 households have at least one TV.
Ausstattungsbestand a_B [105] / *Anzahl der Geräte je ...*	*appliance stock*
statistisches Maß für die Anzahl von Geräten Bei Mehrfachausstattung ist der Ausstattungsbestand größer als der *Ausstattungsgrad* und kann größer als 100 % sein.	statistical measure of the number of appliances The appliance stock is greater than the penetration rate in case of multiple appliances in homes and can be greater than 100 %.

Tabelle A 1-7: Definitionen zu Spannungen

Nennspannung eines Netzes (IEV: 601-01-21)	*nominal voltage of a system* (IEV: 601-01-21)
geeigneter gerundeter Spannungswert zur Bezeichnung oder Identifizierung eines Netzes	a suitable approximate value of voltage used to designate or identify a system
Versorgungsspannung (IEV: 604-01-16)	*supply voltage* (IEV: 604-01-16)
Spannungswert, den das Elektrizitätsversorgungsunternehmen an der *Übergabestelle* hält *Anmerkung:* Ist die Versorgungsspannung ausdrücklich angegeben, zum Beispiel Liefervertrag, so wird sie Vertragsspannung genannt.	the voltage which a distribution undertaking maintains at the consumer's *point of supply* *Note:* If a supply voltage is specified, for instance in the supply contract, then it is called "declared (supply) voltage".
Verbraucherspannung (IEC 60038 - [23])	*utility voltage* (IEC 60038 - [23])
Spannung an der Steckdose oder an Stellen, wo die Verbraucherbetriebsmittel an die feste Installation angeschlossen werden sollen	voltage at the plug or terminal of the electrical device
Spannungsunsymmetrie (IEV: 604-01-29)	*voltage unbalance* (IEV: 604-01-29)
durch unterschiedliche Außenleiterspannungen in einem Punkt eines mehrphasigen Netzes gekennzeichneter Zustand, hervorgerufen durch ungleiche Belastungen der *Außenleiter* oder durch geometrische Unsymmetrie der Leitung	phenomenon due to the differences between voltage deviations on the various phases, at a point of a polyphase system, resulting from differences between the phase currents or geometrical asymmetry in the line
symmetrischer Zustand eines mehrphasigen Netzes (IEV: 603-02-18)	*balanced state of a polyphase network* (IEV: 603-02-18)
Betriebszustand eines Netzes, in dem die Spannungen und/oder die Ströme in den *Außenleitern* symmetrische Mehrphasensysteme bilden	the condition in which the voltages and currents in the phase conductors form balanced polyphase sets
unsymmetrischer Zustand eines mehrphasigen Netzes (IEV: 603-02-19)	*unbalanced state of a polyphase network* (IEV: 603-02-19)
Betriebszustand eines Netzes, in dem die Spannungen und/oder die Ströme in den *Außenleitern* kein symmetrische Mehrphasensysteme bilden	the condition in which the voltages and/or currents in the phase conductors do not form balanced polyphase sets
Unsymmetriegrad (IEV: 604-01-30)	*unbalance factor* (IEV: 604-01-30)
Maß der Unsymmetrie in einem Drehstromnetz, ausgedrückt als Verhältnis der Effektivwerte von Gegen- (oder Nullkomponente) und Mitkomponente von Spannung oder Strom (angegeben in Prozent)	in a three-phase system, the degree of unbalance expressed by the ratio (in per cent) between the r.m.s. values of the negative sequence (or the zero sequence) component and the positive sequence component of voltage or current

Tabelle A 1-8: Definitionen zum Verteilungsnetz

Netzbetreiber (IEV: 617-02-09)	*system operator / network operator* (IEV: 617-02-09)
Partei, die für den sicheren und zuverlässigen Betrieb eines Teiles eines Elektrizitätsversorgungssystems in einem bestimmten Gebiet und für dessen Anschluss an andere Teile des Elektrizitätsversorgungssystems verantwortlich ist	party responsible for safe and reliable operation of a part of the electric power system in a certain area and for connection to other parts of the electric power system
Stichleitung (IEV: 601-02-09)	*single feeder / radial feeder* (IEV: 601-02-09)
Energieübertragungsleitung, die nur an einem Ende gespeist wird	an electric line supplied from one end only
Hauptleitung (IEV: 601-02-11)	*tapped line / teed line* (IEV: 601-02-11)
Hauptanschlussleitung, an die Abzweigleitungen angeschlossen sind	a main line to which branch lines are connected
Abzweigleitung (IEV: 601-02-10)	*branch line / spur* (IEV: 601-02-10)
im Zuge einer Hauptanschlussleitung angeschlossene Energieübertragungsleitung	an electric line connected to a main line at a point on its route *Note:* A branch line which is a final circuit is called a spur.
Hausanschlussleitung (IEV: 601-02-12)	*line connection / supply service* (IEV: 601-02-12)
Abzweigleitung vom Verteilungsnetz zur Kundenanlage	a branch line from the distribution system to supply a consumer's installation
Ring (in einem Netz) (IEV: 601-02-13)	*ring feeder* (IEV: 601-02-13)
Netz oder Teil eines Netzes, bestehend aus Stichleitungen, die von einem einzigen Speisepunkt ausgehen	an arrangement of electric lines forming a complete ring and supplied only from a single source *Note:* A ring can be operated open or closed.
Strahlennetz (IEV: 601-02-15)	*radial system* (IEV: 601-02-15)
Netz oder Teil eines Netzes, bestehend aus Stichleitungen, die von einem einzigen Speisepunkt ausgehen	a system or part of a system consisting of single feeders supplied from a single source of supply
verzweigtes Netz (IEV: 601-02-16)	*tree'd system* (IEV: 601-02-16)
Strahlennetz mit mehreren Abzweigleitungen an den Stichleitungen	a modified radial system to which spurs have been added
vermaschtes Netz (IEV: 601-02-17)	*meshed system* (IEV: 601-02-17)
aus Maschen gebildetes Netz oder Teilnetz	a system or part of system consisting of multiple meshes
Leitungsabschnitt (IEV: 601-02-30)	*line section* (IEV: 601-02-30)
Teil einer Energieübertragungsleitung, der durch zwei Punkte – entweder Leitungsabschlüsse oder Leitungsabzweigungen – begrenzt wird	portion of an electric line bounded by two points which are either terminations of the line or line taps

Versorgungspunkt (IEV: 601-02-33)	*delivery point* (IEV: 601-02-33)
Schnittstelle zwischen dem Elektrizitätsversorgungssystem und einem Abnehmer elektrischer Energie *Anmerkung:* Der Abnehmer kann der *Endverbraucher* oder der Betreiber eines Netzes zur Verteilung elektrischer Energie an Abnehmer sein.	interface point between an electric power system and a user of electric energy *Note:* The user may be the end user or an organization for the distribution of electric energy to end users.
Hausanschluss / Netzanschluss (TAB [34])	
Verbindung des öffentlichen Verteilungsnetzes mit der Kundenanlage. Er beginnt an dem Netzanschlusspunkt und endet mit der Hausanschlusssicherung.	
Verknüpfungspunkt PCC (IEV: 161-07-15)	*point of common coupling PCC* (IEV: 161-07-15)
Punkt in einem Elektrizitätsversorgungsnetz, der elektrisch einem speziellen Verbraucher am nächsten liegt und an den andere Verbraucher angeschlossen sind oder sein können *Anmerkung 1:* Diese Verbraucher können entweder Geräte, Einrichtungen oder Systeme oder bestimmte Anlagen beim Kunden sein. *Anmerkung 2:* In einigen Anwendungen ist die Benennung „Verknüpfungspunkte“ auf öffentliche Netze beschränkt. (Nationale Fußnote: In Deutschland wird als Verknüpfungspunkt nur ein entsprechender Punkt im öffentlichen Elektrizitätsversorgungssystem bezeichnet.)	point of a power supply network, electrically nearest to a particular load, at which other loads are, or may be, connected *Note 1:* These loads can be either devices, equipment or systems, or distinct customer´s installations. *Note 2:* In some applications, the term "point of common coupling" is restricted to public networks.
Übergabestelle (1) (IEV: 604-01-04)	*point of supply* (IEV: 604-01-04)
Netzpunkt, für den die technischen und wirtschaftlichen Bedingungen einer Lieferung elektrischer Energie festgelegt sind *Anmerkung:* Die Übergabestelle muss weder mit der Eigentümergrenze zwischen dem Netz des Elektrizitätsversorgungunternehmens und den Kundenanlagen noch mit der Messstelle identisch sein.	a point in the electrical system where the technical and commercial criteria of supply are specified *Note:* The point of supply may be different from the boundary between the supply system and the consumer's own installation or from the metering point.
Übergabestelle (2) (IEV: 617-04-02)	*point of supply / supply terminals* (IEV: 617-04-02)
Punkt in einem Verteilungsnetz, der vertraglich festgelegt und als solcher bezeichnet ist und an dem elektrische Energie zwischen Vertragspartnern ausgetauscht wird *Anmerkung:* Die Übergabestelle kann von der Grenze zwischen dem Elektrizitätsversorgungsunternehmen und der Anlage des Nutzers oder vom Messpunkt abweichen.	point in a distribution network designated as such and contractually fixed, at which electric energy is exchanged between contractual partners *Note:* The point of supply may be different from the boundary between the electricity supply system and the user’s own installation or from the metering point.
Verbindungspunkt (IEV: 617-04-01)	*point of connection* (IEV: 617-04-01)
Bezugspunkt im Elektrizitätsversorgungssystem, an dem die elektrische Anlage des Nutzers angeschlossen ist	reference point on the electric power system where the user’s electrical facility is connected

Messpunkt (IEV: 617-04-06)	*metering point* (IEV: 617-04-06)
Punkt in einem Elektrizitätsversorgungssystem, in dem der Energiefluss und, wo anwendbar, die elektrische Leistung gemessen wird	point in an electric power system, where flow of energy and, when applicable, the flow of electric power is metered
Außenleiter (IEV: 195-02-08)	*line conductor* (IEV: 195-02-08)
Leiter, der im üblichen Betrieb unter Spannung steht und in der Lage ist, zur Übertragung oder Verteilung elektrischer Energie beizutragen, aber kein Neutralleiter oder Mittelleiter ist	conductor which is energized in normal operation and capable of contributing to the transmission or distribution of electric energy but which is not a neutral or midpoint conductor *deprecated:* phase conductor in AC systems and pole conductor in DC systems
Neutralleiter (IEV: 195-02-06)	*line conductor* (IEV: 195-02-06)
Leiter, der mit dem Neutralpunkt elektrisch verbunden und in der Lage ist, zur Verteilung elektrischer Energie beizutragen	conductor electrically connected to the neutral point and capable of contributing to the distribution of electric energy
intelligentes Elektrizitätsversorgungssystem / Smart Grid (IEV: 617-04-13)	*smart grid / intelligent grid* (IEV: 617-04-13)
Elektrizitätsversorgungssystem, das den Austausch von Informationen, Steuer- und Regelungstechnik, verteiltes Rechnen sowie zugehörige Sensoren und Stellglieder nutzt, um • das Verhalten und die Aktionen der Nutzer des Versorgungsnetzes und anderer Akteure zu berücksichtigen • eine nachhaltige, wirtschaftliche und sichere Elektrizitätsversorgung effizient sicherzustellen	electric power system that utilizes information exchange and control technologies, distributed computing and associated sensors and actuators, for purposes such as: • to integrate the behaviour and actions of the network users and other stakeholders, • to efficiently deliver sustainable, economic and secure electricity supplies
intelligentes Messen / Smart Metering (IEV: 617-04-14)	*smart metering* (IEV: 617-04-14)
Technologie, die die Aufzeichnung des Verbrauchs durch Messeinrichtungen erlaubt und Kommunikations- und/oder Regelstrecken bereitstellt, die sich vom Elektrizitätsversorgungsunternehmen zu den elektrische Energie verbrauchenden Geräten erstrecken	technology of recording usage from metering devices and providing communication and/or control path extending from electric power utility to current-using equipment

Anhang 1.2 Begriffsbestimmungen DESTATIS

Tabelle A 1-9: Haushaltsarten nach [208] (bei DESTATIS als Haushaltstyp bezeichnet)

Haushaltsart	weitere mögliche Unterteilungen
Alleinlebende	• Männer • Frauen
Alleinerziehende	• mit Kind(ern) • nach Anzahl der Kinder
(Ehe-)Paare	• ohne Kinder • mit Kind(ern) • nach Anzahl der Kinder
Sonstige Haushalte	hier gibt es über die in den vorstehenden HH-Typen genannten Personen hinaus weitere HH-Mitglieder (z. B. Schwiegereltern, volljährige Kinder)

Tabelle A 1-10: Haushaltsnettoeinkommensklassen nach [208]

Definition	mögliche Unterteilungen		
Das HH-Nettoeinkommen errechnet sich, indem vom HH-		bis unter	1.300 €
Bruttoeikommen (alle Einnahmen des HH aus Erwerbstätig-	1.300 €	bis unter	1.700 €
keit, Vermögen, öffentlichen und nicht-öffentlichen Transfer-	1.700 €	bis unter	2.600 €
zahlungen sowie Untervermietung) Einkommenssteuer,	2.600 €	bis unter	3.600 €
Kirchensteuer und Solidaritätszuschlag sowie die Pflichtbei	3.600 €	bis unter	5.000 €
träge zur Sozialversicherung abgezogen werden	5.000 €	bis unter	18.000 €

Tabelle A 1-11: Soziale Stellung der Haupteinkommensperson nach [208]

Soziale Stellung	Beschreibung
Selbständige	Gewerbetreibende und Selbstständige sowie freiberuflich Tätige.
Beamte (auch in Altersteilzeit)	Hierzu zählen auch Richter, Berufs- und Zeitsoldaten sowie Wehrdienstleistende.
Angestellte	Hierzu zählen auch kaufmännische und technische Auszubildende, Personen im Bundesfreiwilligendienst beziehungsweise im freiwilligen sozialen oder ökologischen Jahr.
Arbeiter (auch in Altersteilzeit)	Hierzu zählen auch gewerbliche Auszubildende.
Arbeitslose	Personen, die arbeitslos oder arbeitssuchend bei der Agentur für Arbeit gemeldet sind, sowie Umschüler, die Leistungen von der Agentur für Arbeit erhalten.
Nichterwerbstätige	Hierzu zählen u. a. Pensionäre, Rentner sowie Studierende, die einen eigenen Haushalt führen. Auch Hausfrauen und Hausmänner sowie Schüler wurden in Veröffentlichungen dieser Kategorie zugeordnet.
Arbeitnehmer	fasst Beamte, Angestellte und Arbeiter zusammen

Anhang 2 Netzformen, Systemarten und Sternpunktbehandlungen

Anhang 2.1 Netzformen in der Niederspannung

In Bild A 2-1 sind die gebräuchlichen Netzformen für NS-Netze dargestellt. Das *Strahlennetz* in Bild A 2-1 a ist bei geringen Lastdichten besonders wirtschaftlich, ermöglicht einfache Planungen, hat einen übersichtlichen Aufbau, geringe Investitionskosten und eine einfache Betriebsführung. In der Praxis ist es nicht verhältnismäßig, reine Strahlennetze konsequent durchzusetzen. Oftmals gibt es für den Anschluss von Endabnehmern verzweigte Leitungen [36]. Diese Netzform wird als *verzweigtes Netz* bezeichnet.

Bei sehr hohen Lastdichten ist diese Netzform auch zu wählen, insbesondere bei Anschluss von großen Einzellasten direkt an der Station. Dann spricht man jedoch nicht mehr von einem Strahlennetz, sondern von einem Anschlussnetz [51].

Ein *vermaschtes Netz*, wie in Bild A 2-1 b zu sehen, wird teilweise bei mittleren und hohen Lastdichten angewendet, um die Spannungshaltung und Versorgungszuverlässigkeit gegenüber dem Strahlennetz zu verbessern. Dabei speist jeder Ortsnetztransformator ein vermaschtes Netz, die untereinander nicht verbunden sind [51].

Aus vermaschten Netzen wird ein *Maschennetz*, wenn die Trennstellen geschlossen werden. Ein Maschennetz wird von mehreren Ortsnetztransformatoren gespeist und die Spannungshaltung sowie Zuverlässigkeit ist nochmals verbessert. Jedoch hat man keinen Einfluss mehr auf die jeweiligen Transformatorbelastungen und zudem können im Fehlerfall über das NS-Netz unzulässige Fehlerströme fließen. Der Netzwiederaufbau nach einem Totalausfall ist zusätzlich problematisch. In öffentlichen Verteilungsnetzen sind NS-Maschennetze kaum vorhanden. In Industrienetzen sind sie häufig anzutreffen.

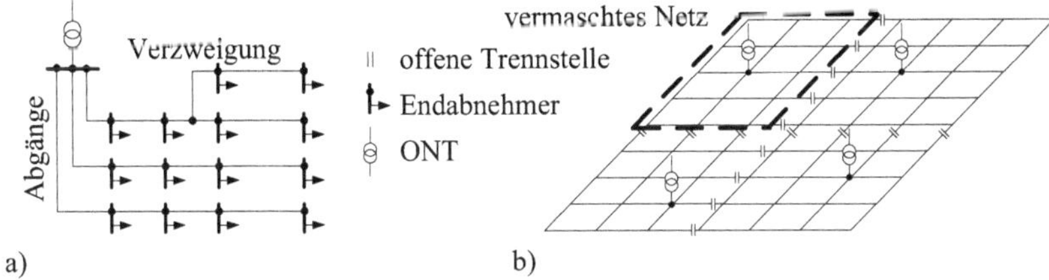

Bild A 2-1: Schematische Darstellung der gebräuchlichen NS-Netzformen
a) Strahlennetz
b) vermaschtes Netz

Anhang 2.2 Netzformen in der Mittelspannung

In Bild A 2-2 sind die gebräuchlichen Netzformen für die Mittelspannung abgebildet. Es dominieren *Ringnetze*, wie sie in Bild A 2-2 a gezeigt werden. Die Ringnetze werden vorzugsweise offen betrieben. Im Fehlerfall übernehmen nach einer Trennstellenverlegung ein oder mehrere Netzzweige die Wiederversorgung der betroffenen Lasten.

Die *Strahlennetze* in Bild A 2-2 b haben keine Umschaltmöglichkeit und werden hauptsächlich bei Freileitungen aufgrund kurzer Reparaturzeiten angewendet.

Die Strangnetze in Bild A 2-2 c sind eine Ausprägung der Ringnetze, wobei ein Ring mit zwei unterschiedlichen Umspannwerken verbunden ist. Damit wird neben den Vorteilen von Ringnetzen noch die gegenseitige Reservehaltung miteinander verbundener Umspannwerke hinsichtlich der Transformatorkapazität realisiert. Die Trennstellen können entweder beim Umspannwerk liegen, was eine schnelle Umschaltung ermöglicht, aber höhere Netzverluste verursacht. Oder sie liegen ungefähr in der „elektrischen Mitte“ der Stränge. Somit reduzieren sich die Netzverluste, allerdings erhöht sich der Zeitaufwand bei der Umschaltung im Fehlerfall [51], wenn keine Fernwirktechnik vorhanden ist.

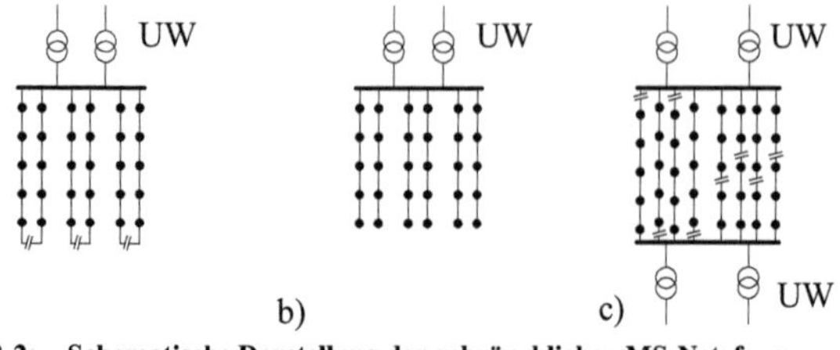

UW Umspannwerk
• Ortsnetzstation
|| offene Trennstelle

Bild A 2-2: Schematische Darstellung der gebräuchlichen MS-Netzformen
a) Ringnetz (mit offener Trennstelle)
b) Strahlennetz
c) Strangnetz

Anhang 2.3 Systemarten für Niederspannungsnetze

In NS-Netzen muss bei Endabnehmern auch ein Neutralleiter zur Verfügung stehen, um *einphasige Lasten* anzuschließen. Die möglichen Systemarten unterscheiden sich durch [33]:

- Art und Anzahl der Leiter (*Außenleiter*, *Neutralleiter*, Schutzleiter, PEN-Leiter)
- Art der Erdverbindung des Systems (IT, TT, TN).

Die bevorzugte Systemart für öffentliche Netze in Deutschland ist das TN-System. Dabei wird der Transformatorsternpunkt auf der NS-Seite geerdet und der PEN-Leiter mitgeführt [238].

Anhang 2.4 Sternpunktbehandlungen für Mittelspannungsnetze

In MS-Netzen gibt es die Sternpunktbehandlungen [33], [51]:

- Resonanz-Sternpunkterdung (RESPE)
  weitere Bezeichnungen: Erdschlusskompensation, gelöschte Netze, kompensierte Netze
- niederohmige Sternpunkterdung (NOSPE)
  weitere Bezeichnung: strombegrenzend geerdete Netze

Die RESPE ermöglicht einen Weiterbetrieb des Netzes auch bei einpoligen Fehlern. Dabei erhöht sich die Spannung und das Risiko eines Doppelerdkurzschlusses steigt. Die Ortung der Fehlerstelle ist anspruchsvoll.

Bei der NOSPE führt jeder Fehler zu einer Abschaltung. Der Schutz sollte den fehlerhaften Bereich schnell und selektiv freischalten. Einen Vergleich von RESPE und NOSPE gibt Tabelle A 2-1. Aufgrund der zunehmenden Verkabelung werden die Sternpunkterdungen teilweise umgestellt. Zum einen verlöschen durch die kleinen Isolationsabstände im Kabelnetz Erdschlüsse nicht und zum anderen erhöht sich der Reststrom bei Kabelnetzen angesichts der im Vergleich zu Freileitungen höheren Kapazität deutlich [60], [33], [51].

Die kurzzeitige niederohmige Sternpunkterdung (KNOSPE) ist eine Fehlerortungsmethode, welche die klassische RESPE um eine NOSPE erweitert. Jedoch ist der Aufwand durch die Verwendung von Erdschlusslöschspulen und Sternpunktdrosseln erhöht [58].

Tabelle A 2-1: Sternpunkterdungen für MS-Netze im Vergleich

Sternpunkterdung	Erdschlusskompensation RESPE	niederohmige Sternpunkterdung NOSPE
Anwendung	Netze mit hohem Freileitungsanteil	Netze mit hohem Kabelanteil
Netzausdehnung	begrenzt	unbegrenzt
Lichtbogenfehler	häufig selbstlöschend ⇒ Weiterbetrieb möglich	stehend ⇒ Abschaltung
Spannungsanhebung der gesunden Leiter	hoch	niedrig
Aufwand	Erdschlusslöschspule selektive Erdschlusserfassung	Sternpunktdrossel Kurzschlussschutz

Anhang 3 Betriebsmittel: Auswahl und Kenndaten

Anhang 3.1 Kenndaten für vorgelagerte Netze

In Tabelle A 3-1 sind Bereiche der Spannungen U der vorgelagerten Netze und die zugehörigen Kurzschlussleistungen S_k'' angegeben. Für die Lastflussberechnung reicht die Angabe der Spannung aus. Die Vorgabe wird mithilfe der Spannungskoordinierung aus Abschnitt 2.3.2 festgelegt. Für Kurzschlussberechnungen sind die minimalen und maximalen Kurzschlussleistungen sowie die R/X-Verhältnisse von Bedeutung. Allgemeine Angaben zu den R/X-Verhältnissen sind nicht möglich, da sie stark von der Verkabelung abhängen [7].

Die 10-kV-Netze haben aufgrund ihrer vorrangigen Verwendung in städtischen Gebieten höhere minimale Kurzschlussleistungen als ländlich geprägte 20-kV-Netze.

Tabelle A 3-1: Kenndaten für vorgelagerte Netze

U_n vorgelagertes Netz	U/kV	S_k''/MVA
110-kV-Netze	110,0 … 116,0	1.000 … 7.500
20-kV-Netze	20,4 … 21,2	20 … 750
10-kV-Netze	10,1 … 10,6	75 … 500

Anhang 3.2 Auswahl von Ortsnetztransformatoren

Ortsnetztransformatoren haben Standard-Übersetzungsverhältnisse von:

- 10,5 kV zu 0,42 kV
- 21,0 kV zu 0,42 kV

Außerdem legen Netzbetreiber die zu verwendenden Schaltgruppen fest. Diese beinhalten die folgenden Schaltungsarten:

- Dreieckschaltung: D
- Sternschaltung: Y, y
- Zickzackschaltung: z

Die Großbuchstaben stehen für die Schaltungsart der Oberspannungsseite und die Kleinbuchstaben für die der Unterspannungsseite. In Verteilungsnetzen wird die Dreieckschaltung nur für die Oberspannungsseite und die Zickzackschaltung nur für die Unterspannungsseite angewendet.

Der zusätzliche Buchstabe „N“ bzw. „n“ zeigt an, dass der Sternpunkt herausgeführt ist und somit geerdet werden kann. Dies ist für den Anschluss von einphasigen Lasten zwingend erforderlich, aber nur bei Stern- und Zickzackschaltungen unmittelbar möglich. Standard-Transformatoren haben gewöhnlich die Schaltgruppe Dyn. Bei kleinen Transformatoren mit einer Bemessungsleistung S_{rT} bis 100 kVA wird auch die Schaltgruppe Yzn verwendet, da diese gut unsymmetrisch belastbar ist. Dies ist bei kleinen Netzen erforderlich, da es durch die geringe Anzahl der Lasten keine ausreichende Vergleichmäßigung der Belastung der Außenleiter gibt.

Weiterhin ist die Kennzahl der Schaltgruppe wichtig. Sie zeigt an, mit welchem ganzen Vielfachen von 30° die Unterspannung gegenüber der Oberspannung desselben Strangs im Gegenuhrzeigersinn nacheilt. Im Verteilungsnetz werden hauptsächlich Transformatoren mit der Kennzahl 5 verwendet, womit die Unter- der Oberspannung um 150° nacheilt. Üblicherweise werden Ortsnetztransformatoren mit einer Bemessungsleistung S_{rT} bis 630 kVA eingesetzt. Dies begrenzt die Ausdehnung der Versorgungsunterbrechung bei Ausfall eines Transformators. Die Transformatoren haben kleine Kurzschlussspannungen u_k, damit der Spannungsfall im Belastungsfall klein gehalten wird. In Tabelle A 3-2 sind Standard-Transformatoren mit den jeweiligen Schaltgruppen und Kurzschlussspannungen u_k aufgelistet.

Tabelle A 3-2: Standard-Ortsnetztransformatoren [239]

S_{rT}/kVA	50	100	160	250	400	630
Schaltgruppe mit Kennzahl	Yzn 5 Dyn 5	Yzn 5 Dyn 5	Dyn 5	Dyn5	Dyn 5	Dyn 5
u_k	4 %	4 %	4 %	4 %	4 %	4 %/6 %

Die in Abschnitt 2.3.2 beschriebenen Anzapfungen für die Umsteller sind ebenfalls standardisiert [71], [239], [240]. Vorzugsweise haben Ortsnetztransformatoren drei oder fünf Anzapfungen.

- 3 Anzapfungen: −2,5 %…0 %…+2,5 %
- 5 Anzapfungen: −5 %… −2,5 %…0 %…+2,5 %…+5 %

Laut Norm sind bis zu sieben Anzapfungen möglich und der größte Gesamtbereich darf 15 % nicht überschreiten [239].

Anhang 3.3 Kenndaten für Ortsnetztransformatoren

Die Kenndaten von Ortsnetztransformatoren enthält Tabelle A 3-3 [239], [241]. Bei Betrieb haben Transformatoren zum einen Verluste durch die Magnetisierung, die sogenannten Leerlaufverluste P_0. Sie setzen sich aus Hysterese- und Wirbelstromverlusten zusammen. Zum anderen gibt es Verluste durch den Stromfluss in den Wicklungen, die sogenannten Kurzschlussverluste P_k. Die Leerlaufverluste beziehen sich auf die Bemessungsspannung und die Kurzschlussverluste auf den Bemessungsstrom bei einer Temperatur der Wicklungen von 75°C. Die maximalen Verluste sind in DIN EN 50464-1 [239] in Reihen von A bis D genormt, wobei A jeweils die verlustärmste Klasse in der Norm darstellt. Die Kombination A_0-B_k kommt vorzugsweise bei Ortsnetztransformatoren zum Einsatz.

Mit der Verordnung (EU) Nr. 548/2014 [242] schreibt die Europäische Kommission in zwei Stufen neue Anforderungen an Transformatoren vor. Die erste Stufe gilt ab 1. Juli 2015 und gibt die Mindestanforderungen für Transformatoren mit der Kombination A_0-C_k vor. Die zweite Stufe gilt ab den 1. Juli 2021 mit der Kombination (A_0−10 %)-A_k. Die Verlustleistungen in der Spalte A_0−10 % sind der Verordnung entnommen. Da die Verordnung nicht zwischen Transformatoren gleicher Bemessungsleistung und unterschiedlichen Kurzschlussimpedanzen unterscheidet, werden die Verluste für 630-kVA-Transformatoren in der letzten Zeile von Tabelle A 3-3 nach [242] angegeben.

Tabelle A 3-3: Kenndaten für Ortsnetztransformatoren nach [239], [242]

S_{rT}/kVA	Schaltgruppe mit Kennzahl	u_k	Leerlaufverluste P_0		Kurzschlussverluste P_k	
			A_0/W	(A_0−10 %)/W	B_k/W	A_k/W
100	Yzn 5	4 %	145	130 [a]	1.475	1.250
160	Dyn 5	4 %	210	189 [a]	2.000	1.700
250	Dyn 5	4 %	300	270 [a]	2.750	2.350
400	Dyn 5	4 %	430	387 [a]	3.850	3.250
630	Dyn 5	4 %	600		5.400	4.600
630	Dyn 5	6 %	560		5.600	4.800
630 [a]			600 [a]	540 [a]		4.600 [a]

Werte ohne Kennzeichnung aus [239]
[a] Werte aus [242]

Anhang 3.4 Auswahl von Kabel und Freileitungen

Bei Kabeln und Freileitungen werden hauptsächlich Einheitsquerschnitte verwendet. In Tabelle A 3-4 sind beispielhaft gebräuchliche Standardtypen für Kabel und Freileitungen für Verteilungsnetze aufgeführt [243], [244], [245].

NS-Netze sind fast ausschließlich verkabelt. In ländlichen Gebieten werden für Erneuerungen bei intakten Betonmasten noch isolierte Freileitungen eingesetzt. MS-Netze sind im städtischen Bereich ausnahmslos verkabelt. In ländlichen Gebieten finden noch Freileitungen Verwendung.

Tabelle A 3-4: Standardtypen für Kabel und Freileitungen im Verteilungsnetz

Teil des Netzes	Kabeltyp	Freileitungstyp
MS-Netz	NA2XS2Y 3x1x150/16 mm² NA2XS2Y 3x1x240/16 mm²	94-AL1/15-ST1A (Alt: Al/St 95/15 mm²)
NS-Netz	NAYY-J 4x150 mm² NA2XY-J 4x150 mm²	NFA2X 4x70 mm²
Hausanschlussleitung	NAYY-J 4x35 mm²	NFA2X 4x35 mm²

Anhang 3.5 Kenndaten für Kabel und Freileitungen

Die Kenndaten von Kabeln und Freileitungen sind in Tabelle A 3-5 und Tabelle A 3-6 enthalten. Es werden nicht die Induktivitäten L angegeben, sondern die Reaktanzen X. Aufgrund der geringen Abstände zwischen den Leitern sind insbesondere bei Kabeln und isolierten Freileitungen die Resistanzbeläge R' meist deutlich größer als die Reaktanzbeläge X'. Die Reaktanzen sind von den Umgebungsbedingungen nahezu unbeeinflusst. Hingegen sind Resistanzen zum einen von der Temperatur abhängig und variieren zum anderen durch Stromverdrängungseffekte. Die Resistanz R wird mit der Leitertemperatur ϑ und dem Temperaturkoeffizienten α_{20} nach Gl. (A.1) berechnet.

$$R_{\vartheta} = R_{20}\left(1+\alpha_{20}\left(\vartheta-20°\text{C}\right)\right) \tag{A.1}$$

Skin- und Proximity-Effekt, welche zusammen als Stromverdrängungseffekte bezeichnet werden, verursachen frequenzabhängige Verluste in den Leitern und metallenen Hüllen. Diese werden zusätzlichen durch Gl. (A.2) berücksichtigt, womit sich die Wechselstromresistanz $R_{\text{W}\vartheta}$ ergibt. Die Faktoren für die Resistanzerhöhung sind für den Skin-Effekt y_{s}, welcher aus der Stromverdrängung durch den Strom im eigenen Leiter resultiert, und für den Proximity-Effekt y_{p}, welcher sich aus der Stromverdrängung durch Ströme in eng benachbarten Leitern ergibt. Die Verlustfaktoren λ_1 und λ_2 beziehen die Verluste in den nichtmagnetischen und magnetischen metallenen Hüllen mit ein [246].

$$R_{\text{W}\vartheta} = R_{\vartheta}\left(1+y_{\text{s}}+y_{\text{p}}\right)\left(1+\lambda_1+\lambda_2\right) \tag{A.2}$$

In Tabelle A 3-5 sowie Tabelle A 3-6 sind zum einen der Gleichstromresistanzbelag R'_{20} bei 20°C als auch der Wechselstromresistanzbelag $R'_{\text{W}70}$ bei 70°C angegeben. Es wird 70°C gewählt, da dies die maximal zulässige Leitertemperatur von PVC-Kabeln ist und sie ist die geringste zulässige Leitertemperatur von den aufgeführten Kabeln und Leitungen. Bei VPE-Kabeln sind 90°C und bei Freileitungen 80°C zulässig.

Die Angaben zur Strombelastbarkeit I_b gilt für den ungestörten Betrieb für definierte Betriebsbedingungen. Diese sind für Kabel:

- Umgebungstemperatur Erdboden $\vartheta_{Erde} = 20°C$
- Belastungsgrad: zyklischer Betrieb (EVU-Betrieb) $m = 0{,}7$

und für blanke sowie isolierte Freileitungen:

- Umgebungstemperatur Luft $\vartheta_{Luft} = 35°C$
- Belastungsgrad: Dauerbetrieb $m = 1{,}0$

Mit Umrechnungsfaktoren nach DIN VDE 0276-1000 [247] erfolgt die Anpassung der Strombelastbarkeit I_b zur Strombelastbarkeit bei den tatsächlichen Betriebsbedingungen I_z unter Berücksichtigung der vorliegenden Gegebenheiten, Betriebsbedingungen sowie Häufungen [246]. Dies ist bei der Auslegung der Netze mit erweiterten Anforderungen zu beachten. So kann beispielsweise eine erhöhte Auslastung der Kabel zur Bodenaustrocknung führen. Das erfordert eine Reduzierung der tatsächlichen Strombelastbarkeit [60].

In Tabelle A 3-5 und Tabelle A 3-6 sind die Mitsystemkapazitätsbeläge C_1' angegeben. Sie können für Planungsberechnungen im NS-Netz vernachlässigt werden.

Oftmals wird bei der Berechnung von Verteilungsnetzen der Gleichstromresistanzbelag R_{20}' bei 20°C verwendet und von EVU-Last ausgegangen. Die Annahmen werden meist verwendet, da tiefgründige Kenntnisse zur richtigen Verwendung der Kenndaten der Betriebsmittel nicht vorhanden sind.

Tabelle A 3-5: Kenndaten für Kabel

Kabeltyp	U_n / kV	I_b / A	R_{20}' / Ω/km	R_{W70}' / Ω/km	X' / Ω/km	C_1' / µF/km
NA2XS2Y 3x1x150/16 mm²	20	319 [a]	0,206 [c]	0,249 [d]	0,114 [e]	0,25 [e]
NA2XS2Y 3x1x240/16 mm²	20	417 [a]	0,125 [c]	0,155 [d]	0,105 [e]	0,30 [e]
NAYY 4x150 mm²	1	275 [b]	0,206 [c]	0,249 [d]	0,080 [e]	1,1 [e]
NAYY 4x35 mm²	1	123 [b]	0,868 [c]	1,043 [d]	0,080 [e]	0,6 [e]

[a] nach DIN VDE 0276-620 [248] (Anordnung: Dreieck gebündelt)
[b] nach DIN VDE 0276-603 [249]
[c] nach DIN EN 60228 (VDE 0295) [250], auch [246]
[d] eigene Berechnungen nach [60] und [246]
[e] nach [60]

Tabelle A 3-6: Kenndaten für Freileitungen

Freileitungstyp	U_n / kV	I_b / A	R_{20}' / Ω/km	R_{W70}' / Ω/km	X' / Ω/km	C_1' / µF/km
94-AL1/15-ST1A	20	350 [a]	0,306 [a]	0,368 [d]	0,35 [d]	8,6 [e]
NFA2X 4x70mm²	1	205 [b]	0,443 [c]	0,533 [d]	0,07 [d]	≈0
NFA2X 4x35mm²	1	132 [b]	0,868 [c]	1,043 [d]	0,07 [d]	≈0

[a] nach [57] und DIN EN 50182 [251]
[b] nach DIN VDE 0276-626 [252]
[c] nach DIN EN 60228 (VDE 0295) [250]
[d] eigene Berechnungen
[e] nach [253]

Anhang 4 Bestimmung der Höchstlast und des Höchstlastanteils

Anhang 4.1 Herleitung des Gleichzeitigkeitsfaktors nach RUSCK

In [88] entwickelt RUSCK die Gleichung für den Gleichzeitigkeitsfaktor. Der Ausgangspunkt der Herleitung ist der Lastgang $P_v(t)$ eines Verbrauchers (Index v) mit dem dazugehörigen Mittelwert $\bar{P}_v$. Damit wird die Standardabweichung σ_v berechnet:

$$\sigma_\nu = \sqrt{\int_0^1 \left(P_\nu(t) - \bar{P}_\nu\right)^2 \mathrm{d}t}\,. \tag{A.3}$$

Mit der Annahme, dass die Lastgänge $P_v(t)$ von mehreren Verbrauchern $\nu = 1 \ldots n$ unabhängig und normalverteilt sind, ist auch der resultierende Lastgang $P(t) = \sum_\nu P_\nu(t)$ normalverteilt. Die Standardabweichung der resultierenden Last ist:

$$\sigma = \sqrt{\sum_{\nu=1}^{n} \sigma_\nu^2}\,. \tag{A.4}$$

RUSCK nimmt an, dass die Verteilungskurven aller Verbraucher ähnlich sind. Somit ist die Differenz zwischen maximaler Last $P_{\mathrm{HA\,max}\,\nu}$ von jedem Verbraucher ν und der dazugehörige Mittelwert $\bar{P}_\nu$ proportional zur Standardabweichung, womit Gl. (A.3) der Proportionalität folgt:

$$\sigma_\nu = \sqrt{\int \left(P_\nu(t) - \bar{P}_\nu\right)^2 \mathrm{d}t} \sim \sqrt{\sum_{\nu=1}^{n} \left(P_{\mathrm{HA\,max}\,\nu} - \bar{P}_\nu\right)^2}\,. \tag{A.5}$$

Für den Lastgang von n Verbrauchern ergibt sich mit der gleichen Annahme die Proportionalität zur Standardabweichung aus Gl. (A.4) zu:

$$\sigma = \sqrt{\sum_{\nu=1}^{n} \sigma_\nu^2} \sim P_{\max}(n) - \sum_{\nu=1}^{n} \bar{P}_\nu\,. \tag{A.6}$$

Dabei ist $P_{\max}$ die gesuchte maximale Last der Verbrauchergruppe und somit die Gesamthöchstlast. Die Gln. (A.5) und (A.6) werden gleichgesetzt. Die Gesamthöchstlast $P_{\max}$ von n Verbrauchern berechnet sich mit Gl. (A.7).

$$\sqrt{\sum_{\nu=1}^{n} \left(P_{\max\,\nu} - \bar{P}_\nu\right)^2} = P_{\max}(n) - \sum_{\nu=1}^{n} \bar{P}_\nu\,. \tag{A.7}$$

Eine weitere Annahme von RUSCK ist, dass alle Verbraucher die gleiche Höchstlast $P_{\mathrm{HA\,max}}$ und eine gleiche durchschnittliche Last $\bar{P}$ haben. Damit vereinfacht sich Gl. (A.7) zu:

$$\begin{aligned} P_{\max}(n) &= \sum_{\nu=1}^{n} \bar{P} + \sqrt{\sum_{\nu=1}^{n} \left(P_{\mathrm{HA\,max}} - \bar{P}\right)^2} \\ P_{\max}(n) &= n \cdot \bar{P} + \sqrt{n \cdot \left(P_{\mathrm{HA\,max}} - \bar{P}\right)^2} \\ P_{\max}(n) &= n \cdot \bar{P} + \left(P_{\mathrm{HA\,max}} - \bar{P}\right) \cdot \sqrt{n} \end{aligned} \tag{A.8}$$

und die Gesamthöchstlast einer Gruppe $P_{\max}$ kann in Abhängigkeit von der Gruppengröße n und der Höchstlast eines Verbrauchers $P_{\mathrm{HA\,max}}$ bestimmt werden. Der Höchstlastanteil $P^*_{\mathrm{HA\,max}}$ eines Verbrauchers an die Gesamthöchstlast ist in Gl. (A.9) angegeben.

$$P^*_{\mathrm{HA\,max}}(n) = \frac{P_{\max}(n)}{n} = \bar{P} + \left(\frac{P_{\mathrm{HA\,max}} - \bar{P}}{\sqrt{n}}\right) \tag{A.9}$$

Es ergibt sich aus Gl. (A.9) die Berechnung für den Gleichzeitigkeitsfaktor. Es wird $\bar{P}/P_{\text{HA max}}$ durch g_∞ ersetzt.

$$g(n)=\frac{\bar{P}}{P_{\text{HA max}}}+\left(\frac{1-\bar{P}/P_{\text{HA max}}}{\sqrt{n}}\right)=g_\infty+\frac{1-g_\infty}{\sqrt{n}} \quad \text{(A.10)}$$

Der Gleichzeitigkeitsfaktor g ist als Verhältnis der Gesamthöchstlast $P_{\max}$ einer Gruppe zur Summe der individuellen Höchstlasten der Verbraucher $P_{\text{HA max}}$ definiert und somit abhängig von der Gruppengröße n. Mit Gl. (A.11) lässt sich für eine Gruppe mit der Anzahl n die Gesamthöchstlast $P_{\max}$ abschätzen.

$$g(n)=\frac{P_{\max}(n)}{n\cdot P_{\text{HA max}}} \qquad P_{\max}(n)=n\cdot P^{*}_{\text{HA max}}(n)=g(n)\cdot P_{\text{HA max}}\cdot n \quad \text{(A.11)}$$

Anhang 4.2 Gleichungen und Werte für den Gleichzeitigkeitsfaktor

In Tabelle A 4-1 sind verschiedene Gleichungen zur Bestimmung der Gleichzeitigkeit zusammengefasst und in Tabelle A 4-3 dazugehörige Werte angegeben. Tabelle A 4-2 enthält Angaben zu installierten Leistungen P_i mit Bezug zum Betrachtungszeitraum. Es ist auch die Bestimmung der Höchstlast $P_{\text{HA max}}$ in Abhängigkeit des Bedarfsfaktors a_P ersichtlich. Das SCHALTANLAGEN-HANDBUCH [37] differenziert nach Gebäudetyp für den Bedarfsfaktor.

- Einfamilienhäuser: 0,4
- Wohnblocks allgemeiner Bedarf (ohne el. Heizung): 0,6
- Wohnblocks nur el. Heizung und Klimaanlagen: 0,8

Es sei darauf hingewiesen, dass das SCHALTANLAGEN-HANDBUCH für den Bedarfsfaktor das Formelzeichen g verwendet und somit Verwechslungsgefahr mit dem Gleichzeitigkeitsfaktor besteht.

Tabelle A 4-1: Gleichungen zur Abschätzung der Gleichzeitigkeit

Gleichung nach RUSCK [88]:	$g(n)=g_\infty+(1-g_\infty)\cdot n^{-1/2}$	(A.12)
Gleichung nach VDEW [57]: (nach Messungen in großstädtischen Netzen)	$g(n)=g_\infty+(1-g_\infty)\cdot n^{-3/4}$	(A.13)
Gleichung nach ARKANSAS POWER AND LIGHTING: entnommen aus NICKEL & BRAUNSTEIN [95]	$g(n)=0{,}5\left(1+\frac{5}{2n+3}\right)$	(A.14)

Tabelle A 4-2: Richtwerte zur Abschätzung der Höchstlast nach Betrachtungszeitraum [254]

Elektrifizierungsgrad	Jahr	P_i in kW/WE	a_P	$P_{\text{HA max}}$ in kW/WE	g_∞	$P^{*}_{\text{HA max}}(n\rightarrow\infty)$ in kW/WE
Grundbedarf	1980	9		3,6		0,36
	1990	12	0,40	4,8	0,10	0,48
	2010	19		7,6		0,76
teil-elektrisch	1980	14	0,50	7,0		0,70
	1990	18	0,45	8,1	0,10	0,81
	2010	26	0,40	10,4		1,04
voll-elektrisch	1980	18 [a]	0,50	9,0		1,17
	1990	22 [a]	0,45	9,9	0,13	1,29
	2010	32 [b]	0,40	12,8		1,66

[a] Zahlenwert gerundet; WW-Bereitung erfolgt mit 1,6-kW-WW-Speicher (80 l) sowie 2-kW-Kochendwasserbereiter
[b] Zahlenwert gerundet; WW-Bereitung erfolgt mit 1,6-kW-WW-Speicher (80 l) sowie 4,5-kW-Zusatzheizstufe

Tabelle A 4-3: Zusammenstellung der Werte für die Abschätzung der Höchstlast

Autor und Jahr	Elektrifizierungsgrad	P_{HAmax} in kW/WE	g_{∞}	$P^{*}_{HAmax}(n \to \infty)$ in kW/WE
RUSCK [88] 1956	Study 1 (farming)	1,6	0,15	0,24
	Study 2 (domestic, town)	2,3	0,10…0,20	0,23… 0,46
LEDER [50] 1964	teil-elektrisch (für 1964)	3,2	0,15	0,48
	teil-elektrisch (für 1984)	9,6	0,15	1,44
	voll-elektrisch (für 1964)	12	0,05	0,60
	voll-elektrisch (für 1984)	20	0,05	1,00
WAGNER [47] BOCHANKY [49] 1980/1985	Grundbedarf	7,6	0,10	0,76
	teil-elektrisch	10,4	0,10	1,04
	voll-elektrisch	12,8	0,13	1,66
VDEW[a] [57] 1984	teil-elektrisch	5	0,25	1,25
	voll-elektrisch (WW)	8	0,20	1,60
	voll-elektrisch (DL)	30	0,06	1,80
KAUFMANN[a] [51] 1995	Grundbedarf	5	0,15…0,2	0,75… 1,00
	teil-elektrisch	8	0,12…0,15	0,96… 1,20
	voll-elektrisch (DL)	30	0,06…0,07	1,80… 2,10
	all-elektrisch (WW)	15...18	0,70	10,50…12,60
HARTIG [98] 2001	Grundbedarf	4,5	--	--
	teil-elektrisch	6	--	--
	voll-elektrisch (WW)	10	--	--
	voll-elektrisch (DL)	6+29	--	--
	all-elektrisch (DL)	6+29+23	--	--
NAGEL [52] 2008	Grundbedarf	--	--	0,70… 0,90
	teil-elektrisch	--	--	1,00… 1,20
	voll-elektrisch (WW)	--	--	1,80… 2,00
	all-elektrisch (WW)	--	--	10,00…12,00

[a] mit Gl. (A.13); WW…Warmwasserspeicher; DL…Durchlauferhitzer

Anhang 4.3 Gesamthöchstlast nach DIN 18015-1 und STROMNETZ BERLIN

In der DIN 18015-1 [28] sind Planungsgrundlagen für die Bemessung elektrischer Anlagen in Wohngebäuden genormt. Die Querschnitte der Leitungen sind in Abhängigkeit der Anzahl der Wohnungen auf Grundlage des Diagramms in Bild A 4-1 auszulegen. Als Mindestanforderung wird eine Belastung von 63 A vorgegeben, womit der Leitungsquerschnitt mindestens 10 mm² bei Kupfer-Leitungen betragen muss. Der Anstieg ist für eine Wohnungsanzahl von $n > 100$ WE konstant und beträgt 0,4 kW/WE bei Kurve 1 und 0,2 kW/WE bei Kurve 2 [90].

In [90] wird das Diagramm aus der DIN 18015-1 für Privatnetze abgewandelt. Die Kurven sind ebenfalls in Bild A 4-1 dargestellt. Die Werte der Kurven sind in Tabelle A 4-4 angegeben.

Tabelle A 4-4: Werte der Gesamthöchstlast P_{max} nach [28] und [90] in kW

n	$P_{max\,1D}$	$P_{max\,2D}$	$P_{max\,1B}$	$P_{max\,2B}$	n	$P_{max\,1D}$	$P_{max\,2D}$	$P_{max\,1B}$	$P_{max\,2B}$	n	$P_{max\,1D}$	$P_{max\,2D}$	$P_{max\,1B}$	$P_{max\,2B}$
1	14,5	34	8	24	15	65	122	48	95	38	88	163	65	125
2	24	52	15	43	16	67	125	49	97	**40**	**89**	**165**	**66**	**127**
3	32	64	20	50	17	69	128	50	99	45	92	170	69	131
4	37	73	24	57	18	70	130	51	101	**50**	**95**	**175**	**72**	**134**
5	**41**	**81**	**27**	**63**	19	71	132	52	103	55	97	179	74	137
6	44	87	31	68	**20**	**72**	**134**	**53**	**105**	**60**	**99**	**183**	**76**	**140**
7	47	93	34	73	22	74	138	55	108	65	101	186	77	143
8	50	98	36	77	24	76	142	57	111	70	102	189	78	145
9	53	103	38	81	26	78	146	59	113	80	104	195	80	149
10	**55**	**107**	**40**	**84**	28	80	150	60	115	90	106	200	82	153
11	57	110	42	87	**30**	**82**	**153**	**61**	**117**	**100**	**108**	**205**	**84**	**157**
12	59	113	44	89	32	84	156	62	119		+0,2	+0,4		
13	61	116	46	91	34	86	159	63	121		für jede weitere Wohneinheit			
14	63	119	47	93	36	87	161	64	123					

$P_{max\,1D}$: mit el. Warmwasserbereitung DIN 18015-1 [28]
$P_{max\,2D}$: ohne el. Warmwasserbereitung DIN 18015-1 [28]
$P_{max\,1B}$: mit el. Warmwasserbereitung Berlin [90]
$P_{max\,2B}$: ohne el. Warmwasserbereitung Berlin [90]

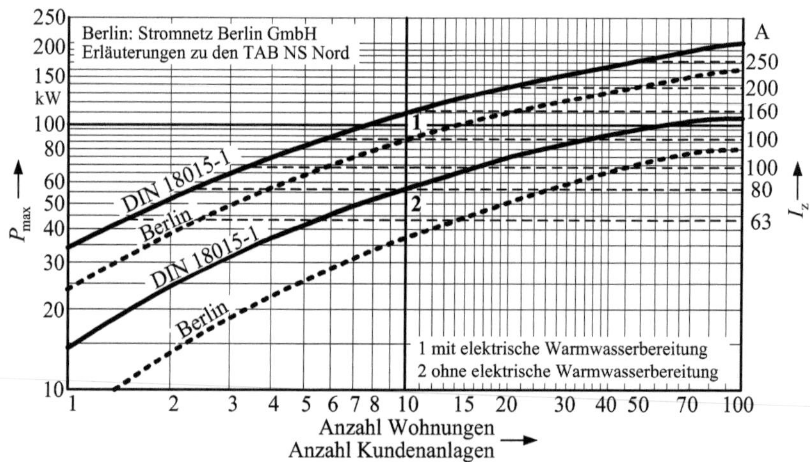

Bild A 4-1: Bemessungsgrundlage für Hauptleitungen in Wohngebäuden ohne Elektroheizung, Nennspannung 230/400 V

Anhang 4.4 VELANDERS Gleichung

In den skandinavischen Ländern beruht die Abschätzung der Gesamthöchstlast auf Untersuchungen von VELANDER [87]. Teilweise wird die von VELANDER erarbeitete Gleichung auch Gleichung nach STRAND & AXELSSON [91] bezeichnet, da sie die Gleichung in einer CIRED-Veröffentlichung von 1975 nochmals verwendeten [43]. Die Abschätzung erfolgt dabei nicht nur über die Gruppengröße n, sondern es wird auch noch der Jahresenergieverbrauch W_a der Haushaltsabnehmer mit berücksichtigt [43], [161], [255].

Zuerst wird der Jahresenergieverbrauch W_a eines Haushaltsabnehmers in die Höchstlast $P_{HA\,max}$ umgerechnet. Dabei sind k_1 und k_2 empirische Koeffizienten.

$$P_{HA\,max} = k_1 \cdot W_a + k_2 \sqrt{W_a} \qquad (A.15)$$

In einer Veröffentlichung von LIVIK *et al.* [256] wird angegeben, dass der Koeffizient k_1 vom Elektrifizierungsgrad, der Koeffizient k_2 von der Verschiedenheit der Verbraucher und beide Koeffizienten von den klimatischen Gegebenheiten abhängen. Die Gesamthöchstlast P_{max} einer Gruppe mit n Haushaltsabnehmern berechnet sich nach [43]:

$$P_{max}(n) = k_1 \cdot n \cdot W_a + k_2 \sqrt{n \cdot W_a}\,. \qquad (A.16)$$

Werte für die Bestimmung der Gesamthöchstlast mit VELANDERS Gleichung sind in Tabelle A 4-5 enthalten.

Tabelle A 4-5: Abschätzung der Gesamthöchstlast mit VELANDERS Gleichung

	Elektrifizierungsgrad	k_1 in $10^{-6}\,h^{-1}$	k_2 in $10^{-3}\,(kW/h)^{1/2}$
STRAND & AXELSSON [91] – 1975	ländliche Gebiete (rural regions)	200	100
	Städte und Dörfer (towns and cities)	250	60
	ländliche Gebiete mit 50 % el. Heizung (rural regions with 50 % electric heating)	250	30
SVENSKA ELVERKSFÖRENINGEN in BRÄNNLUND [257] – 1991	kleines Haus: Warmwasserspeicher (small house: electric boiler)	300	25
	kleines Haus: Öl-Heizung (small house: combination oil-electricity)	300	25
	kleines Haus: Wärmepumpe (small house: heat pump, outdoor air with additional heating)	300	25
	kleines Haus: teil-elektrisch (small house: household electricity)	330	50
LAKERVI [258] – 1995	Haus, Wohnung (domestic)	290	25
	el. Heizung (electric space heating)	220	9
	Gewerbe (commercial, shops)	250	19
NEIMANE [255] – 2001	Haus, Wohnung ohne el. Heizung (domestic without electric heating)	330	50
	kleines Haus mit el. Heizung (cottage with electric heating)	300	25
	großes Haus mit el. Heizung (large house with electric heating)	280	25

Die Kennwerte von RUSCK und VELANDER können durch Gleichsetzen der Gln. (A.11) und (A.16) nach [43] ineinander umgerechnet werden.

$$P_{\max}(n) = k_1 \cdot n \cdot W_a + k_2 \sqrt{n \cdot W_a} = \left(g_\infty + \frac{1 - g_\infty}{\sqrt{n}} \right) \cdot P_{\mathrm{HA\,max}} \cdot n \tag{A.17}$$

Mit dem Jahresenergieverbrauch W_a lassen sich die Koeffizienten k_1 und k_2 mit den Gln. (A.18) und (A.19) aus dem Gleichzeitigkeitsfaktor g_∞ für $n \to \infty$ und der Höchstlasten der Verbraucher $P_{\mathrm{HA\,max}}$ berechnen.

$$k_1 = \frac{P_{\mathrm{HA\,max}} \cdot g_\infty}{W_a} \tag{A.18}$$

$$k_2 = \frac{P_{\mathrm{HA\,max}} \cdot (1 - g_\infty)}{\sqrt{W_a}} \tag{A.19}$$

Ebnso ist die Umrechnung von der Gleichung nach VELANDER zur Gleichung nach RUSCK mit Gln. (A.15) und (A.20) möglich.

$$g_\infty = \frac{k_1 \cdot W_a}{k_1 \cdot W_a + k_2 \cdot \sqrt{W_a}} \tag{A.20}$$

Tabelle A 4-6 enthält für eine Variation von Jahresenergieverbrauch W_a, Höchstlast $P_{\mathrm{HA\,max}}$ und Gleichzeitigkeitsfaktor g_∞ die Koeffizienten k_1 und k_2 nach VELANDER.

Tabelle A 4-6: Umrechnung der Kennwerte von RUSCK nach VELANDER

W_a in kWh	$P_{\mathrm{HA\,max}}$ in kW/WE	g_∞	k_1 in $10^{-6}\,\mathrm{h}^{-1}$	k_2 in $10^{-3}\,(\mathrm{kW/h})^{1/2}$
1.500	5	0,1	333	116
1.500	10	0,1	667	232
2.500	5	0,1	200	90
2.500	10	0,1	400	180
3.500	5	0,1	143	76
3.500	10	0,1	286	152
1.500	5	0,2	667	103
1.500	10	0,2	1.333	207
2.500	5	0,2	400	80
2.500	10	0,2	800	160
3.500	5	0,2	286	68
3.500	10	0,2	571	135
2.500	10	0,05	200	190
2.500	10	0,5	2.000	100
2.500	10	0,8	3.200	40
2.500	10	1,0	4.000	0

Anhang 5 Weiterführende Ausführungen zu Haushaltsgeräten

Anhang 5.1 Einteilung nach Farben

Eine Einteilung nach Farben ist umgangssprachlich üblich und in Tabelle A 5-1 zusammengefasst [149]. Diese Einteilung ist für das allgemeine Verständnis der Verwendung von elektrischen Geräten angebracht. Im Gegensatz erfolgt im Englischen die Einteilung der Farben nach einer Kombination aus Größe und Anwendung in:

- *White Goods* (Major appliances – Großgeräte)
- *Brown Goods* (Small appliances – Kleingeräte)
- *Shiny Goods* (Consumer electronics – Unterhaltungselektronik)

Tabelle A 5-1: Einteilung nach Farben

Farbe / Kategorie	Beschreibung
Weiße Ware	Geräte zur Verrichtung von Hausarbeiten sowie zur Bearbeitung, Wärmebehandlung und Lagerung von Lebensmitteln
Braune Ware	Unterhaltungsgeräte, Kommunikationstechnik und Computer
Rote Ware	Elektrowerkzeuge
Grüne Ware	Gartenwerkzeuge und -maschinen
Gelbe Ware	Fitness-, Trainings- und Freizeitgeräte

Anhang 5.2 Variabler Betrieb am Beispiel von Kochfeldern

Die große Vielfalt an Möglichkeiten zum variablen Betrieb soll an Kochfeldern erklärt werden. Induktionskochfelder regulieren die Leistung stufenlos und Kochfelder mit Kochplatten gestuft. Die Leistungsregelung wird beim Induktionskochfeld in Bild A 5-1 a durch ein Schaltnetzteil und bei der Kochplatte in Bild A 5-1 b durch das unterschiedliche Verschalten von drei Widerständen realisiert [149], [259]. Auch wird der intermittierende Betrieb bei Kochfeldern angewendet, bei welchem der Strahlungsheizkörper kontinuierlich ein- und ausgeschalten wird. Diese Regelung wird auch als Temperaturregelung bezeichnet [149], [259] und ist in Bild A 5-1 c als Ersatzschaltung gezeigt. Somit wird nicht die Leistung reguliert, sondern die umgesetzte Energie.

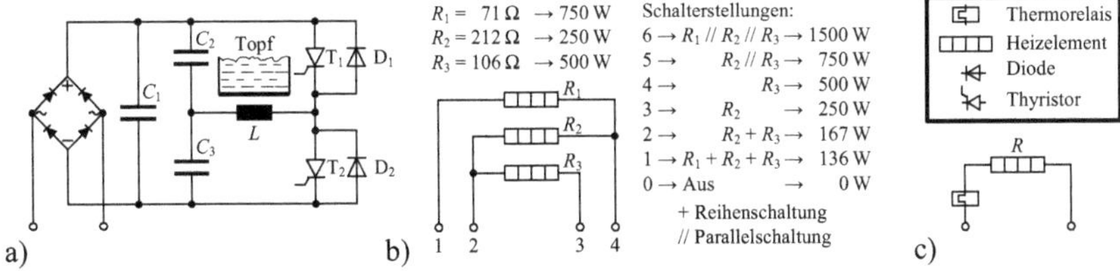

Bild A 5-1: Ersatzschaltungen für Kochfelder nach [149]
a) Induktionskochfeld mit stufenloser Leistungsanpassung
b) Schnellkochplatte Ø 145 mm mit gestufter Leistungsanpassung durch Siebentaktschalter
c) Strahlungsheizkörper mit Temperaturregler

Anhang 5.3 Detaillierter Prozessablauf der Speisenzubereitung

Die Speisenzubereitung ist ein Prozess, der in mehrere Arbeitsschritte eingeteilt werden kann. In Bild A 5-2 ist der erforderliche Energiebedarf für verschiedene Gartechniken von Speisen qualitativ aufgetragen. In Abhängigkeit vom Garverfahren und der Wahl der Leistungsstufe verändert der Benutzer die erforderliche Leistungsaufnahme des Kochfelds.

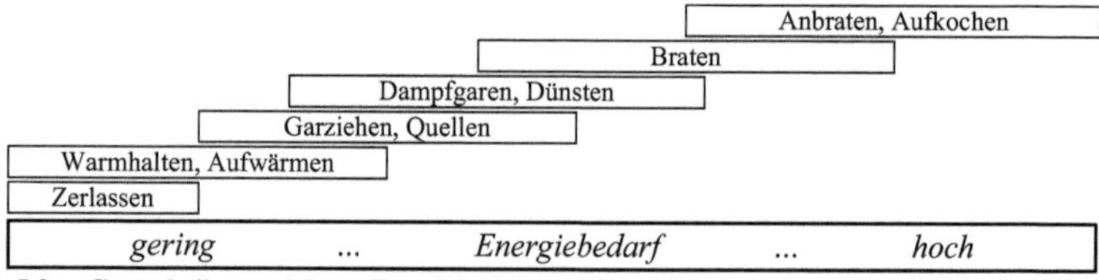

Bild A 5-2: Gartechniken und deren Energiebedarf nach [79]

Anhang 5.4 Detaillierter Prozessablauf von Geschirrspülmaschinen

Geschirrspülmaschinen haben meist die folgenden Spülprogramme mit den entsprechenden Temperaturen ϑ.

- Intensiv-Programme $\vartheta = (65 \ldots 70 \ldots 75)°C$
- Eco-/Energiespar-Programme $\vartheta = (45 \ldots 50 \ldots 55)°C$
- Schon-/Sanft-/Glas-/Handspül-Programme $\vartheta = (40 \ldots 45)°C$

Es gibt noch eine Vielzahl weiterer Programme und Zusatzfunktionen. Die meisten Programme haben fünf essentielle Spülgänge, welche in Tabelle A 5-2 zusammengefasst sind. Die Zeitdauer variiert dabei von Programm zu Programm. Eco-Programme dauern in der Regel länger als Normalprogramme.

In Bild A 5-3 sind Lastverläufe von zwei gemessenen Spülprogrammen mit der Zuordnung der jeweiligen Spülgänge dargestellt. Das Eco-Spülprogramm in Bild A 5-3 b ist deutlich länger als das Normalprogramm in Bild A 5-3 a.

Tabelle A 5-2: Ablauf eines Spülprogramms mit Beschreibung [149]

Spülgang	Wasser	Heizung	Spülmittel	Klarspüler	Zeitdauer in min	Beschreibung
Vorspülgang	x	-	-	-	10…15	Entfernung der leicht haftenden und wasserlöslichen Verschmutzungen mit kaltem Wasser
Hauptspülgang (Reinigungsgang)	x	x	x	-	20…60	Schmutz wird gequollen, benetzt, emulgiert und dispergiert; Wasserbestrahlung zur endgültigen Entfernung der Schmutzteilchen
Zwischenspülgang	x	-	-	-	5…10	Abpumpen der Reinigungslauge; Entfernung der Schmutzreste mit klarem Wasser
Klarspülgang	x	x	-	x	15…20	Verhinderung von Kalk- und Wasserflecken
Trocknungsgang	-	o	-	-	10…15	Abpumpen des Spülwassers aus Maschine; Verdunstung des Wasserfilms auf Geschirr durch Eigenwärme, Wärmetauscher, Umlufttrocknung oder Zeolith

x … erforderlich o …geräteabhängig - … nicht erforderlich

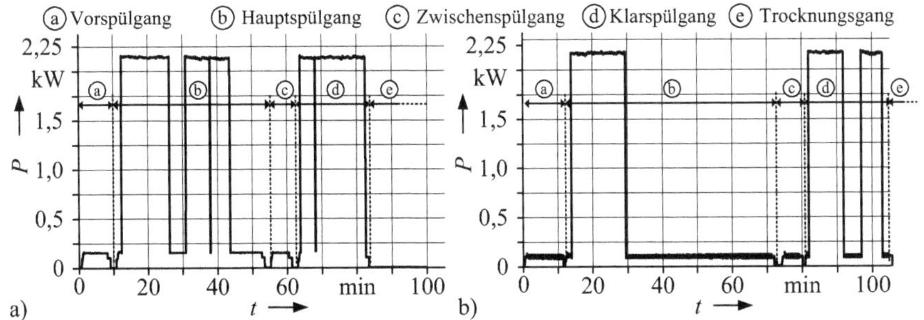

Bild A 5-3: Lastverläufe Geschirrspülmaschine (eigene Messung, Zeitauflösung $\Delta t = 1$ s)
a) Programm 65°C Energieverbrauch: $W = 1{,}11$ kWh
b) Programm 50°C Eco Energieverbrauch: $W = 0{,}94$ kWh

Anhang 5.5 Detaillierter Prozessablauf von Waschmaschinen

Bei Waschmaschinen ist die Unterscheidung der Waschprogramme wichtig. Entsprechend der Temperatur ϑ lassen sich Programme einteilen:

- Kaltwäsche $\vartheta < 30°C$
- Warmwäsche $\vartheta = 30°C$ oder $40°C$
- Heißwäsche $\vartheta = 60°C$
- Kochwäsche $\vartheta = 90°C$ oder $95°C$

Zudem gibt es eine Unterteilung der Programme nach Wäscheart:

- Koch- und Buntwäsche (Normalprogramm)
- Pflegeleichtwäsche
- Feinwäsche und Seide
- Wollwäsche bzw. Handwäsche

Es gibt zusätzlich eine Vielzahl weiterer Kurzprogramme, Sparprogramme, Programme für Jeans, Daunen, Sportschuhe, etc. sowie verschiedenste Zusatzfunktionen wie Knitterschutz oder „extra leise".

Das in Europa übliche Einlaugenverfahren besteht aus Hauptwaschgang, Spülgang und Schleudern und ist aufgrund der meist geringen Verschmutzung ausreichend. Beim Zweilaugenverfahren gibt es einen zusätzlichen Vorwaschgang [149]. Die gebräuchlichen Waschgänge sind mit der Beschreibung und der jeweiligen Zeitdauer in Tabelle A 5-3 aufgeführt.

Tabelle A 5-3: Ablauf eines Waschprogramms mit Beschreibung [149], [260]

Waschgang	Beschreibung und Zeitdauer
Vorwaschgang	• ausspülen von leichtem Schmutz, z. B. Staub oder Sand • kalt bis mäßig warmes Wasser • Zeitdauer: 15…20 min
Hauptwaschgang	• Aufheizen der Lauge auf gewählte Temperatur • Schmutz wird emulgiert und dispergiert (Schmutz schwebt in Waschflüssigkeit) • Zeitdauer: abhängig von Wassereinlauftemperatur, Waschtemperatur, Wäscheart und -menge, Heizleistung und Wassermenge
Spülgang	• Abpumpen des verschmutzten Wassers durch zwei bis sechs Spülgänge • Reduzierung der Schmutzkonzentration durch wiederholtes Spülen • Zeitdauer: abhängig von Verschmutzung
Schleudern	• Varianten: Kurzschleudern, Intervallschleudern, Endschleudern • Zeitdauer: abhängig von Zusammensetzung der Wäschen und Verteilung der Wäsche in der Trommel

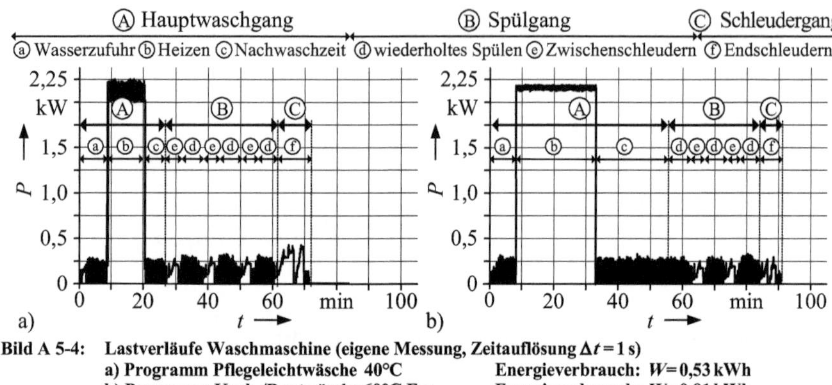

Bild A 5-4: Lastverläufe Waschmaschine (eigene Messung, Zeitauflösung $\Delta t = 1$ s)
a) Programm Pflegeleichtwäsche 40°C — Energieverbrauch: $W = 0{,}53$ kWh
b) Programm Koch-/Buntwäsche 60°C Eco — Energieverbrauch: $W = 0{,}81$ kWh

Der Trommelmotor dreht bei Waschbeginn zur besseren Durchlüftung mit 20 U/min und anschließend mit 50 U/min. Beim Schleudern werden Drehzahlen bis 1.800 U/min erreicht.

In Bild A 5-4 sind Lastverläufe von zwei gemessenen Waschprogrammen mit der Zuordnung der jeweiligen Waschgänge (große Buchstaben) und die detaillierten Waschprozesse (kleine Buchstaben) dargestellt. Eine Vorwäsche findet bei beiden nicht statt. Der Eco-Waschgang in Bild A 5-4 b ist deutlich länger als die Pflegeleichtwäsche in Bild A 5-4 a.

Anhang 5.6 Beschreibung Prozessablauf von Wäschetrocknern

Wäschetrockner haben für verschiedene Textilien wie z.B. Jeans, Mischgewebe, Bettwäsche oder Seide und Trocknungsanforderungen wie z.B. Extratrocken, Schranktrocken oder Bügeltrocken unterschiedliche Programme. Beim Programmablauf gibt es die Phasen:

- Aufheizphase
- Trocknungsphase
- Abkühlphase
- optionale Knitterschutzphase

Zum Start des Programms wird die feuchte Wäsche aufgeheizt und getrocknet. Wenn die Wäsche trockner wird, ist sie meist temperaturempfindlicher und die Heizleistung ist zu reduzieren. In der Abkühlphase wird die Heizung ausgeschalten und die Trommel dreht sich weiter, um die Knitterbildung zur vermeiden. Während dieser drei Phasen dreht sich die Trommel mit etwa 50 U/min. Wenn die Wäsche nicht gleich entnommen wird, schließt sich die Knitterschutzphase an. Dabei dreht sich die Trommel nach vorgegebenen Zeitintervallen.

Anhang 5.7 Beschreibung der Anforderungen an Beleuchtung

Die Beleuchtung im Haushalt erfolgt mit Tageslicht und Kunstlicht. Tageslicht wird gemeinhin auch als natürliches Licht bezeichnet. Die Architektur nennt die Ausleuchtung eines Raumes mit Tageslicht nicht Beleuchtung sondern Belichtung, die beispielsweise durch Fenster, Oberlichter oder Atrien erfolgt. Bei nicht ausreichendem Tageslicht in einem Raum wird zusätzlich Kunstlicht verwendet [261]. In dieser Arbeit wird auf diese filigranen Unterscheidungen verzichtet und nur über Beleuchtung bzw. Leuchtmittel für die Bereitstellung von Kunstlicht geschrieben.

Der Tageslichteinfall in Gebäuden hängt von vielen Faktoren ab und dementsprechend auch die Erfordernisse an die Beleuchtung. In Tabelle A 5-4 sind die substantiellen Faktoren, die einen wesentlichen Einfluss auf die Anforderungen die Beleuchtung haben, zusammengefasst.

Tabelle A 5-4: Einflussfaktoren auf die Anforderungen an Beleuchtung

bauliche Einflussfaktoren	astronomische Einflussfaktoren
• Lage des Grundstücks • Ausrichtung des Gebäudes • Schattenwurf von Nachbargebäuden • Art des Sonnenschutzes	• Elliptizität der Erdbahn • Neigung der Erdachse (Ekliptik) • Tageslänge und Dämmerung • Sonnenstand, Einstrahlwinkel
architektonische Einflussfaktoren	**witterungsbedingte Einflussfaktoren**
• Größe und Anordnung der Fensteröffnungen • Tiefe der Räume • Dachüberstände • Art der Verglasung	• Bewölkung, Bedeckung • Nebel • Niederschlag • Schnee

Die Erfordernisse an die Beleuchtung unterscheiden sich erheblich für:

- Räume mit Fenstern
- Räume ohne Fenster (z. B. Keller, innenliegende Räume)
- Außenbeleuchtung

Besonders die Neigung der Erdachse beeinflusst die Verfügbarkeit von Tageslicht und damit die Erfordernisse an die Beleuchtung in Räumen mit Fenstern. Bild A 5-5 zeigt den zeitlichen Verlauf des Sonnenaufgangs und -untergangs sowie die verschiedenen Dämmerungen für Dresden mit den geographischen Koordinaten 51° 2′ N, 13° 44′ E für ein Kalenderjahr.

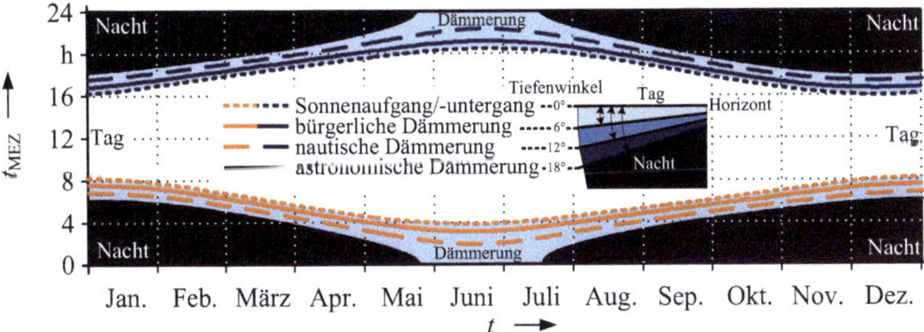

Bild A 5-5: Sonnenaufgang, Sonnenuntergang und Dämmerungen für Dresden (Daten aus [153])

Bei der Tageszeit t_{MEZ} wird in Bild A 5-5 die mitteleuropäische Zeit (MEZ) angegeben und damit die Umstellung auf Sommerzeit nicht berücksichtigt. Der Tiefenwinkel ist der Winkel zwischen dem geometrischen Mittelpunkt der Sonne und dem Horizont. Bei der Dämmerung wird mit dem Tiefenwinkel aus Tabelle A 5-5 zwischen der bürgerlichen, nautischen und astronomischen Dämmerung unterschieden.

Tabelle A 5-5: Definition für Sonnenaufgang, -untergang und Dämmerung [153]

Bezeichnung	Tiefenwinkel der Sonne	Beschreibung
Sonnenaufgang und -untergang	0°	Sonne unter Horizont
bürgerliche Dämmerung	0° … 6°	Lesen im Freien möglich
nautische Dämmerung	6° … 12°	Horizont sichtbar
astronomische Dämmerung	12° … 18°	vollständige Dunkelheit

Beleuchtung und Sommerzeit

Die Sommerzeit wurde aus Energiespargründen Anfang des 20. Jahrhunderts eingeführt, später wieder abgeschafft und dann abermals eingeführt. Der Nutzen der Sommerzeit unter dem Aspekt der Energieeinsparung wird immer wieder diskutiert und infrage gestellt [262], zumal der erforderliche Gesamtenergieanteil für Beleuchtung immer geringer wird. Insbesondere mit den effizienten Leuchtmitteln ist der Energieverbrauch für die Beleuchtung sehr gering.

Anhang 5.8 Kenngrößen, Übersicht und Vergleich von Leuchtmitteln

Kenngröße Lichtausbeute

Die Lichtausbeute η ist der Quotient aus dem von der Lampe abgegebenen Lichtstrom (in Lumen: lm) und der von ihr aufgenommenen Leistung P und die Maßeinheit ist lm/W [263].

Kenngröße allgemeiner Farbwiedergabeindex

Der allgemeine Farbwiedergabeindex R_a ist eine Kennzahl, mit der die Qualität der Farbwiedergabe von Lichtquellen gleicher korrelierter Farbtemperaturen beschrieben wird [263]. Tageslicht hat den höchsten Index von 100. Ein ausgezeichneter Farbwiedergabeindex ist zwischen 90 und 100 und ein guter Farbwiedergabeindex zwischen 80 und 90.

Kenngröße Lebensdauer: siehe Anhang 5.9

Kenngröße Anlaufzeit

Die Anlaufzeit τ_a ist die Zeitspanne zwischen Einschalten des Leuchtmittels und Erreichen eines vorgegebenen Lichtstroms. Vorgaben dazu enthält Anhang 5.9.

Übersicht der Leuchtmittel

Glühlampen

Mit der Entwicklung von Glühlampen wurde der Weg für die Elektrifizierung geebnet [264]. Die Glühfäden wurden verbessert. Von Kohlefadenlampen schritt die Entwicklung über Glühfäden aus Osmium, Tantal bis hin zum Wolfram fort. Glühlampen sind wie die Halogenlampen Temperaturstrahler bzw. Wärmestrahler.

Halogenlampen

Mit Verwendung eines mit einem Halogen (Jod, Brom oder Fluor) gefüllten Glaskolbens konnte die Lichtausbeute der Glühlampe gesteigert werden. Dennoch ist die Lichtausbeute von diesen klassischen Temperaturstrahlern gering.

Energiesparlampen

Eine wesentlich höhere Lichtausbeute haben Entladungslampen. Im Haushaltsbereich sind insbesondere Kompaktleuchtstofflampen, die auch als Energiesparlampen bezeichnet werden, im Einsatz. Energiesparlampen haben im Vergleich zu Leuchtstoffröhren das erforderliche Vorschaltgerät im Sockel integriert.

LED-Lampen

In den letzten Jahren haben sich LED-Lampen am Markt etabliert. Diese sind Festkörperstrahler und deren Weiterentwicklung ist stark am Fortschritt der Halbleiterelektronik gekoppelt. Zukünftig ist auch eine größere Verbreitung von OLED-Lampen zu erwarten.

Vergleich der Leuchtmittel

In Tabelle A 5-6 sind die technischen Größen Lichtausbeute η, Farbwiedergabeindex R_a, Lebensdauer und Anlaufzeit τ_a für den Vergleich der Leuchtmittel zusammengetragen. Die Lichtausbeute ist in Bereichen angegeben, da Lampen mit kleiner Nennleistung eine geringere Lichtausbeute als Lampen mit größerer Nennleistung haben. Temperaturstrahler haben die geringste Lichtausbeute. LED- und Energiesparlampen haben im Vergleich dazu eine circa fünffach bessere Lichtausbeute und eine deutlich längere Lebensdauer. Bei LED-Lampen wird eine Erhöhung der Lichtausbeute auf bis zu 120 lm/W erwartet.

Ein weiterer Nachteil der Temperaturstrahler ist die geringe Lebensdauer. Jedoch haben sie einen sehr guten Farbwiedergabeindex und eine sehr kurze Anlaufzeit. Entgegengesetzt ist die Lebensdauer von LED- und Energiesparlampen sehr lang, aber sie erreichen nicht den Farbwiedergabeindex der Temperaturstrahler und speziell bei Energiesparlampen ist die Anlaufzeit lang. LED-Lampen sind im Vergleich zu Energiesparlampen teurer und die Auswahl für Lampen im hohen Lichtstrombereich (> 1.000 Lumen) ist bis dato gering.

Tabelle A 5-6: Vergleich von Leuchtmitteln (Daten aus [179], [264], [265])

Lampen	Lichtausbeute η in lm / W	Farbwiedergabeindex R_a	Lebensdauer in h	Anlaufzeit τ_a in s
Glühlampen	12… 18	100	1.000… 1.500	<0,1
Halogenlampen	16… 24	100	2.000… 5.000	<0,1
Energiesparlampen	45… 75	≥80	8.000… 10.000	<40
LED-Lampen	60…100	≥80	15.000…100.000	≤1

Ein Nachteil von Energiesparlampen und LED-Lampen ist die Reduzierung des Lichtstroms mit der Nutzung. Das Maß dafür ist der Lichtstromerhalt nach Betriebsstunden bzw. der Lichtstromerhalt zum Ende der Lebensdauer, welcher im nächsten Abschnitt erklärt wird.

Anhang 5.9 Anforderungen an LED- und Energiesparlampen

Mit Verordnung (EU) Nr. 1194/2012 werden Anforderungen an LED- und Energiesparlampen gestellt [179]. Der Farbwiedergabeindex muss $R_a \geq 80$ betragen. Die weiteren relevanten Anforderungen für Anlaufzeit τ_a, Lichtstromerhalt und Leistungsfaktor λ sind Tabelle A 5-7 zusammengefasst.

LED-Lampen sind am Ende der Lebensdauer nicht zwingend kaputt. Die Lebensdauer wird mit dem L70B50-Wert festgelegt. Dies ist das Zeitintervall, innerhalb dessen die LEDs im Mittel noch 70 % Restlichtstrom liefern und die mittlere Ausfallrate 50 % nicht übersteigt. Technisch werden LED-Ausfälle und LED-Lichtstromrückgänge bis 6.000 Betriebsstunden von den Lampenherstellern vermessen (LM80-Wert). Der L70B50-Wert wird dann daraus von den Herstellern „intelligent" abgeschätzt [266]. Zum Leistungsfaktor bleibt festzuhalten, dass im Haushaltsbereich meist LED- und Energiesparlampen mit einer Leistung kleiner 25W zum Einsatz kommen. Somit muss ein ungünstiger Leistungsfaktor λ hingenommen werden.

Tabelle A 5-7: Anforderungen an LED- und Energiesparlampen [179]

Merkmal	LED-Lampen	Energiesparlampen
Anlaufzeit τ_a	<2 s … bis zur Erreichung von 95 % des Lichtstroms	<40 s <100 s (Quecksilber in Form von Amalgam) … bis zur Erreichung von 60 % des Lichtstroms
Lichtstromerhalt	bei 6.000 h: ≥80 %	bei 2.000 h: ≥83 % bei 6.000 h: ≥70 %
Leistungsfaktor λ	$P \leq$ 2 W: keine Anforderung 2 W < $P \leq$ 5 W: $\lambda > 0{,}4$ 5 W < $P \leq$ 25 W: $\lambda > 0{,}5$ $P >$ 25 W: $\lambda > 0{,}9$	$P <$ 25 W: $\lambda \geq 0{,}55$ $P \geq$ 25 W: $\lambda \geq 0{,}90$

Anhang 5.10 Detaillierte Beschreibung der Ersatzschaltungen

In Bezug zu Abschnitt 4.4 ist noch eine weitere Aufgliederung für Ersatzschaltungen möglich, welche hier angedeutet wird. Netzteile haben unterschiedliche Schaltungstopologien. Es gibt konventionelle Netzteile als Trafonetzteile, die durch effizientere Schaltnetzteile (SNT, engl. Switched-Mode Power Supply, SMPS) verdrängt werden. Schaltnetzteile unterscheiden sich bei der Leistungsfaktorkorrektur (engl. Power Factor Correction, PFC), welche passiv oder aktiv umgesetzt ist. Auch gibt es verschiedene Motortypen und bei Widerständen gibt es unterschiedliche Ausführungsformen, jedoch verhalten sich diese aus technischer Sicht annähernd gleich. Die Aufgliederung ist in Tabelle A 5-8 gezeigt.

Tabelle A 5-8: Aufgliederung der Ausführungsformen der Lasten

Netzteile	Motoren	Widerstände
• Trafonetzteile	• Universalmotoren	• Heizwiderstände
• SNT ohne PFC	• Kondensatormotoren	• Heizwendel
• SNT mit passiver PFC (pPFC)	• Permanentmagnet-Synchronmotoren	• Heizregister
• SNT mit aktiver PFC (aPFC)	• Spaltpolmotoren	• Heizdrähte

Netzteile sind universell einsetzbar. Zuerst versorgten Trafonetzeile insbesondere Unterhaltungsgeräte sowie Geräte für Büro und Kommunikation. Ein Trafonetzteil besteht aus Transformator, Gleichrichter und Siebkondensator und hat einen geringen Wirkungsgrad. Schaltnetzteile wandeln hingegen zuerst die Netzspannung in eine Wechselspannung höherer Frequenz um, welche dann erst einem deutlich kleineren Transformator zugeführt wird. Dadurch erhöht sich der Wirkungsgrad merklich. Somit haben Schaltnetzteile schon heute Trafonetzteile vollständig verdrängt [267].

Motoren werden zum Bewegen oder Pumpen eingesetzt. In Abhängigkeit von der erforderlichen Drehzahl, vom Leistungsbereich und dem benötigten Anlaufdrehmoment kommen hauptsächlich Universalmotoren, Kondensatormotoren und Permanentmagnet-Synchronmotoren zum Einsatz. In Tabelle A 5-9 sind die technischen Eigenschaften der Motoren und Anwendungsbeispiele zusammengefasst. Spaltpolmotoren wurden aus dem Haushaltsbereich aufgrund des schlechten Wirkungsgrads verdrängt. Unsymmetrische Spaltpolmotoren haben einen Wirkungsgrad von bis zu 25 % und symmetrische Spaltpolmotoren bis zu 40 %.

Widerstände werden zum Heizen verwendet, die in Abhängigkeit von der erforderlichen Wärmeübertragung (Wärmestrahlung, Wärmeleitung oder Konvektion) unterschiedlich aufgebaut sind. Die gewählten Materialien haben meist einen annähernd konstanten spezifischen Widerstand und einen hohen Schmelzpunkt.

Tabelle A 5-9: Übersicht von Motoren im Haushaltsbereich [268], [269], [270], [271]

Elektromotorart:	Kommutatormotor	Drehfeldmotor	
Typ: Grundprinzip:	Universalmotoren Reihenschlussmotor	Asynchronmotor Kondensatormotor	Permanentmagnet- Synchronmotor
Leistungsbereich in W	10 ... 2.500	30 ... 1.000	4 ... 30
Wirkfaktor cos φ	0,6 ... 1,0	0,9 ... 1,0	0,7 ... 1,0
Wirkungsgrad η	45 % ... 70 %	35 % ... 70 %	45 % ... 60 %
Drehzahl in U/min	3.000 ... 45.000	2.100 ... 2.900	3.000
netzfrequenzabhängige Drehzahl	nein	ja	ja
Drehzahlregelung	einfach	aufwendig	aufwendig
Anlaufdrehmoment	hoch	hoch (mit Anlaufkondensator)	gering
Vergleich	• weniger robust • teuer • laut	• robust • kostengünstig • geräuscharm	• robust • kostengünstig • geräuscharm
Anwendungsbeispiele	• Trommelmotoren z. B. Waschmaschinen • Staubsauger • Bohrmaschinen	• Trommelmotoren z. B. Wäschetrockner • Kühlaggregatantrieb	• Laugenpumpen

Anhang 6 Wahrscheinlichkeitsverteilungsfunktionen

Tabelle A 6-1: Verteilungs- und Dichtefunktion von Wahrscheinlichkeitsverteilungen

Verteilung	Verteilungsfunktion $F(x)$	Dichtefunktion $f(x)$
Normalverteilung	$\frac{1}{2}\left(1+\operatorname{erf}\frac{x-\mu}{\sqrt{2}\sigma}\right)$	$\frac{1}{\sqrt{2\pi}\sigma}\exp\left(-\frac{(x-\mu)^2}{2\sigma^2}\right)$
Log-Normalverteilung	$\frac{1}{2}\left(1+\operatorname{erf}\frac{\ln(x)-\mu}{\sqrt{2}\sigma}\right)$	$\begin{cases}\frac{1}{\sqrt{2\pi}\sigma x}\exp\left(-\frac{(\ln(x)-\mu)^2}{2\sigma^2}\right) & x>0\\ 0 & x\leq 0\end{cases}$
Weibull-Verteilung k: Formparameter λ: Skalenparameter	$1-\exp\left(-(\lambda x)^k\right)$	$\lambda k(\lambda k)^{k-1}\exp(-\lambda x)^k$

Tabelle A 6-2: Bestimmung von Erwartungswert und Varianz

Verteilung	Erwartungswert E(X)	Varianz Var(X)
Normalverteilung	μ_{NV}	σ_{NV}^2
Log-Normalverteilung	$\exp\left(\mu_{\mathrm{LN}}+\frac{\sigma_{\mathrm{LN}}^2}{2}\right)$	$\exp\left(2\mu_{\mathrm{LN}}+\sigma_{\mathrm{LN}}^2\right)\cdot\left(\exp\left(\sigma_{\mathrm{LN}}^2\right)-1\right)$
Weibull-Verteilung	$\lambda^{-1}\,\Gamma(1+1/k)$	$\lambda^{-2}\left(\Gamma(1+2/k)-\Gamma^2(1+1/k)\right)$

Tabelle A 6-3: Akaikes (*AIC*) und Bayessches (*BIC*) Informationskriterium

Gerät:	Monitore		TV		TV klein		TV groß	
Anzahl Stichprobe:	1.060		1.500		1.080		420	
Informationskriterium:	*AIC*	*BIC*	*AIC*	*BIC*	*AIC*	*BIC*	*AIC*	*BIC*
Verteilung								
Normalverteilung	8.916	8.925	15.238	15.249	9.538	9.547	4.515	4.523
Log-Normalverteilung	**8.027**	**8.036**	**14.240**	**14.250**	**9.284**	**9.294**	**4.255**	**4.267**
Weibull-Verteilung	8.553	8.563	14.707	14.717	9.480	9.489	4.515	4.423

Hinweis: Je kleiner der Wert von *AIC* oder *BIC* ist, desto besser „passt“ das Modell zu den Daten. Von zwei konkurrierenden Modellen wird daher das Modell vorgezogen, dessen *AIC*- oder *BIC*-Wert geringer ist [160].

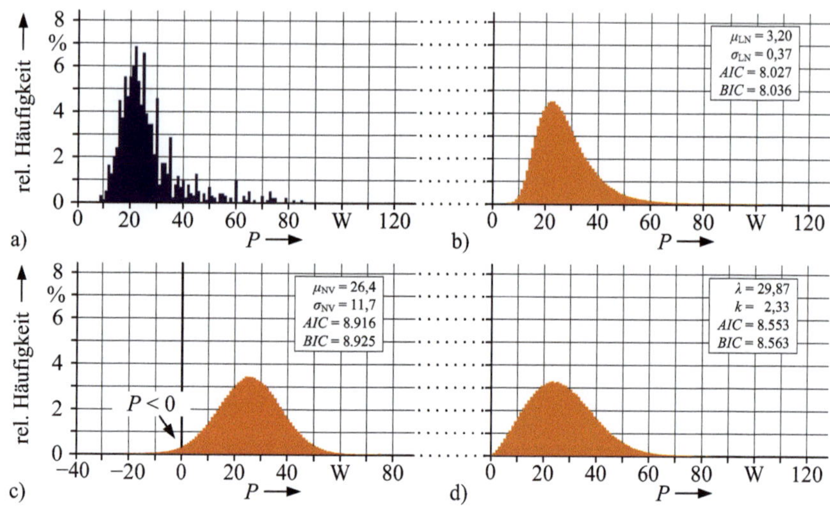

Bild A 6-1: Vergleich von Wahrscheinlichkeitsverteilungen (Beispiel Monitor)
a) Auswertung Datenerhebung **b) Log-Normalverteilung**
c) Normalverteilung **d) Weibull-Verteilung**

Anhang 7 Anschlussleistungen und Energiedaten

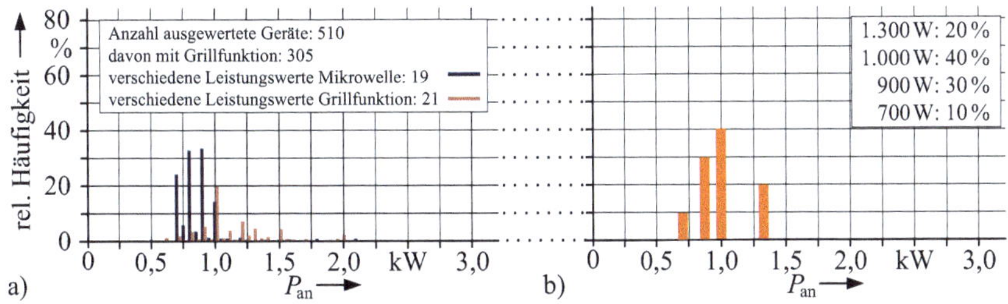

Bild A 7-1: Häufigkeiten der diskreten Anschlussleistungen: Mikrowellen
a) Auswertung Datenerhebung b) Verteilung für Lastgangsynthese

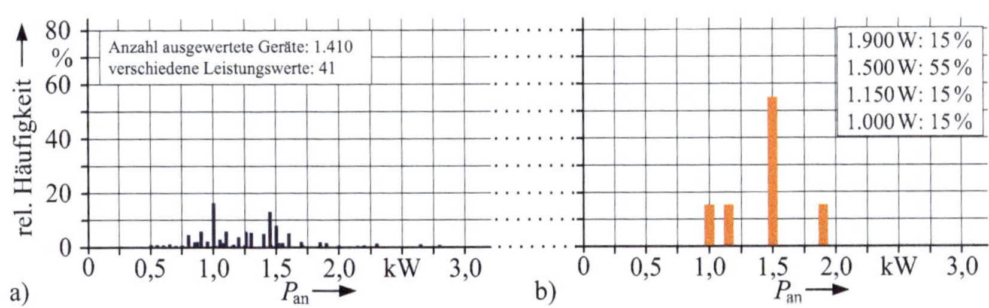

Bild A 7-2: Häufigkeiten der diskreten Anschlussleistungen: Kaffeemaschinen⁺
a) Auswertung Datenerhebung b) Verteilung für Lastgangsynthese

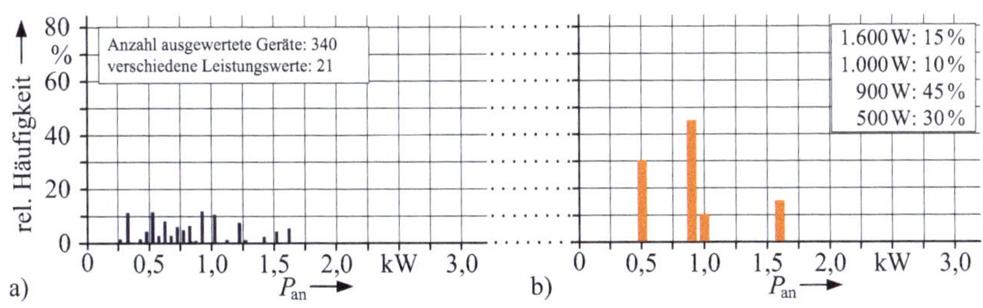

Bild A 7-3: Häufigkeiten der diskreten Anschlussleistungen: Küchenmaschinen
a) Auswertung Datenerhebung b) Verteilung für Lastgangsynthese

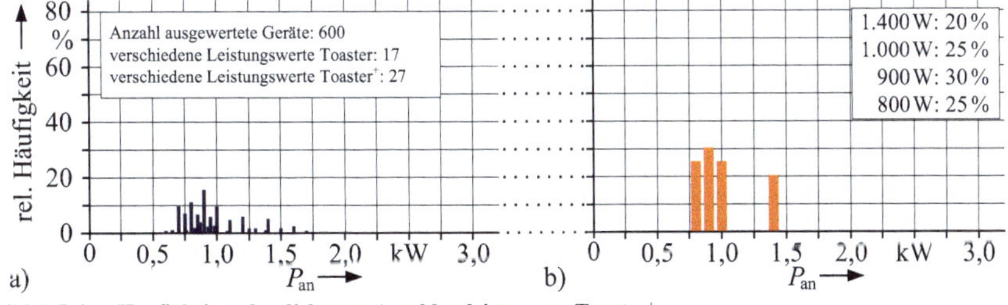

Bild A 7-4: Häufigkeiten der diskreten Anschlussleistungen: Toaster⁺
a) Auswertung Datenerhebung b) Verteilung für Lastgangsynthese

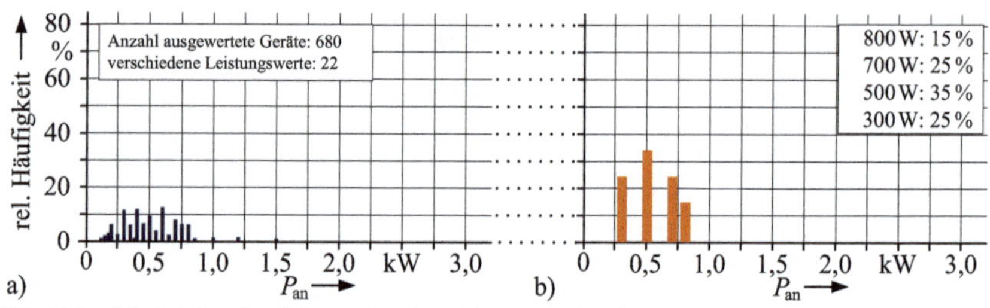

Bild A 7-5: Häufigkeiten der diskreten Anschlussleistungen: Mixer⁺
a) Auswertung Datenerhebung b) Verteilung für Lastgangsynthese

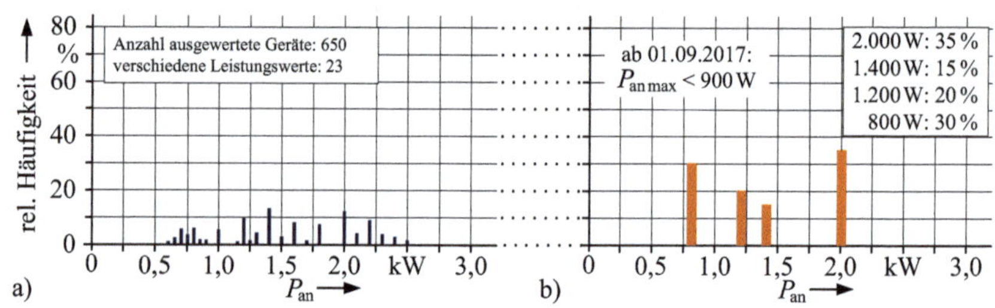

Bild A 7-6: Häufigkeiten der diskreten Anschlussleistungen: Staubsauger
a) Auswertung Datenerhebung b) Verteilung für Lastgangsynthese

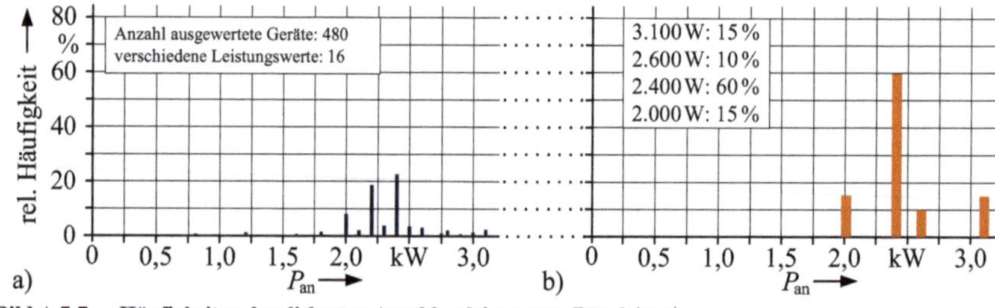

Bild A 7-7: Häufigkeiten der diskreten Anschlussleistungen: Bügeleisen⁺
a) Auswertung Datenerhebung b) Verteilung für Lastgangsynthese

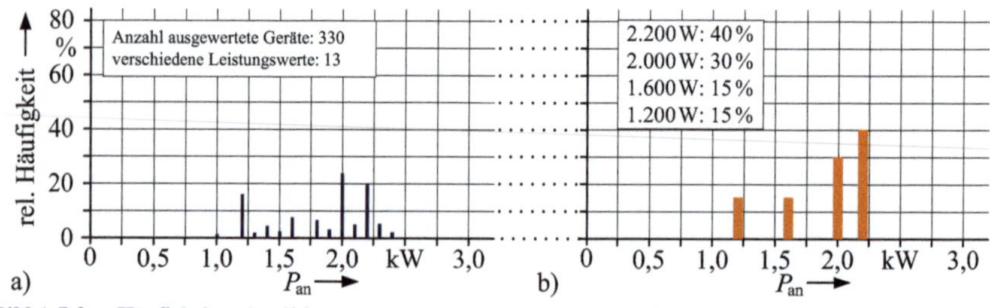

Bild A 7-8: Häufigkeiten der diskreten Anschlussleistungen: Haartrockner
a) Auswertung Datenerhebung b) Verteilung für Lastgangsynthese

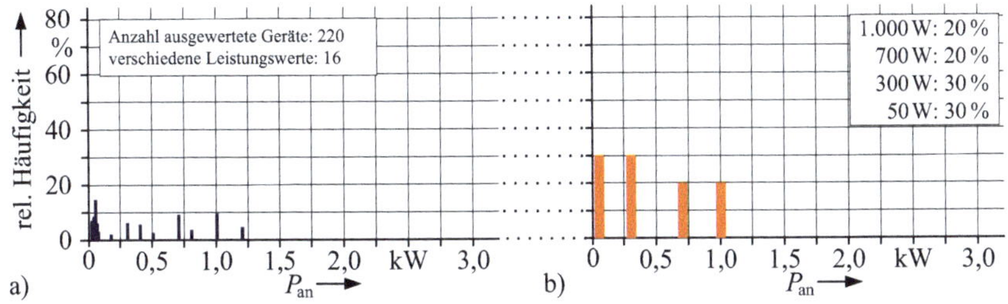

Bild A 7-9: Häufigkeiten der diskreten Anschlussleistungen: Haarstyler⁺
a) Auswertung Datenerhebung b) Verteilung für Lastgangsynthese

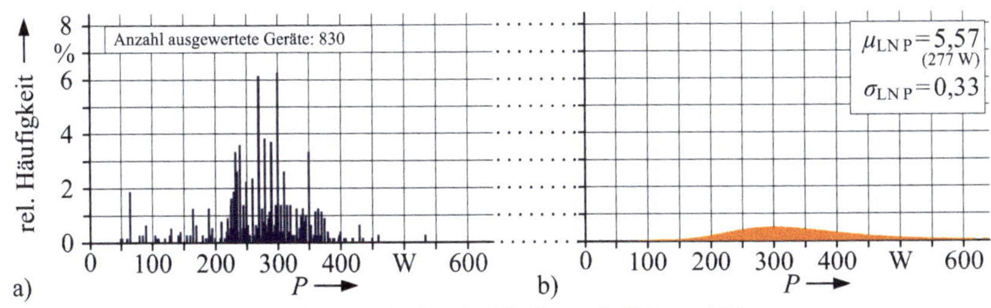

Bild A 7-10: Häufigkeiten der Leistungsaufnahme im Ein-Zustand: Videoprojektoren
a) Auswertung Datenerhebung b) Verteilung für Lastgangsynthese

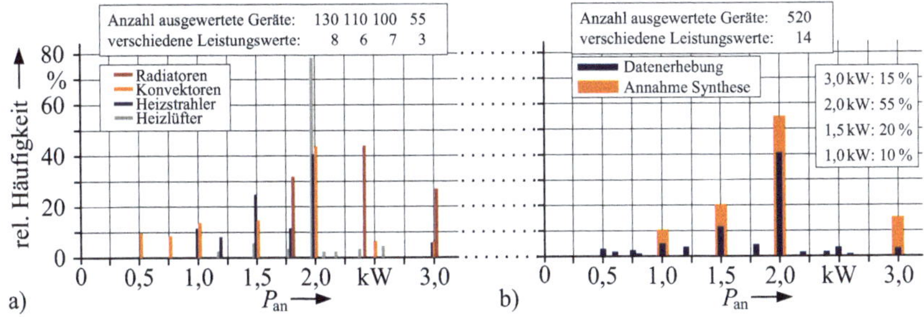

Bild A 7-11: Häufigkeiten der diskreten Anschlussleistungen: Heizgeräte
a) Auswertung Datenerhebung für Heizlüfter, Heizstrahler, Konvektoren und Radiatoren
b) Auswertung Datenerhebung für Heizgeräte⁺ und Verteilung für Lastgangsynthese

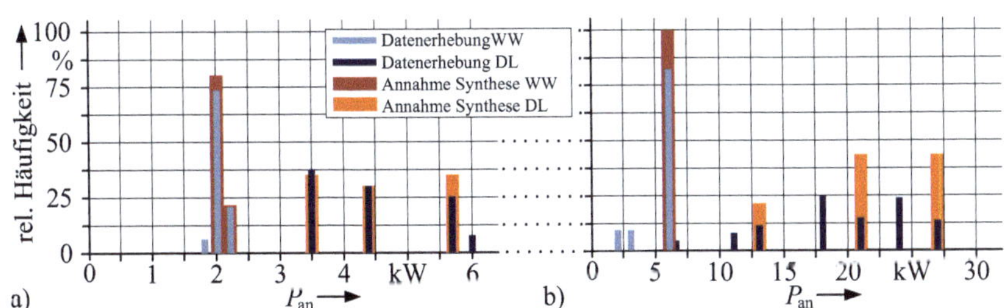

Bild A 7-12: Häufigkeiten der diskreten Anschlussleistungen: Warmwasserspeicher, Durchlauferhitzer
a) einphasiger Anschluss b) dreiphasiger Anschluss

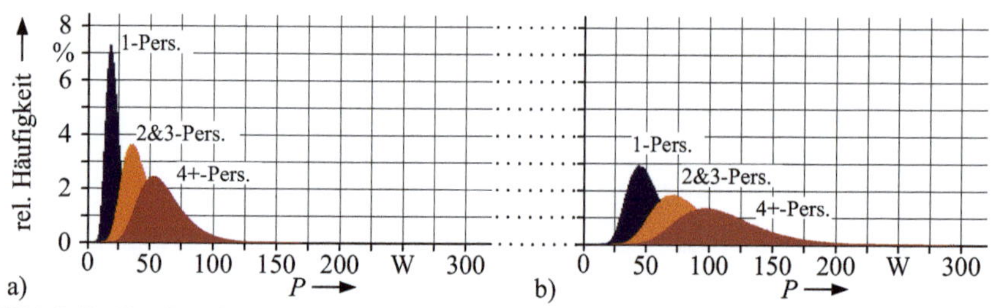

Bild A 7-13: Verteilung für Lastgangsynthese: Gesamt-Grundlast
a) Grundlast⁺: ohne Hocheffizienzpumpen b) Grundlast⁺⁺: mit Hocheffizienzpumpen

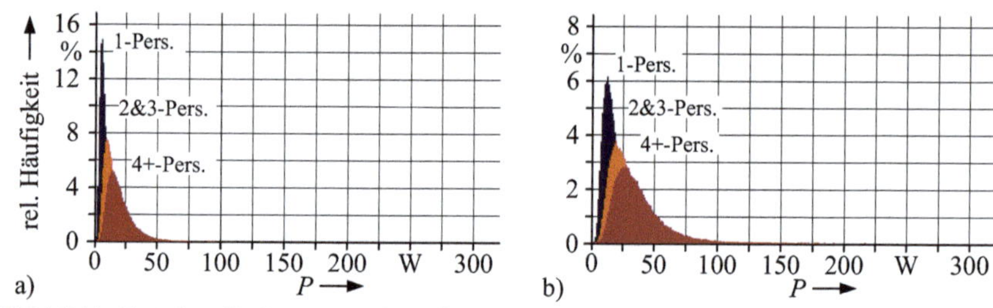

Bild A 7-14: Verteilung für Lastgangsynthese: Grundlast je Außenleiter
a) Grundlast⁺: ohne Hocheffizienzpumpen b) Grundlast⁺⁺: mit Hocheffizienzpumpen

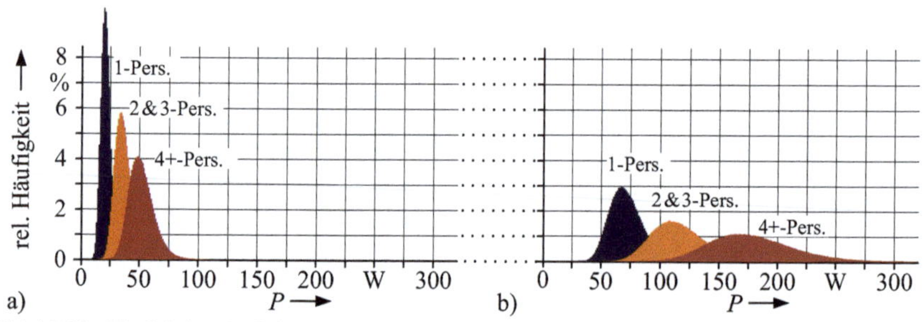

Bild A 7-15: Häufigkeiten der Leistungen: Beleuchtung in Abhängigkeit der Haushaltsgröße
a) vorwiegend LED- u. Energiesparlampen b) vorwiegend Glüh- u. Halogenlampen

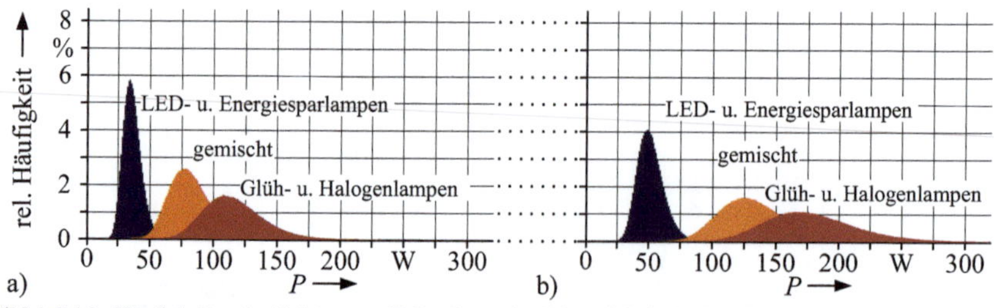

Bild A 7-16: Häufigkeiten der Leistungen: Beleuchtung in Abhängigkeit der Leuchtmittelausstattung
a) für 2&3-Personen-Haushalte b) für 4+-Personen-Haushalte

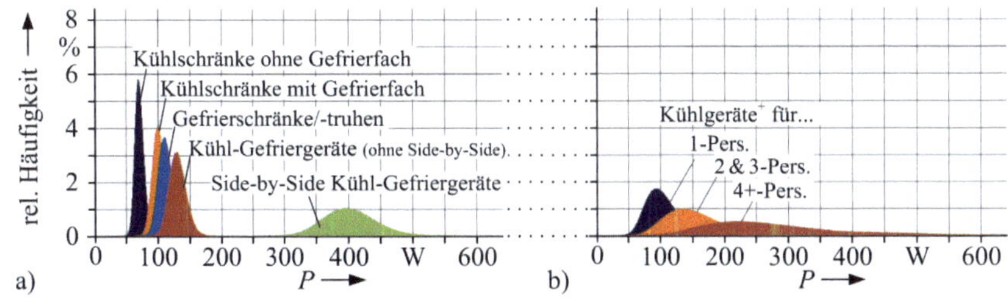

Bild A 7-17: Häufigkeiten der Leistungen: Kühlgeräte
a) Annahmen zur Nachbildung der Geräte
b) Verteilung für Lastgangsynthese für Kühlgeräte+

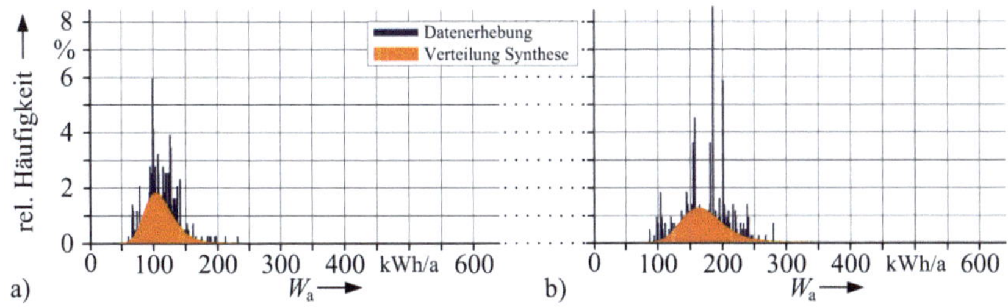

Bild A 7-18: Häufigkeiten des Energieverbrauchs: Kühlschränke
a) Kühlschränke ohne Gefrierfach **b) Kühlschränke mit Gefrierfach**

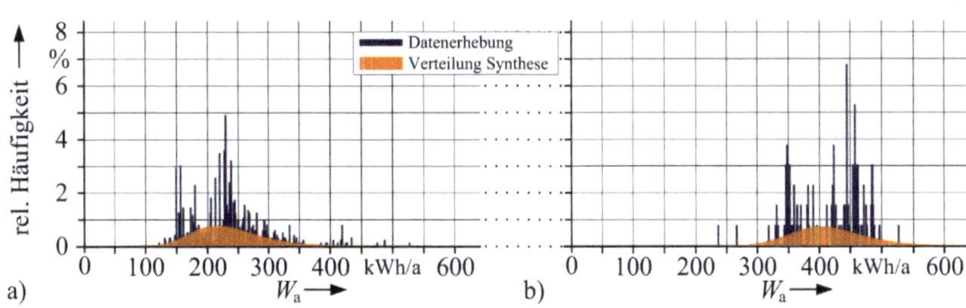

Bild A 7-19: Häufigkeiten des Energieverbrauchs: Kühl-Gefriergeräte
a) Kühl-Gefriergeräte (ohne Side-by-Side) **b) Side-by-Side Kühl-Gefriergeräte**

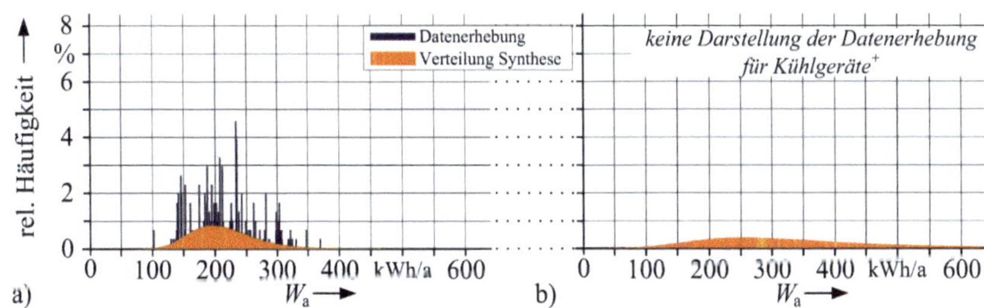

Bild A 7-20: Häufigkeiten des Energieverbrauchs: Gefriergeräte, Kühlgeräte+
a) Gefrierschränke und –truhen **b) Verteilung für Lastgangsynthese: Kühlgeräte+**

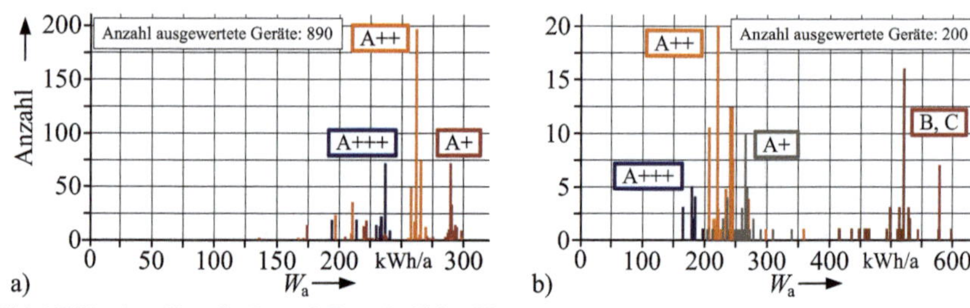

Bild A 7-21: Anzahl an Geräten mit Energieeffizienzklassen
a) Geschirrspülmaschinen
b) Wäschetrockner

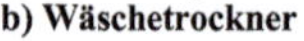

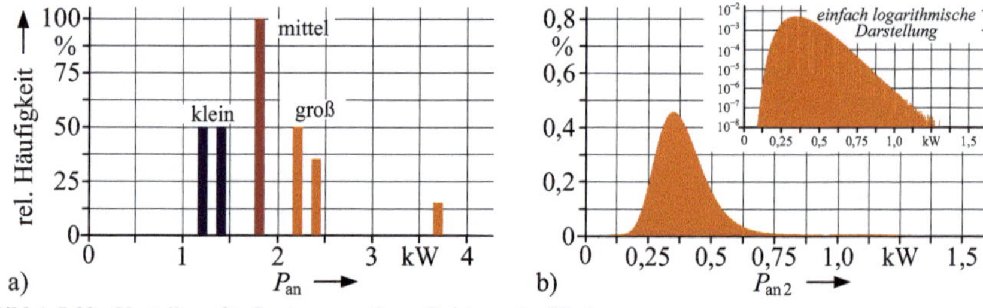

Bild A 7-22: Verteilung für Lastgangsynthese: Leistung der Kochzonen
a) Leistung für Prozessschritt 1
b) Leistung für Prozessschritt 2

Anhang 8 Klassifikationsschemata des Habitus

Für die Lastgangsynthese ist die in dieser Arbeit in Kapitel 5 vorgenommene Beschreibung der *„Alltäglichen Lebensführung"* des Menschen völlig ausreichend. Für weitreichende Planungshorizonte und Zukunftsszenarien sind auch Bewertungen des Habitus und die Abschätzung möglicher Veränderungen notwendig. Besonders die zeitliche Dimension des Wandels des Habitus ist kaum zu prognostizieren, jedoch kann eine Beschreibung der bisherigen Neuordnungen, Modifikationen und Variationen über der Zeit zum besseren Verständnis beitragen.

Bild A 8-1 zeigt den Habitus mit den Schematisierungsstufen als Einflussfaktoren auf die „Alltägliche Lebensführung", die im Weiteren kurz erläutert werden. Es wird jeweils eine Beschreibung des entsprechenden Begriffs gegeben und als Anwendungsfall ein Bezug zum Bedarf an Elektrizität als Hauptaugenmerk hergestellt.

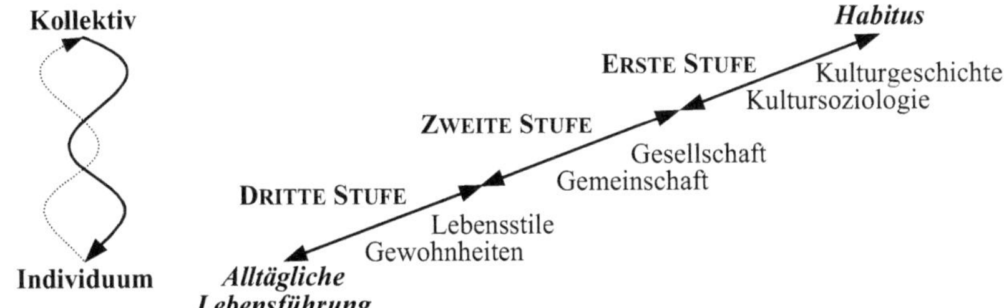

Bild A 8-1: Klassifikationsschemata vom Habitus zur „Alltäglichen Lebensführung" (eigene Darstellung)

Anhang 8.1 Definition des Habitus

Habitus ist der Oberbegriff für Verhaltensdispositionen und Gewohnheiten von Menschen, von denen seine „Alltägliche Lebensführung" abhängt. Auch wenn der Mensch ein Individuum ist, so ist er immer im Kontext des Kollektivs mit gemeinsamen Normen zu sehen. Den Begriff Habitus als Fachterminus prägen ELIAS und BOURDIEU, wobei überwiegend Bourdieus Begriffsbestimmungen in der Literatur zu finden sind [272]. Selbst BOURDIEU verwendete den Begriff in variierender Weise, wobei der Grundgedanke stets erhalten bleibt.

> *„Der Habitus ist Erzeugungsprinzip objektiv klassifizierbarer Formen von Praxis und Klassifikationssystem dieser Formen. In der Beziehung dieser beiden den Habitus definierenden Leistungen: der Hervorbringung klassifizierbarer Praxisformen und Werke zum einen, der Unterscheidung und Bewertung der Formen und Produkte (Geschmack) zum anderen, konstituiert sich die repräsentierte soziale Welt, mit anderen Worten der Raum der Lebensstile."*

Anhang 8.2 Erste Stufe: Kulturgeschichte und Kultursoziologie

Die erste Stufe vom Habitus zur „Alltäglichen Lebensführung" ist die Kultur. Eine umfassende und zufriedenstellende Definition für Kultur erscheint nicht möglich, da dieser Begriff ständig auftaucht, jedoch der Gebrauch fortwährend variiert. Eine vielzitierte Definition stammt von KROEBER & KLUCKHOHN [273]. Deren Vorschlag nach dem Sammeln und Auswerten von 200 verschiedenen Definitionen ist:

> *"Culture consists of patterns, explicit and implicit, of and for behaviour acquired and transmitted by symbols, constituting the distinctive achievements of human groups, including their embodiment in artefacts; the essential core of culture consists of traditional (i.e. historically derived and selected) ideas and especially*

> *their attached values; culture systems may, on the one hand, be considered as products of action, on the other, as conditional elements of future action"* [1]

Im Deutschland des 19. Jahrhunderts erfolgte eine Differenzierung zwischen „kreativer Kultur" und „technisch-perfektionierender Zivilisation" [274]. In dieser Arbeit steht Kultur für zivilisatorische und gesellschaftliche Prozesse und somit für die Lebensweise eines Kollektivs [275]. Die vielen Anwendungen von Kultur als Komposition mit weiteren Begriffen zeigt die Vielschichtigkeit des Terminus, wobei Kultur immer das Hauptwort ist. Einige Beispiele sind in der ersten Spalte von Tabelle A 8-1 enthalten. Es fällt auf, dass all die hier aufgelisteten Komposita in Zusammenhang mit der Interaktion zwischen Menschen und Haushaltsgeräten, sowohl als Wohlstand und Komfort zu sehen sind. In Tabelle A 8-1 sind die Kulturen mit einigen Beispielen für den beobachteten Wandel exemplarisch zusammengetragen.

Tabelle A 8-1: Kulturwandel im Kontext verschiedener Kulturbegriffe

Kultur	Wandel
Wohnkultur	mehr Wohnraum pro Bewohner
Familienkultur	Verkleinerung der Haushaltsgröße
Arbeitskultur	flexible Arbeitszeiten, Home-Office
Esskultur	auswärts essen, unstrukturiertere und individualisierte Essenszeiten
Medienkultur	mehr Geräte, Erhöhung des Konsums
Kommunikationskultur	Internet, Mobiltelefone, soziale Netzwerke
Freizeitkultur	Computerspiele, Spielkonsolen, Freizeitgeräte
Körperkultur	häufigeres Duschen, häufigere Nutzung der Waschmaschine

Auch die Benutzung von Energie wird als Energiekultur beschrieben [276]. Dies spiegelt die enge Verknüpfung zwischen der gesellschaftlichen Entwicklung und dem Umgang mit Energie wider. Auch im internationalen Vergleich sind Unterschiede im Umgang mit Energie festzustellen. Die folgende Aussage des Entwicklungsingenieurs REINHOLZ in [277] unterstreicht dies sehr treffend für das Waschen:

> *„Spanier waschen ihre Wäsche am liebsten kalt, Griechen kochend heiß. Franzosen wollen Wäsche von oben in die Maschine füllen, Deutsche von vorn. Russen kaufen schmale Geräte und stopfen sie ordentlich voll, Amerikaner lieben riesige und lassen sie halb leer. Chinesen trennen penibel zwischen Männer- und Frauenkleidung, Ober- und Unterwäsche. Manche haben sogar eine Zweitmaschine nur für Kindersachen - mit farbigem Gehäuse, blinkendem Display und Glockenspiel-Tastentönen."*

WAGNER beschreibt und erklärt die erwähnten unterschiedlichen Verbrauchsgewohnheiten anhand der heterogenen Entwicklung der Waschmaschine an sich, aber auch infolge der Verwendung verschiedener Waschmittel [182].

Der Teilaspekt der Kultur bei der Strukturierung des Habitus in Verbindung mit Geschichte sowie Soziologie verdeutlicht, dass nicht nur die Kultur, sondern auch ihre zeitliche Entwicklung sowie das soziale Verhalten und Zusammenleben von Menschen zu betrachten sind. Dabei stehen ebenso Kultur und Innovation in Bezug zueinander, wobei Innovation in der Regel auf Widerstand stößt [279]. Dies ist insbesondere der Fall, wenn die Betroffenen keinen Vorteil aus der Innovation ziehen können. Außerdem zeigt sich immer mehr, dass nur mit technologischem Fortschritt die umfangreichen globalen Herausforderungen, wie Klimawandel oder knappen Ressourcen, nicht zu lösen sind. Daher spielt immer mehr die Nachhaltigkeitskultur eine an Gewicht gewinnende Rolle [280].

[1] Übersetzung nach ASCHENBRENNER [278]: *„Eine Kultur ist ein historisch abgeleitetes System expliziter und impliziter Lebensmuster, das dazu neigt, von allen oder von besonders bezeichneten Mitgliedern einer Gruppe geteilt zu werden."*

Anhang 8.3 Zweite Stufe: Gesellschaft und Gemeinschaft

Gesellschaft und Gemeinschaft soll hier im soziologischen Kontext benutzt werden [281].

> *„Gesellschaft ist eine Sammelbezeichnung für unterschiedliche Formen zusammenlebender Gemeinschaften von Menschen, deren Verhältnis zueinander durch Normen, Konventionen und Gesetze bestimmt ist und die als solche eine Gesellschaftsstruktur ergeben. Soziologisch wird zwischen Gesellschaft und Gemeinschaft unterschieden, wobei Letztere sich durch eine größere Nähe und Verbundenheit der Menschen und Erstere durch eine stärker rationale (zweck-, nutzenorientierte) Begründung des Zusammenlebens auszeichnet."*

Es zeichnet sich ab, dass die neuzeitliche Gesellschaft in entwicklungsgeschichtlicher Hinsicht nicht mehr durch ein gemeinschaftliches Zusammenleben der Menschen geprägt ist [282]. ELIAS beschreibt es treffend in „Die Gesellschaft der Individuen" [283]. Der Individualismus steht nicht für ein vermindertes soziales Leben sondern für ein schwindendes gemeinschaftliches soziales Leben mit neuen Bedürfnissen, Interessen, Wünschen und Entschlüssen der Menschen [282]. Gesellschaftliches Leben hat trotz des zu beobachtenden Individualismus ein ausgeprägtes Normen- und Wertesystem, das sich in Sitten, Gewohnheiten und Lebenseinstellungen manifestiert. Der langfristige mehrdimensionale Wertewandel ist in Bild A 8-2 in Anlehnung an dem vom SINUS-INSTITUT HEIDELBERG entwickelten Sinus-Milieus® [284] mit einigen richtungsweisenden Ursachen vereinfacht dargestellt. Zudem sind einige Leitworte angegeben, die zum einen zur Beschreibung der Epochen dienen und zum anderen am Beispiel der Familienformen den Wandel verdeutlichen.

Mit den Leitworten *Großfamilie-Kleinfamilie-Patchworkfamilie* wird auch der Wandel der sozialen Wirklichkeit merklich hervorgehoben. Zusammen mit dem demografischen Wandel führt dieser zu den in Abschnitt 3.2.4 beschriebenen kleineren Haushaltsgrößen.

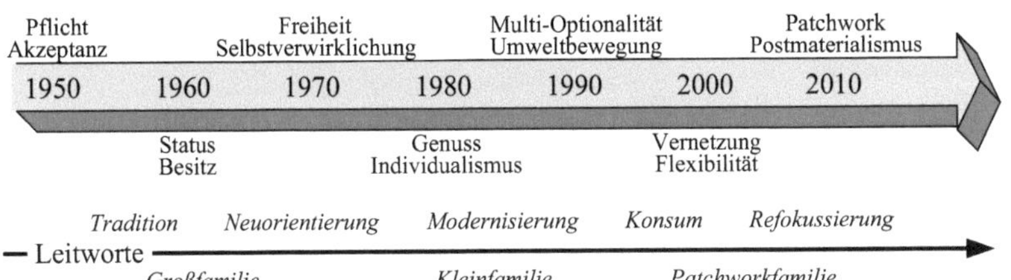

Bild A 8-2: Ursachen für Wertewandel in Anlehnung an das Sinus-Milieu® in Deutschland [284]

Tabelle A 8-2: Wertewandel im Kontext verschiedener Ursachen

Werte	Ursache ⇒ Wandel
Status/Besitz	Steigerung des Konsums ⇒ Erhöhung des Ausstattungsgrads und der Benutzungshäufigkeit
Umweltbewegung	Hinterfragen des eigenen Konsums und der Verwendung der Geräte ⇒ Effizienzerhöhung, Reduzierung der Benutzungshäufigkeit
Individualismus	das Individuum steht im Mittelpunkt, gleichzeitige Benutzung von Geräten wie z. B. TV ⇒ Erhöhung des Ausstattungsbestands
Vernetzung	⇒ mehr Geräte für Büro & Kommunikation und Unterhaltungsgeräte
Flexibilität	Flexibilisierung des Tagesablaufs ⇒ Einschaltzeiten über ausgedehntere Perioden
Postmaterialismus	verringertes Streben nach materiellen Gütern ⇒ Verringerung des Ausstattungsgrads von Geräten

Nicht jede Veränderung in der Gesellschaft oder Gemeinschaft hat einen direkten Einfluss auf die Anschaffung von elektrischen Geräten und deren Verwendung, jedoch lassen sich einige wesentliche Einflüsse in Hinblick auf die technische Perspektive aufzeigen. Zu nennen sind die Entwicklungen vom Besitz hin zum Statussymbol über den Individualismus sowie Umweltbewegung oder Postmaterialismus. In Tabelle A 8-2 sind in Anlehnung an Bild A 8-2 einige Ursachen für den Wertewandel mit deren Auswirkungen zusammengetragen.

Anhang 8.4 Dritte Stufe: Lebensstile und Gewohnheiten

Die Charakterisierung der Lebensstile und Gewohnheiten von Menschen ist mit der dritten Stufe die unmittelbare Basis für die „Alltägliche Lebensführung". MÜLLER orientiert sich in [285] dabei an der Definition, die Lebensstile begreift als:

> *„ ... raum-zeitlich strukturierte Muster der Lebensführung ..., die von Ressourcen (materiell und kulturell), der Familien- und Haushaltsform und den Werthaltungen abhängen. Die Ressourcen umschreiben die Lebenschancen, die jeweiligen Optionen und Wahlmöglichkeiten; die Haushalts- und Familienform bezeichnet die Lebens-, Wohn- und Konsumeinheit; die Werthaltungen schließlich definieren die vorherrschenden Lebensziele, prägen die Mentalitäten und kommen in einem spezifischen Habitus zum Ausdruck."*

REUSSWIG *et al.* [286] unterteilen Lebensstile in den Zusammenhang der Merkmale Mentalität, soziale Lage und Performanz, woraus die „Alltägliche Lebensführung" der Bewohner in Abschnitt 5.2 ableitbar ist. Die Merkmale sind in Bild A 8-3 mit Erläuterungen veranschaulicht dargelegt.

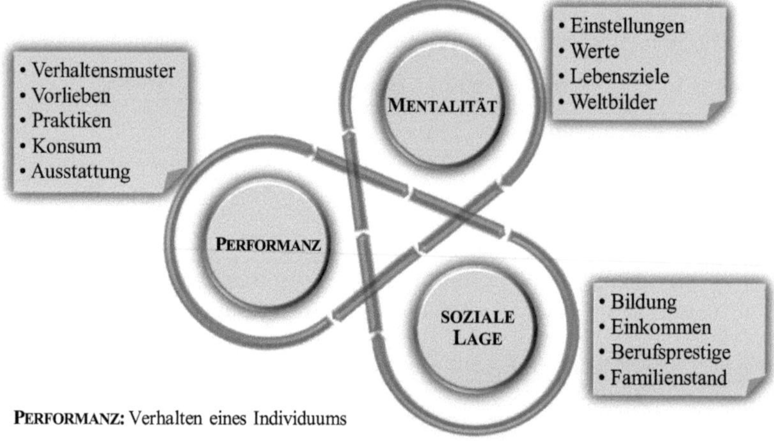

Bild A 8-3: Dimensionen des Lebensstils (eigene Darstellung nach REUSSWIG et al. [286])

Die Gesellschaft an sich lässt sich zudem nach der „sozialen Lage" und der „Grundorientierung" in Gruppen einteilen, die auch als Milieus bezeichnet werden. Eine gebräuchliche Einteilung in zehn Gruppen ist in Bild A 8-4 als Milieugrafik visualisiert und in Tabelle A 8-3 sind die zugehörigen Gruppen beschrieben. Die „soziale Lage" bezieht sich auf das Schichtenmodell mit der Einteilung der Gesellschaft in Unterschicht, Mittelschicht und Oberschicht. Bei der „Grundorientierung" lässt sich die Gesellschaft nach den Werteorientierungen Tradition, Modernisierung und Neuorientierung untergliedern. Die Sinus-Milieus® finden eine vielfältige Anwendung in der Sozialforschung und werden insbesondere für das strategische Marketing oder die Produktenwicklung verwendet. Auch in Hinblick auf Umweltschutz werden sie in Anspruch genommen [286].

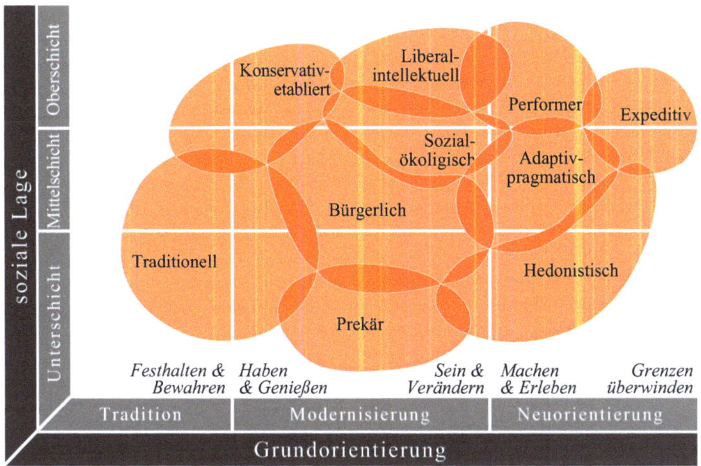

Bild A 8-4: Gesellschaft in Deutschland dargestellt als Milieugrafik nach Sinus-Milieu® [284]

Anhand der Milieus kann eine Einteilung für eine Vielzahl von Lebensstilen und Gewohnheiten erfolgen, wobei die Bereiche die gleichen Gebiete wie die Kultur aus Tabelle A 8-1 abdecken, jedoch die Einteilung viel feingliedriger erfolgen kann.

Tabelle A 8-3: Beschreibung der Gruppen nach Sinus-Milieu® [284]

Milieu	Anteil	Beschreibung
Hedonistisch	15 %	die spaßorientierte moderne Unterschicht/untere Mittelschicht
Traditionell	15 %	die Sicherheit und Ordnung liebende Kriegs- bzw. Nachkriegsgeneration
Bürgerlich	14 %	der leistungs- und anpassungsbereite bürgerliche Mainstream
Konservativ-etabliert	10 %	das klassische Establishment
Adaptiv-pragmatisch	9 %	die mobile, zielstrebige junge Mitte der Gesellschaft mit ausgeprägtem Lebenspragmatismus und Nutzenkalkül
Prekär	9 %	die Teilhabe und Orientierung suchende Unterschicht mit starken Zukunftsängsten und Ressentiments
Liberal-intellektuell	7 %	die aufgeklärte Bildungselite mit liberaler Grundhaltung
Sozial-ökologisch	7 %	idealistisches, konsumkritisches bzw. konsumbewusstes Milieu mit ausgeprägtem ökologischen und sozialen Gewissen
Performer	7 %	die multi-optionale, effizienzorientierte Leistungselite
Expeditiv	7 %	die extrem individualistisch geprägte digitale Avantgarde

Anhang 9 Übersicht der EU-Verordnungen

Tabelle A 9-1: Übersicht der (Delegierten-)Verordnungen nach Veröffentlichung

Verordnung		Name	Ref.
VO (EG) Nr.	1275/2008	Ökodesign-Anforderungen an den Stromverbrauch elektrischer und elektronischer Haushalts- und Bürogeräte im **Bereitschafts- und im Aus-Zustand**	[164]
VO (EG) Nr.	107/2009	Anforderungen an die umweltgerechte Gestaltung von **Set-Top-Boxen**	
VO (EG) Nr.	278/2009	Ökodesign-Anforderungen an die Leistungsaufnahme **externer Netzteile** bei Nulllast sowie ihre durchschnittliche Effizienz im Betrieb	
VO (EG) Nr.	643/2009	Anforderungen an die umweltgerechte Gestaltung von **Haushaltskühlgeräten**	
VO (EU) Nr.	1015/2010	Anforderungen an die umweltgerechte Gestaltung von **Haushaltswaschmaschinen**	
VO (EU) Nr.	1016/2010	Anforderungen an die umweltgerechte Gestaltung von **Haushaltsgeschirrspülern**	
DelVO (EU) Nr.	1059/2010	Kennzeichnung von **Haushaltsgeschirrspülern** in Bezug auf den Energieverbrauch	
DelVO (EU) Nr.	1060/2010	Kennzeichnung von **Haushaltskühlgeräten** in Bezug auf den Energieverbrauch	[150]
DelVO (EU) Nr.	1061/2010	Kennzeichnung von **Haushaltswaschmaschinen** in Bezug auf den Energieverbrauch	
DelVO (EU) Nr.	1062/2010	Kennzeichnung von **Fernsehgeräten** in Bezug auf den Energieverbrauch	
VO (EU) Nr.	206/2012	Anforderungen an die umweltgerechte Gestaltung von **Raumklimageräten und Komfortventilatoren**	
DelVO (EU) Nr.	392/2012	Kennzeichnung von **Haushaltswäschetrocknern** in Bezug auf den Energieverbrauch	
VO (EU) Nr.	622/2012	Anforderungen an die umweltgerechte Gestaltung von externen **Nassläufer-Umwälzpumpen** und in Produkte integrierten Nassläufer-Umwälzpumpen	
DelVO (EU) Nr.	874/2012	Energieverbrauchskennzeichnung von **elektrischen Lampen und Leuchten**	
VO (EU) Nr.	1194/2012	Anforderungen an die umweltgerechte Gestaltung von **Lampen mit gebündeltem Licht, LED-Lampen** und dazugehörigen Geräten	[179]
VO (EU) Nr.	617/2013	Anforderungen an die umweltgerechte Gestaltung von **Computern und Computerservern**	
DelVO (EU) Nr.	665/2013	Energieverbrauchskennzeichnung von **Staubsaugern**	
VO (EU) Nr.	666/2013	Anforderungen an die umweltgerechte Gestaltung von **Staubsaugern**	[165]
VO (EU) Nr.	801/2013	Ökodesign-Anforderungen an den Stromverbrauch elektrischer und elektronischer Haushalts- und Bürogeräte im **Bereitschafts- und im Aus-Zustand** und zur Änderung der Verordnung (EG) Nr. 642/2009 im Hinblick auf die Festlegung von Anforderungen an die umweltgerechte Gestaltung von **Fernsehgeräten**	[156]
VO (EU) Nr.	813/2013	Anforderungen an die umweltgerechte Gestaltung von **Raumheizgeräten und Kombiheizgeräten**	
VO (EU) Nr.	814/2013	Anforderungen an die umweltgerechte Gestaltung von **Warmwasserbereitern und Warmwasserspeichern**	
DelVO (EU) Nr.	65/2014	Energieverbrauchskennzeichnung von **Haushaltsbacköfen und - dunstabzugshauben**	[167]
VO (EU) Nr.	66/2014	Anforderungen an die umweltgerechte Gestaltung von **Haushaltsbacköfen, -kochmulden und -dunstabzugshauben**	[175]
VO (EU) Nr.	548/2014	**Kleinleistungs-, Mittelleistungs- und Großleistungstransformatoren**	[242]
Del VO (EU)	1254/2014	Kennzeichnung von **Wohnraumlüftungsgeräten** in Bezug auf den Energieverbrauch	

Tabelle A 9-2: Übersicht der (Delegierten-)Verordnungen nach Themenfeld

Verordnung	(Del)VO	Ref.
Anforderungen an die umweltgerechte Gestaltung von…	VO Nr.	
Computern und Computerservern	617/2013	
externen Nassläufer-Umwälzpumpen und in Produkte integrierten Nassläufer-Umwälzpumpen	622/2012	
Haushaltsbacköfen, -kochmulden und -dunstabzugshauben	66/2014	[175]
Haushaltsgeschirrspülern	1016/2010	
Haushaltskühlgeräten	643/2009	
Haushaltswaschmaschinen	1015/2010	
Lampen mit gebündeltem Licht, LED-Lampen und dazugehörigen Geräten	1194/2012	[179]
Raumheizgeräten und Kombiheizgeräten	813/2013	
Raumklimageräten und Komfortventilatoren	206/2012	
Set-Top-Boxen	107/2009	
Staubsaugern	666/2013	[165]
Warmwasserbereitern und Warmwasserspeichern	814/2013	
Energieverbrauchskennzeichnung von…	DelVO Nr.	
elektrischen Lampen und Leuchten	874/2012	
Haushaltsbacköfen und -dunstabzugshauben	65/2014	[167]
Staubsaugern	665/2013	
Kennzeichnung von … in Bezug auf den Energieverbrauch	DelVO Nr.	
Fernsehgeräten	1062/2010	
Haushaltsgeschirrspülern	1059/2010	
Haushaltskühlgeräten	1060/2010	[150]
Haushaltswäschetrocknern	392/2012	
Haushaltswaschmaschinen	1061/2010	
Ökodesign-Anforderungen an …	VO Nr.	
den Stromverbrauch elektrischer und elektronischer Haushalts- und Bürogeräte im Bereitschafts- und im Aus-Zustand	1275/2008	[164]
den Stromverbrauch elektrischer und elektronischer Haushalts- und Bürogeräte im Bereitschafts- und im Aus-Zustand und zur Änderung der Verordnung (EG) Nr. 642/2009 in Hinblick auf die Festlegung von Anforderungen an die umweltgerechte Gestaltung von Fernsehgeräten	801/2013	[156]
die Leistungsaufnahme externer Netzteile bei Nulllast sowie ihre durchschnittliche Effizienz im Betrieb	278/2009	
Kleinleistungs-, Mittelleistungs- und Großleistungstransformatoren	548/2014	[242]

Tabelle A 9-3: Übersicht der Haushaltskühlgeräte-Kategorien nach [150]

Kategorien und Beschreibungen	
Kategorie 1:	Kühlschrank mit einem oder mehreren Lagerfächern für frische Lebensmittel
Kategorie 2:	Kühlschrank mit Kellerzone, Kellerfach-Kühlgerät und Weinschrank
Kategorie 3:	Kühlschrank mit Kaltlagerzone und Kühlschrank mit einem Null-Sterne-Fach
Kategorie 4:	Kühlschrank mit einem Ein-Sterne-Fach
Kategorie 5:	Kühlschrank mit einem Zwei-Sterne-Fach
Kategorie 6:	Kühlschrank mit einem Drei-Sterne-Fach
Kategorie 7:	Kühl-Gefriergerät
Kategorie 8:	Gefrierschrank
Kategorie 9:	Gefriertruhe
Kategorie 10:	Mehrzweck-Kühlgeräte und sonstige Kühlgeräte

Unser Forschungsdrang beflügelt die Kreativität auf allen Gebieten, nicht nur in der Wissenschaft. Sollte es uns wirklich gelingen, den Bereich des Erforschbaren ganz zu durchmessen, würde der menschliche Geist verkümmern und sterben.

Aber ich glaube nicht, dass es jemals Stillstand geben wird: Wenn nicht an Tiefe, so werden wir an Komplexität gewinnen und uns immer von einem expandierenden Horizont des Möglichen umgebenden sehen.

STEPHEN W. HAWKING in „Das Universum in der Nussschale“

Das Chaos zähmt man nicht, indem man über die ständigen Veränderungen Buch führt, sondern indem man das festhält, was unverändert bleibt.

ROBERT GAST

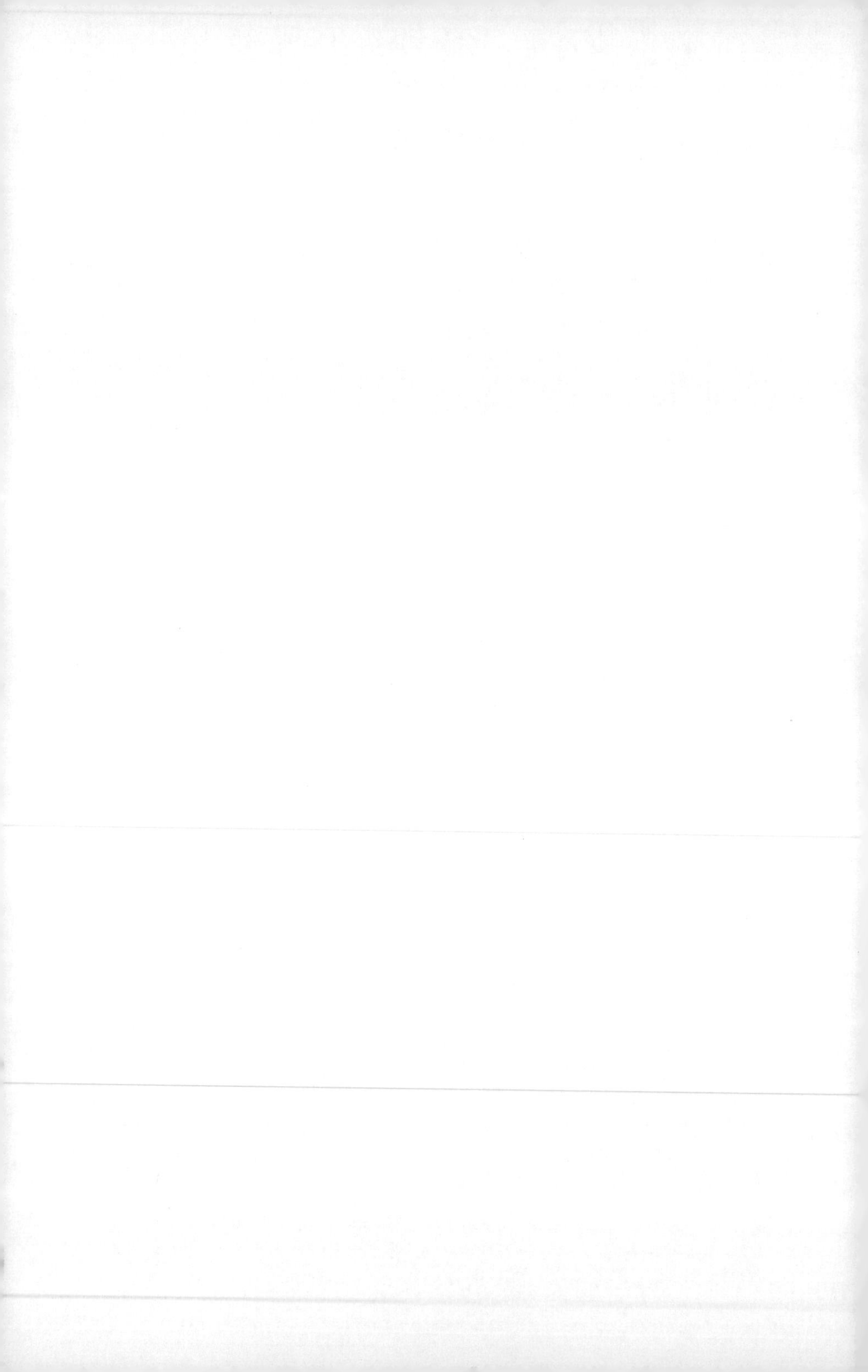